食品安全保障体系系列丛书

食品中非食用物质检测
技术与应用

Inedible Substance in Foodstuffs
Analytical Techniques and Its Application

邵兵　王国民　赵舰　主编
吴永宁　主审

中国质检出版社
中国标准出版社

北京

图书在版编目(CIP)数据

食品中非食用物质检测技术与应用/邵兵,王国民,赵舰主编 . —北京:中国质检出版社,2014.5

(食品安全保障体系系列丛书)

ISBN 978—7—5026—3884—9

Ⅰ.①食… Ⅱ.①邵…②王…③赵… Ⅲ.①食品检验 Ⅳ.①TS207.3

中国版本图书馆 CIP 数据核字(2013)第 213375 号

内 容 提 要

本书为"食品安全保障体系系列丛书"之一,对当前国内食品中可能违法添加的非食用物质的检测技术进行了详细的介绍,并列举了多种检测方法实例,具有很强的实用性和指导性。全书共分 14 章,对食品中可能非法添加的非食用物质的种类、危害以及主要检测方法进行介绍,内容包括:食品中非食用物质概述,食品中工业染料、硼砂、镇静剂类药物、β-激动剂、三聚氰胺及其类似物、罂粟壳、β-内酰胺酶、万古霉素及其类似物、乌洛托品、激素、蓖麻油、喹诺酮类药物以及顺丁烯二酸酐的检测技术与应用。

本书可供政府食品安全管理部门及食品生产企业管理和检测技术人员使用,也可供高等院校及科研院所相关专业师生和研究人员参考。

中国质检出版社
中国标准出版社 出版发行

北京市朝阳区和平里西街甲 2 号(100029)

北京市西城区三里河北街 16 号(100045)

网址:www. spc. net. cn

总编室:(010)64275323 发行中心:(010)51780235

读者服务部:(010)68523946

中国标准出版社秦皇岛印刷厂印刷

各地新华书店经销

*

开本 787×1092 1/16 印张 15.25 字数 336 千字

2014 年 5 月第一版 2014 年 5 月第一次印刷

*

定价:55.00 元

丛书编委会

主　任　吴永宁　国家食品安全风险评估中心　首席专家
WHO 食品污染监测合作中心（中国）　主任
卫生部食品安全风险评估重点实验室　主任

委　员（排名不分先后）

刘先德　（中国国家认证认可监督管理委员会）
杨志刚　（中国国家认证认可监督管理委员会）
王茂华　（中国国家认证认可监督管理委员会）
傅瑞云　（中国认证认可协会）
王　君　（国家食品安全风险评估中心）
张永慧　（广东省疾病预防控制中心）
邵　兵　（北京市疾病预防控制中心）
刘　文　（中国标准化研究院）
罗　祎　（中国检验检疫科学研究院）
沈建忠　（中国农业大学）
王　硕　（天津科技大学）
朱　诚　（中国计量学院）
潘家荣　（中国计量学院 ）
张　岩　（河北省食品质量监督检验研究院）
李　挥　（河北省食品质量监督检验研究院）
史贤明　（上海交通大学 中美食品安全联合研究中心）
乔　东　（中国国家认证认可监督管理委员会认证认可
技术研究所）

本书编委会

主　编　邵　兵　（北京市疾病预防控制中心）

　　　　王国民　（重庆出入境检验检疫局）

　　　　赵　舰　（重庆市疾病预防控制中心）

副主编　李贤良　（重庆出入境检验检疫局）

　　　　彭　涛　（中国检验检疫科学研究院）

编　委　王俊苏　（重庆出入境检验检疫局）

　　　　毛　庆　（重庆市食品药品检验所）

　　　　黄　钊　（重庆市永川食品药品检验所）

　　　　陈　江　（重庆出入境检验检疫局）

　　　　曹淑瑞　（重庆出入境检验检疫局）

　　　　彭光宇　（重庆出入境检验检疫局）

　　　　郑国灿　（重庆出入境检验检疫局）

　　　　郑小玲　（重庆出入境检验检疫局）

　　　　朱美文　（重庆出入境检验检疫局）

　　　　王　晶　（重庆出入境检验检疫局）

　　　　唐柏彬　（重庆出入境检验检疫局）

　　　　周启明　（重庆出入境检验检疫局）

　　　　陈洁君　（中国生物技术发展中心）

　　　　张玉红　（北京出入境检验检疫局技术中心）

总　序

　　近年来,随着经济全球化和食品国际贸易的深入发展,人们的食品供应链也越来越呈现出国际化趋势,这种食品供应链体系的延伸在加强食品供应安全的同时,也使食品安全风险引入食品供应链的概率越来越大,世界某个国家或地区的食品安全危害往往会演变成为全球性的食品安全事件,因此,食品安全问题已经成为各个国家要共同面对的全球性公共安全问题。

　　2009 年我国颁布实施的《中华人民共和国食品安全法》(以下简称《食品安全法》),在食品安全监管体制、食品安全标准、食品安全风险监测和评估、食品生产经营、食品安全事故处置等各项制度方面进行了补充和完善,在我国初步构建了基于风险分析框架的食品安全保障体系。《食品安全法》实施五年以来,我国食品安全风险监测评估制度基本确立,食品安全法律法规体系和统一的食品标准体系不断完善,食品安全检测技术和控制技术不断提高,食品安全认证认可体系、食品溯源体系、市场信用体系及食品安全事故应急机制等初步建立,食品安全保障体系覆盖从农田到餐桌的全过程。

　　应该看到,我国的食品安全保障体系建设还处于起步阶段,与世界发达国家和地区相比还有不小的差距,特别是相关的基础理论和应用技术研究还比较薄弱。近十几年来,国家加大了对食品安全领域重大科研项目的支持力度,"'十五'国家重大科技专项""'十一五'和'十二五'国家科技支撑计划""863 计划""973 计划"等均包含了重大的食品安全科研项目,这些重大的科研项目不仅产生了一批国内外领先的科学技术,也形成了很多先进的管理理念。为了更好地将目前我国食品安全领域的最新进展与科研成果加以推广,转化为广大食品监管人员和从业人员的知识结构,成为支撑我国食品安全科技发展和管理水平的推动力,由中国质检出版社牵头组织策划了"食品安全保障体系系列丛书(创新及应用版)"的编写和出版工作,并聘请国家食品安全风险评估中心首席专家吴永宁研究员担任本套丛书的编委会主任,由来自国家认证认可监督管理委员会、国家食品安全风险评估中心、中国标准化研究院、中国检验检疫科学研究院、北京市疾病预防控制中心、广东省疾病预防控制中心、河北省食品质量监督检验研究院、中国农业大学、中国计量学院、上海交通大学、天津科技大学等各方面的专家共同编写。

"食品安全保障体系系列丛书"共十本,以创新和应用为重点,涵盖食品安全最前沿的研究领域,汇集最新的科研成果,最新的管理理念和检测技术,力求在管理和技术两个层面对我国食品安全保障体系的建立和完善进行有益的探索。每个分册内容,包括本领域相关基础知识,基本理论,着重介绍本领域的专业知识及国内外的最新研究进展,侧重通过案例分析的方法阐明该领域在食品安全管理中的实际应用,以通俗的语言、形象和生动的案例增强图书的可读性和易读性。

本套丛书定位为食品安全管理和技术人员的深度阅读图书,可以配合《食品安全宣传教育工作纲要(2011—2015 年)》要求作为食品安全监管人员和食品行业从业人员的培训用书,是食品安全监管人员的必备参考书,也可供高等学校相关专业的师生参考。

本套丛书的出版是一次有益的探索和尝试,内容既有理论研究也有实践应用,希望本丛书的出版,能为提高我国食品安全领域从业人员的知识水平,促进我国食品安全科研成果的创新和应用,提升我国食品安全管理的科学水平起到积极的推动作用!

丛书编委会

2014 年 1 月

前　言

　　"国以民为本,民以食为天;五谷者,万民之命,国之重宝。"食品是人类赖以生存繁衍和社会发展的首要物质基础。安全的食品是人人享有健康生活的保障,是人类社会发展进步所要达到的重要目标。随着社会经济的发展,人民生活质量的提高,食品安全成为重大基本民生问题,影响公众健康乃至国家安全、社会稳定。能不能在食品安全上给公众一个满意的交代,是对政府执政能力的重大考验。但近几年来,在食品中非法添加苏丹红、吊白块、孔雀石绿、瘦肉精、三聚氰胺等"非食用物质"引起的食品安全事件频频出现,使得"非食用物质"成为人们关注的焦点。

　　安全的食品不仅是生产出来的,也是监管出来的。快速、精准的检测技术是一个国家食品安全监管能力的重要体现,也是一个国家食品安全科学发展的核心支撑。近年来,欧美等发达国家投入大量资金对食品安全检测关键技术进行攻关,检测技术水平快速提高,并以此为基础对食品安全限量标准提出越来越高的要求。因此,突破检测技术的制约,成为了保障我国食品安全、应对贸易非关税技术壁垒的关键。而国内一些不法生产者在食品中违法添加非食用物质或跨品种、超剂量使用食品添加剂,给检测工作带来极大困难。因此,急需加强对食品中非食用物质的检测技术标准的研究及制定,以完善我国的食品安全保障体系。2013年国家卫生和计划生育委员会批准建立了食品中非法添加物国家风险监测参比实验室,负责食品中非法添加物相关的科学研究、全国食品安全风险监测实验室质量控制及考核、技术培训和异常结果的复核。

　　为了给国内的广大食品安全检测领域的技术人员提供一本实用的参考资料,在国家质量监督检验检疫总局公益性行业科研专项"双打"急需的食品中违禁成分检测及判别技术研究项目(2012104003)的资助下,我们邀请了国内多名从事食品分析检测技术研究的专家,从实用角度出发,编写了本书。书中对当前国内食品安全监管中原卫生部(现国家卫生和计划生育委员会)发布的食品中非法添加的非食用物质的检测技术进行了详细的介绍,并列举了多种检测方法应用实例,具有很强的实用性和指导性。本书由邵兵、王国民、赵舰主编,李贤良、彭涛副主编,具体编写分工为:第1章由邵兵、王国民编写;第2章由唐柏彬编写;第3章由王晶编写;第4章由李贤良编写;第5章由赵舰、彭涛编写;第6章由曹淑瑞编写;第7章由彭光宇编写;第8章由朱美文编写;第9章由王俊苏、毛庆编写;第10章由陈江编写;第11章由郑小玲编写;第12章由周启明、黄钊编写;第13章由郑国灿编写;第14章由王国民、陈洁君、张玉红编写。

　　本书凝聚了众多专家的心血和研究成果,但鉴于参与编写的专家较多,涉及的内容繁杂,且由于时间和能力有限,书中难免存在不妥和疏漏之处,敬请读者批评指正。

本书编委会

2014 年 1 月

目 录

第1章　食品中非食用物质概述 ···································· 1

1.1　各国食品非食用物质事件 ································· 1

1.2　食品中可能存在的非食用物质及其危害 ·············· 3

　1.2.1　吊白块 ··· 4

　1.2.2　工业染料 ··· 4

　1.2.3　三聚氰胺（蛋白精） ································· 5

　1.2.4　硼酸与硼砂 ·· 6

　1.2.5　硫氰酸钠 ··· 6

　1.2.6　工业用甲醛 ·· 6

　1.2.7　工业用火碱 ·· 7

　1.2.8　一氧化碳 ··· 7

　1.2.9　硫化钠 ··· 7

　1.2.10　工业硫磺 ··· 7

　1.2.11　罂粟壳 ·· 8

　1.2.12　皮革水解物 ··· 8

　1.2.13　溴酸钾 ·· 8

　1.2.14　β-内酰胺酶（金玉兰酶制剂） ··············· 8

　1.2.15　富马酸二甲酯 ······································ 9

　1.2.16　废弃食用油脂 ······································ 9

　1.2.17　工业用矿物油 ······································ 9

1.2.18　工业明胶 ·· 9

1.2.19　工业酒精 ·· 10

1.2.20　敌敌畏 ·· 10

1.2.21　毛发水 ·· 10

1.2.22　工业用乙酸 ·· 11

1.2.23　肾上腺素受体激动剂类药物（盐酸克伦特罗、莱克多巴胺等）· 11

1.2.24　硝基呋喃类药物 ·· 11

1.2.25　玉米赤霉醇 ·· 12

1.2.26　抗生素残留 ·· 12

1.2.27　镇静剂 ·· 12

1.2.28　荧光增白物质 ·· 13

1.2.29　工业氯化镁 ·· 13

1.2.30　磷化铝 ·· 13

1.2.31　馅料原料漂白剂 ·· 14

1.2.32　氯霉素 ·· 14

1.2.33　喹诺酮类 ·· 15

1.2.34　水玻璃 ·· 15

1.2.35　乌洛托品 ·· 15

1.2.36　五氯酚钠 ·· 16

1.2.37　喹乙醇 ·· 16

1.2.38　磺胺二甲嘧啶 ·· 16

1.2.39　敌百虫 ·· 16

1.2.40　邻苯二甲酸酯类物质 ·· 17

参考文献 ··· 17

第2章　食品中工业染料检测技术与应用 ···························· 19

2.1　样品前处理技术 ·· 26

2.1.1　提取方法 ··· 26

2.1.2　净化方法 ··· 27

2.2　分析方法 ·· 29

2.2.1　酶联免疫法 ··· 29

2.2.2　分光光度法 ··· 29

2.2.3　极谱法 ··· 29

2.2.4　薄层色谱法 ··· 30

2.2.5　液相色谱法 ··· 30

2.2.6 液相色谱质谱和液相色谱串联质谱法 ················· 31

2.2.7 其他方法 ·· 31

2.3 应用实例 ··· 31

2.3.1 凝胶色谱净化–液相色谱法同时检测食品中对位红、罗丹明B、
苏丹橙G、苏丹红Ⅰ、苏丹红Ⅱ、苏丹红Ⅲ、苏丹红Ⅳ和苏丹红
7B 8种偶氮染料 ·· 31

2.3.2 高效液相色谱法同时测定食品中碱性嫩黄O、碱性橙、酸性橙Ⅱ、
酸性金黄、玫瑰红B、对位红、苏丹红Ⅰ 7种非食用色素 ······· 32

2.3.3 固相萃取–高效液相色谱法同时测定调味品中15种工业染料 ······ 34

2.3.4 高效液相色谱电喷雾质谱法测定辣椒粉及辣椒酱中23种工业染料 ····· 34

2.3.5 固相萃取–超高效液相色谱串联质谱同时测定调味品中12种工业染料 ····· 41

参考文献 ··· 43

第3章 食品中硼砂的检测技术与应用 ··························· 46

3.1 样品前处理技术 ·· 46

3.1.1 硼元素检测的前处理方法 ··························· 46

3.1.2 硼酸检测的前处理方法 ····························· 47

3.2 分析方法 ··· 47

3.2.1 光谱分析方法 ···································· 47

3.2.2 色谱分析方法 ···································· 50

3.2.3 其他方法 ······································· 50

3.3 应用实例 ··· 51

3.3.1 光度法测定食品中的硼酸 ·························· 51

3.3.2 非抑制离子色谱法测定食品中的硼砂 ················ 54

参考文献 ··· 55

第4章 食品中镇静剂类药物检测技术与应用 ···················· 57

4.1 样品前处理技术 ·· 60

4.1.1 酶解 ·· 60

4.1.2 提取 ·· 60

4.1.3 净化 ·· 61

4.1.4 衍生化 ··· 62

4.2 检测方法 ··· 62

4.2.1 免疫分析法 ······································ 63

4.2.2 薄层色谱法 ······································ 63

　　4.2.3　气相色谱法 ……………………………………………………………… 63

　　4.2.4　高效液相色谱法 …………………………………………………………… 63

　　4.2.5　气质联用法 ………………………………………………………………… 64

　　4.2.6　液质联用法 ………………………………………………………………… 65

　4.3　应用实例 ……………………………………………………………………… 65

　　4.3.1　液相色谱-串联质谱测定保健食品和动物源性食品中的苯二氮卓
　　　　　　类药物 …………………………………………………………………… 65

　　4.3.2　气相色谱-质谱联用法检测镇静安神类中成药及保健食品中的
　　　　　　镇静剂药物 ……………………………………………………………… 73

　参考文献 …………………………………………………………………………… 74

第5章　食品中β-激动剂的检测技术与应用 …………………………………… 78

　5.1　样品前处理技术 ……………………………………………………………… 79

　　5.1.1　提取方法 …………………………………………………………………… 80

　　5.1.2　净化方法 …………………………………………………………………… 80

　5.2　分析方法 ……………………………………………………………………… 81

　　5.2.1　高效液相色谱法和液相色谱-质谱法 …………………………………… 81

　　5.2.2　气相色谱和气相色谱质谱法 …………………………………………… 85

　　5.2.3　毛细管电泳法 ……………………………………………………………… 87

　　5.2.4　免疫分析技术 ……………………………………………………………… 88

　　5.2.5　生物传感器技术 …………………………………………………………… 88

　5.3　应用实例 ……………………………………………………………………… 89

　　5.3.1　气相色谱质谱法测定动物源性食品中β-受体激动剂残留 …………… 89

　　5.3.2　液相色谱-串联质谱法测定肝、肾和肉中β-受体激动剂残留量 …… 92

　　5.3.3　肉及肉制品中β-兴奋剂的测定酶联免疫方法 ………………………… 96

　参考文献 …………………………………………………………………………… 98

第6章　食品中三聚氰胺及其类似物的检测技术与应用 ……………………… 99

　6.1　样品前处理技术 ……………………………………………………………… 99

　　6.1.1　提取方法 …………………………………………………………………… 100

　　6.1.2　净化方法 …………………………………………………………………… 100

　6.2　分析方法 ……………………………………………………………………… 101

　　6.2.1　高效液相色谱法 …………………………………………………………… 101

　　6.2.2　气相色谱-质谱法 ………………………………………………………… 102

　　6.2.3　液相色谱-串联质谱法 …………………………………………………… 102

6.2.4 毛细管电泳法 ·· 103

6.2.5 近红外线吸收检测法 ································ 104

6.2.6 酶联免疫吸附法 ······································ 104

6.2.7 拉曼光谱法 ·· 104

6.3 **应用实例** ·· 105

6.3.1 气相色谱–质谱法测定植物源食品中三聚氰胺、三聚氰酸一酰胺、
三聚氰酸二酰胺和三聚氰酸 ····················· 105

6.3.2 液相色谱–质谱/质谱法测定出口食品中三聚氰胺和三聚氰酸 ········· 110

6.3.3 酶联免疫吸附法测定生鲜乳中的三聚氰胺 ········· 116

6.3.4 高效液相色谱–串联质谱法测定食品中的尿素、缩二脲与双氰胺 ········· 118

6.3.5 高效液相色谱–质谱/质谱法检测蛋白食品中的掺假物 ········· 119

参考文献 ·· 125

第7章 食品中罂粟壳的检测技术与应用 ···················· 128

7.1 **样品前处理技术** ··· 129

7.1.1 提取方法 ··· 129

7.1.2 净化方法 ··· 130

7.2 **分析方法** ·· 130

7.2.1 分光光度法 ·· 130

7.2.2 薄层色谱法 ·· 131

7.2.3 示波极谱法 ·· 131

7.2.4 气相色谱法 ·· 131

7.2.5 高效液相色谱法 ······································ 131

7.2.6 气相色谱质谱联用法 ································ 132

7.2.7 液相色谱质谱联用法 ································ 133

7.2.8 免疫分析法 ·· 133

7.3 **应用实例** ·· 133

7.3.1 火锅食品中罂粟碱、吗啡、那可丁、可待因和蒂巴因的测定 液相色谱–
串联质谱法 ··· 133

7.3.2 固相萃取–高效液相色谱法测定汤料中罂粟壳提取物 ········· 138

参考文献 ·· 139

第8章 食品中 β–内酰胺酶的检测技术与应用 ·········· 141

8.1 **样品前处理技术** ··· 142

8.1.1 酶解条件 ··· 142

8.1.2 提取方法 ………………………………………………………… 142

8.1.3 净化方法 ………………………………………………………… 143

8.2 **分析方法** ………………………………………………………… 143

8.2.1 微生物法 ………………………………………………………… 143

8.2.2 双流向酶联免疫法 ……………………………………………… 144

8.2.3 碘量法 …………………………………………………………… 144

8.2.4 头孢菌素显色法 ………………………………………………… 145

8.2.5 酸测定法 ………………………………………………………… 145

8.2.6 液相色谱法 ……………………………………………………… 145

8.2.7 基质辅助激光解吸傅立叶变换质谱法 ………………………… 146

8.3 **应用实例** ………………………………………………………… 146

8.3.1 乳及乳制品中舒巴坦敏感β-内酰胺酶类药物检验方法 杯碟法 …… 146

8.3.2 快速高分离液相色谱-串联质谱法检测原乳中活性β-内酰胺酶 …… 149

8.3.3 基质辅助激光解吸傅立叶变换质谱法测定牛奶中β-内酰胺酶的
残留量 ……………………………………………………………… 151

8.3.4 碘量法对乳制品中β-内酰胺酶的检测 ……………………… 152

参考文献 …………………………………………………………… 153

第9章 食品中万古霉素及类似物检测技术与应用 ……………… 155

9.1 **样品前处理技术** ………………………………………………… 157

9.1.1 提取方法 ………………………………………………………… 157

9.1.2 净化方法 ………………………………………………………… 157

9.2 **分析方法** ………………………………………………………… 158

9.2.1 色谱分离 ………………………………………………………… 158

9.2.2 质谱分析 ………………………………………………………… 159

9.3 **应用实例** ………………………………………………………… 159

9.3.1 液相色谱-串联质谱法测定牛奶中万古霉素和去甲万古霉素残留 …… 159

9.3.2 液相色谱-串联质谱法测定动物源性食品中万古霉素和去甲万古霉素 …… 162

参考文献 …………………………………………………………… 165

第10章 食品中乌洛托品的检测技术与应用 …………………… 167

10.1 **样品前处理技术** ……………………………………………… 167

10.1.1 提取方法 ……………………………………………………… 167

10.1.2 净化方法 ……………………………………………………… 168

10.2 **分析方法** ……………………………………………………… 168

10.2.1 气相色谱法 ··· 168

10.2.2 高效液相色谱法 ··· 169

10.2.3 激光拉曼光谱法 ··· 169

10.3 **应用实例** ··· 169

10.3.1 试剂和材料 ·· 170

10.3.2 仪器和设备 ·· 170

10.3.3 测定步骤 ··· 170

参考文献 ··· 173

第11章　食品中激素的检测技术与应用 ·························· 174

11.1 **样品前处理技术** ··· 178

11.1.1 提取方法 ··· 178

11.1.2 净化方法 ··· 178

11.2 **分析方法** ··· 179

11.2.1 薄层层析法 ·· 179

11.2.2 荧光分光光度法 ··· 180

11.2.3 酶联免疫吸附测定法 ·· 180

11.2.4 高效液相色谱法 ··· 180

11.2.5 液相色谱-串联质谱法 ··· 180

11.2.6 气相色谱质谱法 ··· 181

11.3 **应用实例** ··· 181

11.3.1 液相色谱-串联质谱法测定动物源性食品中激素残留量 181

11.3.2 液相色谱-串联质谱法测定动物源性食品中二苯乙烯类
　　　　激素残留量 ··· 186

11.3.3 液相色谱-串联质谱法测定动物源性食品中玉米赤霉醇类激素残
　　　　留量 ··· 188

11.3.4 液相色谱-串联质谱法测定动物源性食品中玉米赤霉醇类激素残
　　　　留量(免疫亲和柱法) ··· 190

参考文献 ··· 194

第12章　食品中蓖麻油检测技术与应用 ·························· 196

12.1 **鉴别方法** ··· 197

12.1.1 颜色反应法 ·· 197

12.1.2 乙醇溶解法 ·· 198

12.1.3 气味沉淀法 ·· 198

12. 1. 4　浊度法 ·· 198

12. 1. 5　薄层色谱法 ·· 199

12. 1. 6　旋光度法 ·· 199

12. 1. 7　气相色谱-质谱法 ··· 200

12. 1. 8　^{13}C 核磁共振法 ··· 200

12. 2　应用实例 ··· 201

12. 2. 1　乙醇溶解法 ·· 201

12. 2. 2　气味沉淀法 ·· 201

12. 2. 3　浊度法 ·· 201

12. 2. 4　旋光度法 ·· 201

12. 2. 5　气相色谱-质谱法 ··· 202

12. 2. 6　^{13}C 核磁共振法 ··· 203

参考文献 ·· 203

第 13 章　食品中喹诺酮类药物的检测技术与应用 ··············· 205

13. 1　样品前处理技术 ·· 207

13. 1. 1　提取方法 ·· 208

13. 1. 2　净化方法 ·· 208

13. 2　分析方法 ··· 209

13. 2. 1　微生物法 ·· 209

13. 2. 2　免疫分析法 ·· 209

13. 2. 3　色谱法 ·· 210

13. 2. 4　毛细管电泳法 ··· 211

13. 2. 5　其他方法 ·· 211

13. 3　应用实例 ··· 211

13. 3. 1　动物源性食品中喹诺酮类药物残留检测方法　微生物抑制法 ······· 211

13. 3. 2　动物性食品中氟喹诺酮类药物残留检测　酶联免疫吸附法 ·········· 212

13. 3. 3　动物源性食品中喹诺酮类药物残留检测方法　液相色谱-质谱/

质谱法 ·· 214

参考文献 ·· 217

第 14 章　食品中顺丁烯二酸酐检测技术与应用 ··············· 219

14. 1　样品前处理技术 ·· 220

14. 1. 1　提取方法 ·· 220

14. 1. 2　皂化 ·· 220

14.2 **分析方法** ··· 220

14.3 **应用实例** ··· 221

14.3.1 食品中顺丁烯二酸与顺丁烯二酸酐总量的检验方法 ·············· 221

14.3.2 高效液相色谱法测定淀粉及淀粉制品中的顺丁烯二酸与顺丁烯二酸酐

总含量 ··· 223

参考文献 ··· 224

第1章 食品中非食用物质概述 ●

2009 年 2 月 28 日通过的《中华人民共和国食品安全法》(以下简称《食品安全法》)中对食品的定义为:各种供人食用或者饮用的成品和原料以及按照传统既是食品又是药品的物品,但是不包括以治疗为目的的物品。

《食品安全法》中提出了非食用物质的概念,明确指出不得在食品生产中使用非食品原料,不得添加食品添加剂以外的化学物质和其他可能危害人体健康的物质。非食用物质不是食品添加剂,不是兽药,更不是食品原料。2008—2011 年,原卫生部(现国家卫生和计划生育委员会)陆续颁布了 6 批《食品中可能违法添加的非食用物质和易滥用的食品添加剂名单》(亦称为"黑名单"),其中包括 64 种非食用物质和 22 种易滥用食品添加剂。

根据《食品安全法》及原卫生部的通知,判断一种物质是否属于非食用物质,可以参考以下 5 个原则:第一,是否属于传统上认为是食品原料的物质;第二,是否属于批准使用的新资源食品;第三,是否属于原卫生部公布的食药两用或作为普通食品管理的物质;第四,是否列入我国食品添加剂(GB 2760—2011《食品安全国家标准 食品添加剂使用标准》及原卫生部食品添加剂公告)、营养强化剂品种名单(GB 14880—2012《食品安全国家标准 食品营养强化剂使用标准》及原卫生部食品添加剂公告)中的添加物;第五,其他我国法律法规允许使用物质之外的物质。简言之,非食用物质主要是"工业化学品"等有毒有害甚至致癌的物质,严重危害人们的身体健康和生命安全。

1.1 各国食品非食用物质事件

食品中违法添加非食用物质的情况不是近年才发生的,也不仅仅是中国才有的。由于食品生产经营者自律意识淡薄、缺乏诚信、过于追求经济利益而在食品中违法添加非食用物质的情况在各国均有发生。英国作者威尔逊在《美味欺诈:食品造假与打假的历史》一书中就英美等国近 200 年来的食品造假事件进行了描述。书中记载,德裔化学家弗雷德里克·阿库姆(1769—1838)在 1820 年撰写了《论食品掺假和厨房毒物》,对英国当时的食品中添加非食用物质(有毒物质)或添加剂的行为进行揭露:那时人们吃的泡菜是用铜染绿的;吃的醋是用硫酸勾兑的;吃的糖果是将糖、淀粉和黏土混合在一起,再用铜和铅染色的;等等。这些食品中添加的铜、硫酸、铅等均属于非食用物质。

在 19 世纪的美国,也曾发生过食品中添加非食用物质的情况:糖果中加铅、猪油中使用生石灰和明矾作防腐剂、罐头中含有铅和锡及防腐剂、牛奶中加入氧化镁等。

进入20世纪后,国内外非食用物质的添加事件也时有发生。如1955年日本发生了森永奶粉事件:日本森永奶粉公司在加工奶粉时使用的添加剂是几经倒手的非食品原料,其中砷含量较高,结果造成12000余名儿童发热、腹泻、肝肿大、皮肤发黑,最终130名儿童死亡。20世纪60年代日本发生了"地沟油"危机:当时台湾商人和日本商人勾结,将日本的"地沟油"搜集提炼后,制成食品出口到台湾。1980年,意大利婴儿食品中的牛膏粉,由于其含有一种特别的生长激素,导致了大头娃娃和孩子的性早熟等一系列问题。1985年奥地利发生了"防冻剂丑闻":该国一些制酒商为了让酒的口感更加甘甜爽口,在酒中加入了少量二甘醇。虽然喝酒者不会立刻中毒,但一个人每日饮约28樽,连饮两星期就会中毒。1999年比利时爆发了二噁英鸡污染事件:维克斯特一辆装载动物油脂的油罐车遭受工业用油的严重污染。该厂有8t粉料掺进了被二噁英严重污染的工业用油,在顾客需求和巨大利润的驱使下,维克斯特继续把被污染的动物油脂供应给9家比利时饲料生产厂,法国2家、荷兰和德国各1家饲料工厂也进口了维克斯特厂的粉料。这13家饲料厂又把污染了的饲料卖给了数以千计的饲养场。二噁英污染就这样无声无息地传播开了,造成的直接损失达3.55亿欧元,导致比利时卫生部和农业部部长相继被迫辞职,最终内阁集体辞职。在我国国内,20世纪90年代初先后在贵州、广西、广东、云南及山西等地发生了假酒事件:用甲醇勾兑毒酒使多人致死、致残,多人因饮用不法之徒兑制的工业酒精酒(甲醇)而中毒死亡。

进入21世纪以来,国内非食用物质的添加事件愈演愈烈。如2001年浙江、广东大范围出现食用含有"盐酸克伦特罗"(又称"瘦肉精")的猪肉中毒事件,全国因为瘦肉精中毒达1000人以上。2004年广东再次出现用甲醇和食用酒精制作散装白酒事件,酿成14人死亡、10人重伤、15人轻伤、16人轻微伤的重大悲剧。2005年3月15日,上海市相关部门在对肯德基多家餐厅进行抽检时,发现新奥尔良鸡翅和新奥尔良鸡腿堡调料中含有"苏丹红I号"。2008年发生了轰动全国的重大食品安全事故——三鹿"三聚氰胺奶粉"事件:2008年3月开始,陕、甘、宁、豫、鲁、湘、鄂、苏、皖、赣等省相继出现"肾结石宝宝",其中甘肃省已报告59例,并有2人死亡。事情经媒体披露后,原卫生部着手紧急追查,9月11日晚间,三鹿集团发布声明,称"三鹿婴幼儿奶粉"受到三聚氰胺的污染,市场上大约有700t,将全部召回。事件引起各国的高度关注和对乳制品安全的担忧。国家质检总局公布对国内的乳制品厂家生产的婴幼儿奶粉的三聚氰胺检验报告后,事件迅速恶化,国内多个厂家的奶粉都检出三聚氰胺。该事件亦重创中国乳制品信誉,多个国家禁止了中国乳制品进口,截至2009年1月9日,全国累计报告患儿近29.6万人。而在发生"三鹿问题奶粉事件"后两年多的2010年7月,在青海省一家乳制品厂检测出三聚氰胺超标达500余倍,而原料来自河北等地。2010年8月,南京疾控中心公布了水产品抽检结果,共计有3种水产品被查出含有孔雀石绿、甲醛等违禁成分。2011年4月青岛市城阳质监局接到市民举报,在一民房内查获大量"问题银鱼"。现场共查获小银鱼1.6t,福尔马林100kg。2010年12月,中央电视台焦点访谈曝光了河北秦皇岛市昌黎县周边葡萄酒厂家一条龙造假内幕:在这些造假葡萄酒厂,用工业酒精勾兑出"葡萄酒"。当地的假葡萄酒业存在多年,形成了"造假一条龙",甚至带动了当地的酒精、食品添加剂及制作假冒名牌葡萄酒标签厂家。这些假葡萄酒因为有害物质的加入,轻则会引起肠胃疾病,重则会对人体肝肾造成损害,有的甚至不含一点葡萄原汁。与此同时,中央电视台在 2011 年 3 月 15 日消费者权益日播出了一期《"健美猪"真相》的特别节目,披露了河南济源双汇公司使用瘦肉精猪肉的事实。"双汇"部分肉制品中涉嫌含有"瘦肉精",这一消息爆出后,迅速掀起轩然大波。2011 年 3 月 17 日,重庆市九龙坡区公安分局和当地工商局联合对辖区食品生产小作坊进行清理,在含谷镇华新村 4 社一租赁屋查获一血旺生产点,当场扣押5000 公斤已制作好的血旺。经检测血旺中甲醛超标。2011 年 4 月 9 日,重庆市巴南区警方也成功破获一起生产毒血旺案件。嫌疑人在渝北区两路镇长河村 12 社租房,将含有甲醛的保鲜液添加到血旺中,然后销往菜市场和农贸市场等地。2011 年 3 月 25 日,九龙坡区质监局从重庆火锅研究所食品生产基地送检的某品牌火锅底料、麻辣鱼底料中,均检验出工业染料"罗丹明 B"。九龙坡区警方介入调查,此系犯罪嫌疑人用染料罗丹明B 给劣质花椒染色,混入优质花椒中销售,最终查获"染毒花椒"上万斤。2011 年 4 月17 日凌晨,沈阳市公安局调集皇姑、和平、经济技术开发区等分局警力开展端窝点行动,查获使用有害非食品添加剂制成的豆芽 2 吨,半成品 8 吨。为了让食物更加漂亮、增加黄豆发芽率,这些豆芽里被添加了尿素、恩诺沙星等违法添加物,其中尿素用量超标27 倍。

同样的,在我国台湾地区,2011 年也发生了一起震惊世界的在食品中添加非食用物质事件——塑化剂事件:2011 年 4 月,台湾昱伸公司被查出将塑化剂 DEHP 当做配方生产起云剂长达 30 年,原料供应遍及全台湾,截至 6 月 6 日,涉及的厂商达到 278 家,可能受污染产品为 938 项。DEHP 是一种环境荷尔蒙,被称为台湾版的"三聚氰胺事件"。继塑化剂风波之后的 2013 年,台湾地区食品行业再曝丑闻,豆花、肉圆、关东煮等众多食品中被发现含有顺丁烯二酸"问题淀粉"。顺丁烯二酸又称"马来酸",无色结晶体,无营养价值,为工业原料,长期超标食用可能引起人体肾脏受损,无良商人为增加食品弹性、黏性及外观光亮度,将之加入淀粉中。至 2013 年 5 月,台湾地区已有超过 200 吨问题食品被封存。

以上食品安全事件,基本上都属于在食品中添加了非食用物质造成的。"民以食为天,食以安为先",食品是人类赖以生存和发展的物质基础,随着人类文明的进步和社会生产水平的提高,食品日益丰富,人们关注的焦点也从食品供应数量逐渐转移到食品安全。食品安全不仅关系到人民群众的切身利益和生命健康,也关系到国民经济的发展、社会的稳定,乃至公民对社会和政府的信心。

1.2 食品中可能存在的非食用物质及其危害

原卫生部于 2011 年 4 月 19 日汇总发布了第 1～5 批《食品中可能违法添加的非食用物质和易滥用的食品添加剂名单》,涉及非食用物质 47 类,又于 2011 年 6 月 1 日(原卫生部公告 2011 年第 16 号)发布了第 6 批《食品中可能违法添加的非食用物质和易滥用的食品添加剂名单》,涉及非食用物质 1 类(16 种)。以下将分别介绍这些非食用物质的特性、可能添加的食品类别、作用及危害。

1.2.1 吊白块

化学名称为次硫酸氢钠甲醛,呈白色块状或结晶性粉末状,易溶于水,常温下较为稳定,遇酸、碱和高温极易分解,加热后分解成甲醛和二氧化硫,使其具有漂白作用,是一种工业用漂白剂。一些不法分子将其添加到腐竹、粉丝、面粉、竹笋中,起到增白、保鲜、增加口感、防腐等作用。掺入食品中的吊白块会破坏食品的营养成分,超量食用含有吊白块的腐竹、粉丝、面粉、竹笋会引起过敏、肠道刺激等不良反应,损坏肾脏、肝脏,对人类健康造成的危害主要来自其分解产物——甲醛和二氧化硫。甲醛可降低机体的呼吸功能、神经系统的信息整合功能和影响机体的免疫应答,对免疫系统、心血管系统、内分泌系统、消化系统、生殖系统以及肾脏均有毒性作用,并具有一定的遗传毒性。食用二氧化硫超标的食品,容易产生恶心、呕吐等胃肠道反应,此外,还可影响人体对钙的吸收,促进机体的钙流失,过量进食可引起眼、鼻黏膜刺激等急性中毒症状,严重时出现喉头痉挛、水肿和支气管痉挛等症状;二氧化硫的毒性还会造成大脑组织的退行性病变。

1.2.2 工业染料

工业染料一般是指在工业生产中用于着色的各种染料,如对纺织品、皮毛制品、木制品以及陶瓷制品上色等。工业染料品种多达 5000 多种,因为非法添加到食品中而被广为熟悉的工业染料包括苏丹红、金黄粉、玫瑰红 B、美术绿、碱性嫩黄、酸性橙 Ⅱ、孔雀石绿、碱性黄等。以下将分别介绍这些工业染料的理化性质及危害。

苏丹红又名油溶红、溶剂红,是一组人工合成的以苯基偶氮萘酚为主要基团的人工合成色素。苏丹红系列化合物主要包括苏丹红 Ⅰ、Ⅱ、Ⅲ和Ⅳ4 种,苏丹红 Ⅱ、Ⅲ和Ⅳ均为苏丹红 Ⅰ 的化学衍生物,Ⅰ、Ⅱ 号为单偶氮染料,Ⅲ、Ⅳ 为双偶氮染料。一些不法分子将其添加到辣椒粉、含辣椒类的食品(辣椒酱、辣味调味品)中起到着色作用。有关代谢研究资料表明,苏丹红系列化合物主要经食物从口摄入进入肌体,而人类皮肤对苏丹红的吸收率较低,进入体内的苏丹红主要通过胃肠道微生物还原酶、肝和肝外组织微粒体及细胞质的还原酶进行代谢,在体内代谢成相应的芳香胺类物质。苏丹红在体内代谢的产物均为苯胺或萘酚的衍生物。苯胺是一种重要的有机合成中间体,是制造染料、橡胶促进剂及抗氧剂等的主要原料。苯胺接触人体皮肤或进入消化系统以后,一方面可直接作用于肝细胞,引起肝中毒,还可能诱发肝脏细胞基因发生变异,增加癌变的几率;另一方面可能将血红蛋白结合的 $Fe(Ⅱ)$ 氧化为 $Fe(Ⅲ)$,导致血红蛋白无法结合氧,使人患上高铁血红蛋白症,造成组织缺氧、呼吸障碍,引起中枢神经系统、心血管系统受损,甚至导致不孕。萘酚作为苏丹红的另一代谢中间体,具有致癌、致畸、致敏、致突变的潜在毒性,对眼睛、皮肤、黏膜有强烈的刺激作用,大量吸收可引起出血性肾炎。

王金黄、块黄:主要成分为碱性橙 Ⅱ,为红褐色结晶性粉末或带绿色光泽的黑色块状晶体,遇浓硫酸呈黄色,稀释后呈橙色;遇硝酸呈橙色;溶于水呈带黄的橙色。溶于乙醇和溶纤素,微溶于丙酮,不溶于苯,是一种偶氮类碱性染料。一些不法分子将其主要添加在辣椒粉及豆腐皮中,起着色作用。美国国立卫生研究院(NIH)化学品健康与安全数据库资料表明:过量摄取吸入以及皮肤接触该物质均会造成急性和慢性的中毒伤害。有确凿的动物实验数据表明,该物质为致癌物。

美术绿也称"铅铬绿"、"翠铬绿"或"油漆绿",是用两种名叫"铅铬黄"和"锡利翠蓝"的颜料合成的一种工业绿色颜料。"美术绿"被不法奸商用于炒制假冒的高档绿茶"碧螺春"。添加了美术绿的茶叶鲜亮翠绿更加好看,但没有名茶的清香和营养。由于这种工业颜料中铅、铬含量很高,使染成的碧螺春茶叶铅、铬等重金属含量超过国家标准限量的60 倍,是一种可怕的"毒茶叶",可对人的中枢神经、肝、肾等器官造成极大损害,并会引发多种病变。

碱性嫩黄又称盐基淡黄 O、金胺、盐基槐黄、奥拉明 O 等,为黄色粉末,难溶于冷水和乙醚,易溶于热水和乙醇。碱性嫩黄被添加到豆制品中,主要作用是着色,但碱性嫩黄为非食用色素,对皮肤黏膜有轻度刺激,可引起结膜炎、皮炎和上呼吸道刺激症状,人接触或者吸入碱性嫩黄都会引起中毒。

酸性橙Ⅱ俗名金黄粉,也称酸性金黄Ⅱ,为鲜艳金黄色粉末,溶于水、乙醇,在浓硫酸中呈晶红色,稀释后生成棕黄色沉淀。酸性橙具有色泽鲜艳、着色稳定、价廉、经长时间烧煮和高温消毒而不分解褪色等特点,一些不法商贩在卤制品及肉加工过程中非法添加,人吃了后可能会引起食物中毒。

酸性橙Ⅱ为中等毒性致癌化合物,其中含有大量的化学助剂,长时间接触,可能对生育造成影响,如不孕或者畸形儿。

孔雀石绿又名碱性绿、严基块绿,为带有金属光泽的翠绿色结晶,极易溶于水,水溶液呈蓝绿色。孔雀石绿既是工业染料,又是杀真菌剂,对鱼类水霉病、原虫病等的控制非常有效而被不法分子用于鱼类的抗感染。孔雀石绿在水生物体内的主要代谢产物为无色孔雀石绿(也称隐形孔雀石绿),不溶于水,且毒性比孔雀石绿更强。孔雀石绿及无色孔雀石绿中的官能团三苯甲基可致肝癌,被国际癌症研究机构列为第 2 类致癌物。

碱性黄的主要成分为硫代黄素 T(CAS 号:2390－54－7,染料索引号:C. I. 49005),又称为碱性黄 1、硫代黄素,是一种碱性染料,在纺织行业中可用于蚕丝、羊毛、棉、尼龙和醋酯等纤维的染色,也可用于制作彩色圆珠笔的墨水,还可用于病毒的荧光染色,在食品行业可能非法用于大黄鱼的染色。碱性黄对呼吸道、皮肤和眼睛有刺激,长期过量食用,还将对人体肾脏、肝脏造成损害甚至致癌。

1.2.3 三聚氰胺(蛋白精)

三聚氰胺是一种白色结晶粉末,为生产三聚氰胺甲醛树脂(MF)的有机化工原料,无气味,氮含量高达 66%,掺杂在饲料和婴儿奶粉中可提高产品的氮含量,从而导致检测得到的蛋白质含量高于其实际含量。因此,三聚氰胺也被称为"蛋白精"。一些不法分子将其添加在乳及乳制品中,起到虚高蛋白含量作用。三聚氰胺对于哺乳动物属于微毒、低毒类化学物质。动物试验表明:长期摄入三聚氰胺会造成采食减少、体重下降、泌尿和生殖系统的损害,膀胱、肾部结石,结晶尿和膀胱上皮组织增生,并可进一步诱发膀胱癌。三聚氰胺及其在体内形成的盐类微溶于水,在体内主要通过肾脏排泄,在排泄过程中因其微溶于水,容易在尿道、肾小管里沉淀,导致结石。

1.2.4 硼酸与硼砂

硼砂既是一种制造光学玻璃、珐琅和瓷釉的化工原料,也是一种外用消毒防腐剂。硼砂的化学成分为四硼酸钠。不法分子将其添加在腐竹、肉丸、凉粉、凉皮、面条、饺子皮等食品中,起到增加食品韧性、脆度、保水性和保存期等以及防腐和改良面粉的作用。添加了硼砂的面制品和腐竹色泽亮丽,韧度高,久煮不糊。添加了硼砂的肉制品表明有白色的粉末状物质,用手摸有滑腻感。硼砂经由食品摄取后可与胃酸作用产生硼酸,硼酸具有积存性,连续摄取后会在体内蓄积,影响消化酶的功能,导致食欲减退、消化不良,抑制营养物质的吸收,以致体重减轻;其急性中毒症状为呕吐、腹泻、红斑、循环系统障碍、休克等。尸体解剖发现肝、肾有炎症反应,大脑水肿,有些则出现小肠坏死,内脏充血,脑组织血液循环停滞及肺水肿。通常在口服摄入数天后因肾脏受损,循环衰竭及休克而死亡。中毒剂量,成人摄入硼砂 1g~3g 可引起中毒。成人食用 15g~20g、小孩食用 5g,可造成死亡。

1.2.5 硫氰酸钠

硫氰酸钠为色斜方晶系结晶或粉末,易溶于水、乙醇和丙酮。被不法分子添加到乳及乳制品中,起到保鲜作用。硫氰酸钠的毒性主要由其与食物一起进入人体内释放的氰根离子引起。氰根离子在体内能很快与细胞色素氧化酶中的三价铁离子结合,抑制酶的活性,组织不能利用氧。氰根离子所致的急性中毒分为轻度、中度和重度三级。轻度中毒表现为眼及上呼吸道刺激症状,有苦杏仁味,口唇及咽部麻木,继而可出现恶心、呕吐和震颤等;中度中毒表现为叹息样呼吸,皮肤及黏膜常呈鲜红色,其他症状加重;重度中毒表现为意识丧失,出现强直性和阵发性抽搐,直至角弓反张,血压下降,尿便失禁,常伴发脑水肿和呼吸衰竭。

1.2.6 工业用甲醛

工业用甲醛为无色有刺激气味的气体,易溶于水、醇和醚,应用十分广泛:主要用于生产脲醛树脂、酚醛树脂、季戊四醇和乌洛托等,并应用于轻工、纺织、医药、机电、化工、建材以及油田开发、木材加工等。40%的甲醛水溶液俗称"福尔马林",是常用的组织防腐剂。为改善产品外观和质地,工业甲醛被不法分子添加至海参、鱿鱼等干水产品以及血豆腐中。甲醛属原生质毒物,能使细胞原生质的蛋白质发生不可逆凝固。世界卫生组织的国际癌症研究中心 2004 年 6 月发表报告称,高浓度的甲醛能导致耳、鼻和喉癌,也可能导致白血病。美国国家癌症研究所的一项调查也表明,在高甲醛含量环境中工作的工人比在低甲醛含量环境中工作的工人患白血病的可能性大 2.5 倍。食品中的甲醛若经口腔进入人体,会对消化、神经、循环和泌尿系统产生影响,严重者将危及生命。误服甲醛溶液,可致口腔、食管、胃肠损伤,致消化道穿孔,或致休克、昏迷及肝、肾损害。消化系统表现为恶心、呕吐。如系口服中毒,可引起口、咽、食管及胃部烧灼感,伴口腔黏膜糜烂、上腹痛、呕出带血性呕吐物,严重时发生胃肠穿孔及肝脏损害。由于甲醛在体内转化为甲醇,可对神经系统产生麻醉,表现为头痛、头昏、视力模糊及乏力等症状,严重时可出现昏迷。循环系统表现为心率加快,血压升高,严重时可出现血压下降、休克,甚至心动过缓、心室颤动、心跳骤停。泌尿系统表现为严重的口服中毒可引起蛋白尿、尿闭、尿毒症等肾脏损害。

1.2.7 工业用火碱

火碱又名烧碱、苛性钠,化学名称为氢氧化钠,常温下为白色固体,具有强腐蚀性,易溶于水,水溶液呈强碱性。火碱广泛应用于化工、印染、造纸、环保等很多行业,有工业级、食品级(食品添加剂氢氧化钠)之分,两者的主要区别在于其中的铅、砷、汞等有毒物质的含量有差异,工业级的因有毒物质含量较高而不得用于食品行业。为改善食品的外观、质地和防腐,不法分子将工业火碱添加至海参、鱿鱼等干水产品及生鲜乳中。由于火碱具有强腐蚀性,人体食用火碱后,易造成消化道灼伤、胃黏膜损伤。与此同时,工业火碱中铅、砷、汞等重金属含量较高,这些重金属会对人体的神经系统、消化系统等有严重危害。如铅会阻碍儿童的发育和生长,引起小儿贫血,还有可能导致感觉功能障碍;砷会蓄积于骨质疏松部、肝、肾、脾、肌肉、头发、指甲等部位,作用于神经系统,刺激造血器官,并可能诱发恶性肿瘤;汞会导致失眠、记忆力减退、情绪失常、思维紊乱、幻觉,以及心悸、多汗、血压不稳等多种症状。

1.2.8 一氧化碳

一氧化碳为无色、无臭、无味的气体,在水中的溶解度极低,但易溶于氨水。为改善产品色泽,不法分子将其用在金枪鱼、三文鱼中。一氧化碳进入人体之后会和血液中的血红蛋白结合,进而使血红蛋白不能与氧气结合,从而引起机体组织出现缺氧,导致人体窒息死亡。食用含有一氧化碳的水产品会导致人体中毒,轻度中毒者出现头痛、头晕呕吐、无力。重度患者昏迷不醒、瞳孔缩小、肌张力增加,频繁抽搐、大小便失禁等,深度中毒可致死。

1.2.9 硫化钠

硫化钠又称臭碱、臭苏打、黄碱、硫化碱,为无色结晶粉末,吸潮性强,易溶于水,有腐蚀性。硫化钠主要用于制造染料、皮革脱毛剂、金属冶炼、照相、人造丝脱硝等,为改善产品色泽被不法分子添加至味精中。食用含有硫化钠的食品会在胃肠道中分解出硫化氢,引发硫化氢中毒,导致胃肠道损伤。

1.2.10 工业硫磺

工业硫磺是一种重要的化工产品和基本工业原料,广泛用于化工、轻工、农药、橡胶、染料、造纸等行业。由于硫与氧结合生成二氧化硫,二氧化硫是一种无色、易溶于水、有刺激性气味的气体,其化学性质比较活泼,既具有氧化性又具有还原性,因此,常被不法分子用于白砂糖、蜜饯、银耳、龙眼、胡萝卜、姜等食品中起到漂白、保鲜及防腐作用。过量的二氧化硫残余,易使服用者产生恶心、呕吐等胃肠道反应及眼、鼻黏膜刺激症状,严重时易产生喉头痉挛水肿。同时,二氧化硫遇水后变成亚硫酸,亚硫酸会破坏食品中的维生素 B_1,还影响人体对钙的吸收。熏蒸食品如使用工业用硫,里面的铅、砷会对人的肝脏或肾脏会造成严重的破坏。硫磺还可引起眼结膜炎、皮肤湿疹。对皮肤有弱刺激性。

1.2.11 罂粟壳

罂粟壳俗称大烟,为罂粟科植物罂粟的干燥果壳,其中含有 20 多种生物碱,以吗啡、可待因、那可丁、罂粟碱等为主要成分,具有镇痛、催眠、呼吸抑制与镇咳作用。被不法分子添加到火锅底料及小吃类食品中,起到兴奋、镇痛等麻醉作用。如果长期食用含有罂粟壳的食物,就会出现发冷、出虚汗、乏力、面黄肌瘦、犯困等症状,严重时可能对神经系统和消化系统造成损害,甚至出现内分泌失调等症状。罂粟壳对人体肝脏、心脏有一定的毒害,它能使人体产生快感,并逐渐产生依赖性进而成瘾。由于成瘾,很多食客由此走上吸毒之路。有的肝病患者、孕妇及婴幼儿甚至因误食而致死,对人体的危害非常大。

1.2.12 皮革水解物

动物水解蛋白是一种廉价的工业原料,最常见的水解蛋白就是皮革粉。将其掺入乳与乳制品及含乳饮料中可提高蛋白质含量。但掺入胶原水解蛋白后,会影响牛奶的口感,改变牛奶氨基酸的组成。如果人食用这类蛋白,会导致不易消化,吸收利用率降低,影响人体健康状况。目前,通用的检测皮革水解蛋白的方法为 L-羟脯氨酸分析检测法。L-羟脯氨酸为人体非必需氨基酸,是胶原蛋白(动物水解蛋白)特有的氨基酸,在弹性蛋白中含量极少,牛奶中不含此氨基酸。

1.2.13 溴酸钾

溴酸钾为白色三角晶体或结晶性粉末,无臭,在常温下稳定,易溶于水,微溶于乙醇,不溶于丙酮。将溴酸钾添加至小麦粉中可起到增筋作用,但溴酸钾具有强毒性,其动物半致死剂量为 320mg/kg,若误食会引起呕吐、肠胃痛、中枢神经系统损伤、引起肾脏功能衰竭。国际癌症研究机构将溴酸钾列为可致癌物质,世界卫生组织(WHO)1992 年也确认溴酸钾是一种致癌物质,可导致动物的肾脏、甲状腺及其他组织发生癌变。溴酸钾还能将血红蛋白氧化,导致中枢神经麻痹。溴酸钾中毒的急性症状主要表现为呕吐、腹泻和腹痛,进而发展为少尿、无尿、耳聋、眩晕、血压过低、中枢神经系统抑制和血小板减少,并可发现有急性肾功能衰竭。

1.2.14 β—内酰胺酶(金玉兰酶制剂)

β-内酰胺酶是细菌对 β-内酰胺类抗生素产生抵抗和耐药性的最重要的产物,是由

β-内酰胺类抗生素的耐药细菌分泌的一种胞外酶。目前为已发现200～300种不同的β-内酰胺酶,β-酰胺酶主要分为Ⅰ型(青霉素类)和Ⅱ型(头孢菌素类)。不法加工厂将其加入"有抗奶"的乳与乳制品中,得到"无抗奶",起到掩蔽抗生素残留的作用,制备酸奶等产品。该酶多由细菌自身合成,经浓缩和提纯后制得。如果加入到牛奶中,可能引入微生物等多种物质。其分解代谢物为青霉噻唑酸,与人体组织内的G-球蛋白和白蛋白结合成青霉噻唑蛋白,为引起青霉素过敏的主要物质。

1.2.15　富马酸二甲酯

富马酸二甲酯化学名称为反丁烯二酸二甲酯,外观为白色结晶性粉末,微溶于水,易溶于乙酸乙酯、氯仿、丙酮和醇类。对光热较稳定。富马酸二甲酯是20世纪80年代开发的新型防腐防霉剂,具有低毒高效、广谱抗菌、安全、化学稳定性好、作用时间长、适用的pH范围宽等特点,能抑制30多种霉菌、酵母菌及细菌,特别对肉毒梭菌和黄曲霉菌有很好的抑制作用,曾经用于糕点类食品的防腐、防虫。有研究表明:富马酸二甲酯易水解生成甲醇,对人体肠道、内脏产生腐蚀性损害,当该物质被人体皮肤吸收后,会引起发痒、刺激、发红和灼伤,其危害极大。另外,长期食用还会对肝、肾有很大的副作用,尤其对儿童的成长发育会造成很大危害。

1.2.16　废弃食用油脂

废弃食用油脂指食品生产经营单位在经营过程中产生的不能再食用的动植物油脂,包括油脂使用后产生的不可再食用的油脂、餐饮业废弃油脂以及含油脂废水经油水分离器或者隔油池分离后产生的不可再食用的油脂。按其来源,通常将废弃油脂分为地沟油、泔水油和炸货油(常称老油)。为了降低成本,不法分子在食用油脂中废弃食用油脂。食用油脂经高温加热,营养价值会降低,原因是高温加热会使油脂中的维生素A、胡萝卜素、维生素E等营养成分被破坏。人们食用掺兑餐饮业废油的食用油时,最初会出现头晕、恶心、呕吐、腹泻等中毒症状,并且废弃油脂因其中含有高度氧化的一些化学物质及可能产生苯并(a)芘、丙烯酰胺等致癌物质,加上其原料来源复杂,其中的毒素、重金属、致病菌等污染物情况难以预测,如长期食用,轻则会使人体营养缺乏,重则内脏严重受损甚至致癌。

1.2.17　工业用矿物油

矿物油又名白油、石蜡油、液体石蜡,是以物理蒸馏方法从石油中提炼出的液态烃类混合,为化工、纺织、化纤、化妆品等的常用生产原辅料,具有润滑、抗静电、溶媒等作用。为改善产品外观,不法分子在陈化大米中加入工业矿物油。矿物油不易被人体代谢,会囤积在人体解毒的器官,造成肝肾功能损害,同时会导致女性子宫病变,也是公认的致癌化学物质之一。

1.2.18　工业明胶

工业明胶是一种淡黄色或棕色的碎粒,是依据明胶的用途不同划分出来的一种明胶产品。被广泛应用于板材、家具、火柴、饲料、包装、造纸、印染、印刷等行业的各种产品中，主要起增稠、稳定、凝聚、调和、上光、上浆、黏合、固水等作用。为改善产品形状或掺假，不法分子在冰淇淋、肉皮冻等食品中添加工业明胶。工业明胶中含有大量对人体有害的铬、铅等重金属，重金属在人体内使蛋白质及酶失去活性，也可能在某些器官中积累，造成慢性中毒。六价铬会对皮肤黏膜造成刺激和腐蚀作用，导致皮炎、溃疡、鼻炎、鼻中隔穿孔、咽炎等，严重时会使人体血液中某些蛋白质沉淀，引起贫血、肾炎、神经炎等疾病。

1.2.19　工业酒精

酒精分为食用酒精和工业酒精，其主要成分为乙醇。为掺假谋利，不法分子用工业酒精勾兑假酒。工业酒精是一种化工原料，其甲醇含量远远高于食用酒精。甲醇有较强的毒性，甲醇摄入量 4g～6g 就会出现中毒反应，造成双目失明，人口服 10g 足以导致死亡。甲醇在体内不易排出，会发生蓄积，在体内氧化生成甲醛和甲酸，也都有毒性。甲醇经人体的消化道、呼吸道或皮肤摄入都会产生毒性反应，对神经系统和血液系统影响最大，甲醇蒸气对人的呼吸道黏膜和视力有损害。甲醇急性中毒症状有：头疼、恶心、胃痛、疲倦、视力模糊以至失明，继而呼吸困难，最终导致呼吸中枢麻痹而死亡。慢性中毒反应为：眩晕、昏睡、头痛、耳鸣、视力减退、消化障碍。

1.2.20　敌敌畏

敌敌畏是一种速效有机磷杀虫剂，化学名称为 $O,O-$ 二甲基-(2,2-二氯乙烯基)磷酸酯，是无色透明液体，具有特殊的芳香气味。它能与芳香族或氯代烃类溶剂相混，在矿物油中的溶解度约为 3%，水中的溶解度约为 1%，在甘油中溶解度约为 0.5%。其在水中不够稳定，易分解成二甲基磷酸和二氯乙醛，在碱性条件下容易水解。不法分子在火腿、鱼干、咸鱼等制品中使用敌敌畏，达到驱虫的目的。敌敌畏为剧毒农药，它可以抑制生物体内神经系统中的乙酰胆碱酯酶，从而阻断神经传导，导致生物死亡。对高等动物毒性中等，挥发性强，易于通过呼吸道或皮肤进入动物体内，短期内大量接触（口服、吸入、皮肤、黏膜）会引起急性中毒。中毒表现有：恶心、呕吐、腹痛、流涎、多汗、视物模糊、瞳孔缩小、呼吸道分泌物增加、呼吸困难、肺水肿、肌束震颤、肌麻痹，可出现中枢神经系统症状，重者有脑水肿。部分患者有心、肝、肾损害。少数重度中毒者临床症状消失后数周出现周围神经病，重度中毒者在病情基本恢复 3d～5d 后可发生迟发性猝死。对眼有刺激性，可致皮炎。

1.2.21　毛发水

"毛发水"是指人和动物的毛发水解液，内含有砷、铅等有害物质，水解毛发时使用了工业盐酸，毛发水解时还产生三氯丙醇等副产物，且在用毛发水配兑酱油时加入的酱色中，含有四甲基咪唑。为掺假谋利，不法分子用毛发水制造酱油。"毛发水"对人体健康危害极大：毛发中含有砷、铅等有害物质，对人体的肝、肾、血液系统、生殖系统等有毒副作用,三氯丙醇可以致癌,四甲基咪唑可致人惊厥甚至诱发癫痫症。

1.2.22 工业用乙酸

工业用乙酸为无色澄清液体,有刺激性气味,能溶于水、乙醇和乙醚,其熔点为16.7℃,在低温时凝固成冰状,俗称冰乙酸。乙酸是一种重要的有机酸,主要用于合成醋酸乙烯、醋酸纤维、醋酸酐、醋酸酯、金属醋酸盐及卤代醋酸等,也是制药、染料、农药及其他有机合成的重要原料。为掺假谋利,不法分子用工业用乙酸勾兑食醋。因为工业乙酸是工业合成的,其所用溶剂相对比较低档,同时对提纯要求比食用醋酸低,往往含有游离矿酸、重金属砷、铅等杂质,消费者食用后,会造成消化不良、腹泻,如果长期食用会危害身体健康。如果工业乙酸是由石油副产品提取出来的,还含有苯类物质,此类物质有致癌风险。

1.2.23 肾上腺素受体激动剂类药物(盐酸克伦特罗、莱克多巴胺等)

肾上腺素受体激动剂类药物主要包括克伦特罗、沙丁胺醇、莱克多巴胺等,因其具有肾上腺素样作用,可缓解、消除或预防支气管哮喘,该类药物毒副作用较大,人食用后可能出现肌肉振颤、心慌、战栗、头疼、恶心、呕吐等不良症状,特别是对高血压、心脏病、甲亢和前列腺肥大等疾病患者危害更大,严重的可导致死亡。有研究发现,在猪牛等动物饲养中如果给予一定量的 β-受体激动剂,能够促进动物肌肉,特别是骨骼肌蛋白质的合成,抑制脂肪的合成与积累,可提高饲料转化率和动物的生长速率,胴体瘦肉率明显增加,因此在畜牧养殖业上该类化合物被称为"瘦肉精"。由于"瘦肉精"在动物体内代谢慢,残留时间长,在动物组织(肝脏、肺脏、肾脏、小肠等)中大量蓄积,人食用含有一定残留量的"瘦肉精"动物性产品,就会出现毒副作用,甚至出现急性中毒症状,如心动过速、多汗、肌肉颤抖、肌无力、肌痛、头痛、眩晕、恶心、口干、失眠、呼吸困难、神经紧张、皮肤瘙痒等,中毒严重者可发生高血压危象。鉴于以上原因,我国政府于1997年已明确禁止在饲料中添加使用克伦特罗,农业部会同原卫生部和原国家药品监督管理局2002年2月联合出台了《禁止在饲料和动物饮用水中使用的药品目录》,将盐酸克伦特罗、沙丁胺醇、莱克多巴胺等肾上腺素受体激动剂类药物列为禁用药物。

1.2.24 硝基呋喃类药物

硝基呋喃类抗菌素主要包括呋喃唑酮、呋喃它酮、呋喃西林和呋喃妥因。该类药物是一种化学合成的广谱抗菌药,主要作用于微生物酶系统,抑制乙酰辅酶A,干扰微生物糖类的代谢,从而起到抑菌、杀菌的作用,其对多种革兰氏阳性和阴性细菌、真菌和原虫等病原体均有杀灭作用,因此被广泛用于养殖业(畜禽、水产)中,长时间或大剂量应用硝基呋喃类药物均对动物体产生毒性作用,以呋喃西林的毒性最大,呋喃唑酮的毒性最小,呋喃它酮为强致癌性药物,呋喃唑酮为中等强度致癌药物。呋喃唑酮、呋喃西林、呋喃妥因和呋喃它酮的代谢产物分别为3-氨基-2-唑烷基酮(AOZ)、氨基脲(SEM)、1-氨基-乙内酰脲(AHD)、5-甲基吗啉-3-氨基-2-唑烷基酮(AMOZ)。硝基呋喃类药物在动物体内的半衰期短、代谢速度非常快,其代谢产物能够与组织蛋白质紧密结合,以结合态形式在体内残留较长时间,且毒性更强,是硝基呋喃类药物的标记残留物,普通的食品加工方法如烹调、微波加工、烧烤等难以使蛋白结合态的代谢物大量降解,而此类药物的代谢物可以在弱酸性条件下从蛋白质中释放出来,因此,含有此类药物残留的动物产品被人食用后,这些代谢物就可以在胃酸作用下从蛋白质中释放而被人体吸收,使人产生耐药性,在临床中降低此类药物的治疗效果,而且此类药物残留对人体有致癌、致畸等毒副作用。

1.2.25 玉米赤霉醇

玉米赤霉醇(α-玉米赤霉醇)是一种非甾体同化激素,属于二羟基苯甲酸内酯类化合物,是镰刀霉菌次生代谢产物——玉米赤霉烯酮的衍生产物。玉米赤霉醇具有弱雌激素功能,可以提高家畜饲料转化率和胴体瘦肉率,美国从1969年开始以埋植剂的形式在牛羊养殖上大量使用。加拿大、新西兰、澳大利亚等主要牛羊出口国家也陆续开始采用。动物实验表明,玉米赤霉醇对促性腺激素结合受体等有抑制作用,对哺乳动物生殖系统具有显著的影响;同时,其潜在的"三致"作用也一直备受争议,而且玉米赤霉醇排出动物体外后,还可经饮水和食物造成二次污染及环境污染。欧盟于1996年禁止在食用动物上使用玉米赤霉醇,2002年我国农业部也明确禁止将玉米赤霉醇用于畜禽促生长。

1.2.26 抗生素残留

抗生素是指由细菌、放线菌、真菌等微生物经过培养而得到的产物,或用化学半合成方法制造的相同或类似的物质,在低浓度下对细菌、真菌、立克氏体、病毒、支原体、衣原体等特异性微生物有抑制生长或杀灭作用。抗生素的种类较多,青霉素、氨基糖苷类、大环内酯类、四环素类等是临床应用最多的抗菌药物,广泛应用于治疗人和动物的多种细菌性感染。作为临床治疗用药的抗生素类,主要是通过注射、口服、饮水等方式进入动物体内,在休药期结束前注射部位的肌肉和奶中会残留超量的抗生素。有些抗生素类如土霉素添加剂、金霉素添加剂等还被作为药物添加剂,用来预防动物细菌性疾病和促进动物生长而长期使用,这类抗生素进入动物体内,短时间内不能完全排出,极易在体内蓄积,造成动物性食品中的抗生素残留。近年来,养蜂业也普遍使用抗生素,出现了蜂蜜中抗生素残留问题。人食用含有抗生素残留的肉、蛋、奶、鱼等动物性食品后,一般不表现急性毒理作用,但长时间摄入低剂量抗生素残留的动物性食品,会造成抗生素在人体内蓄积,并引起超敏反应、导致病源菌产生耐药性、破坏微生态环境、造成正常菌落失调、导致二次感染、对听力和肾脏的损害等,可能引起各种组织器官病变,甚至癌变。

1.2.27 镇静剂

镇静剂是指能使中枢神经系统产生轻度抑制,减弱机能活动,从而起到消除躁动不安、恢复安静的一类药物。临床上常见的有氯丙嗪、异丙嗪、甲喹酮等药物。镇静剂有助于缓解人们的抑郁和焦虑,被用来治疗精神紧张,并不影响正常的大脑活动。此类药物对改善病人的睡眠、对抗焦虑、解除烦躁起到重要作用,但在发挥治疗作用的同时,也表现出种种不良反应,特别是连续使用,具有成瘾性。近年来,个别饲养者因经济利益的驱使,擅自在畜禽饲养过程中添加镇静剂类药物以起到镇静催眠、增重催肥、缩短出栏时间的作用;同时,为减少动物在动物运输过程中的死亡和体重下降,防止肉品质降低,也常使用镇静剂类药物。非法使用此类药物会使镇静剂和其代谢产物不可避免地残留于动物源性食品中,人们食用了这些食品会对人体中枢神经系统造成不良影响,如恶心、呕吐、口舌麻木等。如果残留的量比较大,还可能出现心跳过快、呼吸抑制,甚至会有短时间的精神失常。2002年,我国农业部先后发布的第176号公告和235号公告明确规定:严禁在动物饲料和饮用水中使用镇静剂类药物,在动物源食品中不得检出甲喹酮等药物。

1.2.28 荧光增白物质

荧光增白物质是一类精细化工产品,又叫做荧光剂或荧光漂白剂,是一种荧光染料(白色染料),也是一种复杂的有机化合物,能提高物质的白度和光泽,主要用于纺织、造纸、塑料及合成洗涤剂工业。荧光增白剂的增白作用是利用光学上的补色原理,使泛黄物质经荧光增白剂处理后,不仅能反射可见光,还能吸收可见光以外的紫外光并转变为具有紫蓝色或青色的可见光反射出来,黄色和蓝色互为补色,抵消了物质原有的黄色,使之显得洁白。为了让双孢蘑菇、金针菇、白灵菇、面粉等增白,不法分子使用荧光增白物质。食品中加入的荧光增白物质被人体吸收后会在人体内蓄积,大大削弱人体免疫力,增加肝脏负担,同时还可能导致细胞畸变。如果过量,毒性累计在肝脏或其他重要器官,就会成为潜在的致癌因素,危害人体健康。

1.2.29 工业氯化镁

氯化镁为无色至白色结晶或粉末,无色无臭,味苦,常温时为六水合物,95℃～118℃时失去2分子结晶水,大于230℃时失去5个结晶水,易溶于水,极易潮解。无水氯化镁为无色方斜晶系结晶,熔点708℃。根据用途氯化镁可分为工业氯化镁和食用氯化镁。工业氯化镁广泛应用于化学工业、轻工业、冶金、煤炭、建筑、融雪剂等行业。食品级氯化镁主要用于食品工业中的稳定剂、凝固剂和镁强化剂。部分不法商贩为降低成本,用工业品代替食用级产品氯化镁作为稳定剂或凝固剂用于豆类制品中,用工业氯化镁浸泡木耳,木耳经浸泡后菌朵很大,菌叶肥厚,感官较好,并且重量可增加2～3倍。由于工业氯化镁中杂质较多,且含有硫酸盐及各种重金属等有害物质,因此,长期食用工业氯化镁会造成急性中毒和慢性危害,可能引起尿毒症、胆结石、肾结石等疾病。

1.2.30 磷化铝

磷化铝是熏蒸剂农药,为浅黄色或灰绿色粉末,无味,易潮解,不溶于冷水,溶于乙醇、乙醚,借助吸收空气中的水分,能自行分解而产生磷化氢气体对害虫、螨及鼠类起到熏蒸毒杀作用。磷化氢气体对人畜剧毒。用于仓库、帐幕内熏蒸防治各种储粮害虫和螨类,但不能毒杀休眠期的螨类。其应用范围广,不受气温的影响,既能熏蒸原粮、成品粮,又能熏蒸作物种子和各种仓储器材。磷化氢气体在空气中极易扩散,熏蒸后的仓库,一般在 24h~28h 就可以散完,不影响粮食的色、味和食品卫生。熏蒸过的种子,在规定剂量和密闭天数以内,发芽率不受影响。目前一些不法商贩直接将磷化铝添加到木耳、散装大米中,从而起到防治害虫的作用。食物中的磷化铝进入人体后会作用于细胞酶,影响细胞代谢,发生内窒息,除了对胃肠道有局部刺激腐蚀作用外,还主要作用于中枢神经系统、心血管系统、呼吸系统及肝肾,其中以中枢神经系统受害最早、最严重。另外,磷化铝遇水、酸时会迅速分解,放出吸收很快、毒性剧烈的磷化氢气体。磷化氢中毒经呼吸道进入肺泡,引起呼吸道充血及轻度水肿。进入血液中,会随血液循环到达各系统、器官及组织,损害中枢神经系统、心、肝、肾等,导致功能损伤和呼吸衰竭。接触可能导致死亡。

1.2.31 馅料原料漂白剂

馅料原料漂白剂主要成分为二氧化硫脲,白色结晶粉末,是一种既无氧化性又无还原性的稳定化合物,不溶于醚和苯,微溶于水,其水溶液呈弱酸性。二氧化硫脲加热到 110℃时部分分解,释放出二氧化硫;其在酸性条件下稳定,但在碱性条件下易分解,生成尿素和还原性很强的次硫酸,其还原能力是保险粉的 5 倍,在印染工业中常用作棉、毛、化纤的漂白还原剂和硫化染料的还原剂。馅料原料漂白剂主要是通过破坏、抑制食品中的发色因素,从而使其褪色或使其免于褐变。一些不法商贩将二氧化硫脲等廉价的工业用漂白剂代替食品漂白剂用于食品的漂白,从而改善食品的外观和口感,例如将二氧化硫脲加入面条中会使得面条又白又亮并且筋道、耐煮。二氧化硫脲为刺激剂,高浓度持续吸入会引起咳嗽、气短和胸部紧束感。使用了馅料原料漂白剂的食品往往会残留一定量的二氧化硫,二氧化硫具有一定的毒性,可以与蛋白质的巯基进行可逆反应,刺激消化道黏膜,出现恶心、呕吐、腹泻等症状,影响人体对钙的吸收,并破坏 B 族维生素,长期摄入会对肝脏造成损害。

1.2.32 氯霉素

氯霉素属广谱抗生素,为白色针状或微带黄绿色的针状、长片状结晶或结晶性粉末,味苦,易溶于甲醇、乙醇、丙酮,微溶于水,干燥时稳定。它通过与核糖体的 50S 亚单位结合,而抑制细菌蛋白质的合成。对革兰氏阳性菌和革兰氏阴性菌均有较好的抑制作用,对立克次体、衣原体也有抑制作用。因其效高价廉,曾在畜牧业中广为使用。但氯霉素有较强的毒副作用,如果氯霉素在食用动物中残留,可通过食物链传给人类,对人类的健康造成危害:如长期应用可致再生障碍性贫血和粒细胞缺乏症;婴儿长期食用氯霉素污染的乳汁,可能会引起"灰婴综合征";如通过食物长期摄入微量氯霉素,不仅使大肠杆菌、沙门氏菌等产生耐药性,而且会引起机体正常菌群失调,使人们易感染各种疾病。1994 年,联合国粮农组织禁止使用氯霉素,世界上许多国家禁止将其用于生产动物食品,并规定了其在畜产品中的最高残留限量。欧盟、美国等均在法规中规定氯霉素的残留限量标准为不得检出。我国农业部第 235 号公告《动物性食品中兽药最高残留限量》中明确规定禁止使用氯霉素,在动物性食品中不得检出。

1.2.33　喹诺酮类

喹诺酮类药物是一类化学合成的抗菌药物,因其具有抗菌谱广、抗菌活性强、与其他抗菌药物间无交叉耐药性、毒副作用较小等特点,广泛用于人类和动物的多种感染性疾病治疗。兽医临床最常用的主要有诺氟沙星、环丙沙星、恩诺沙星、氧氟沙星、单诺沙星、洛美有沙星、沙拉沙星及培氟沙星等。为了杀菌防腐,不法分子在麻辣烫类食品中添加喹诺酮类药物。喹诺酮类药物随食物进入人体,产生胃肠道反应、中枢神经系统反应等不良反应,产生光敏性皮疹以及关节疼痛和肿胀,偶尔可发生白细胞减少、嗜酸细胞增多、肝损伤等。许多喹诺酮类药物对动物及人类的毒性影响已经被证实有干扰繁殖系统、影响光敏感性、致癌和致突变作用等。

1.2.34　水玻璃

水玻璃学名硅酸钠,无色、略带色的透明或半透明黏稠状液体及粒状结晶固体。其用途非常广泛,常用作版纸、木材加工、机械铸造、冶炼等工业的黏合剂、合成洗涤剂、制皂填充剂料和制造白炭黑硅胶、硅凝胶的化工原料。为增加面的韧性,不法分子将"水玻璃"添加到碱水面等面制品中。由于水玻璃蒸气或雾对呼吸道黏膜有刺激和腐蚀性,可引起化学性肺炎,水玻璃液体或雾对眼有强烈刺激性,可致结膜和角膜溃疡。皮肤接触水玻璃液体可引起皮炎或灼伤。水玻璃液体腐蚀消化道,出现恶心、呕吐、头痛、虚弱及肾损害。人食用添加水玻璃的面制品后,可能产生恶心、腹泻、呕吐等症状,严重者可能对肝脏造成损害。

1.2.35　乌洛托品

乌洛托品别名六次甲基四胺,白色具有光泽的结晶或结晶性粉末,味初甜后苦,易溶于水,难溶于乙醚、芳香烃等,对皮肤有刺激作用。加热易升华并分解,易燃。可治疗尿路感染,在尿液偏酸性(pH约为6.5)的条件下,可水解为马尿酸和甲醛。几乎所有细菌和真菌对其水解后产生的甲醛的非特异性抗菌作用敏感。主要用途有:树脂和塑料的固化剂、橡胶的硫化促进剂(促进剂H)、纺织品的防缩剂,并用于制杀菌剂、炸药等。药用时,内服后遇酸性尿分解产生甲醛而起杀菌作用,用于轻度尿路感染;外用于治癣、止汗、治腋臭。乌洛托品还是一种常用的缓蚀剂,用于减缓金属材料的腐蚀。目前,仍作为工业品和抗菌药在使用。乌洛托品被非法添加到食品中的作用与吊白块有些类似,主要是乌洛托品在弱酸的条件下分解产生甲醛,违法者将其掺入腐竹、粉丝、水产等食品中,可起到增白、保鲜、增加口感、防腐的效果。使用乌洛托品并配以酸性溶液如稀硫酸、盐酸等可以掩盖劣质食品已变质的外观。乌洛托品本身属低毒类,可作为药物服用。但其在酸性条件下能分解出甲醛,甲醛易与体内多种化学结构的受体发生反应,如与氨基化合物可以发生缩合,与巯基化合物加成,使蛋白质变性。甲醛在体内还可还原为醇,故可表现出甲醇的毒理作用。对人体的肾、肝、中枢神经、免疫功能、消化系统等均有损害。

1.2.36　五氯酚钠

五氯酚钠是五氯酚的钠盐,为白色针状晶体或鳞片状结晶,易挥发,有明显的刺鼻气味,易溶于水,溶于丙酮和甲醇,不溶于石油和苯,遇酸析出五氯酚结晶,常温下不易挥发,光照下迅速分解,脱出氯化氢,颜色变深。自 20 世纪 30 年代起曾被广泛用作工业、农业上的除草剂、木材防腐剂和生物杀伤剂等。为了灭螺、清除野杂鱼,不法分子在河蟹中使用五氯酚钠。五氯酚钠可由呼吸道、消化道以及皮肤进入人体引起中毒,对肝、肾有一定损害,从呼吸道吸入可引起肺炎。对皮肤黏膜有刺激作用,可发生接触性皮炎。五氯酚钠易导致水体等污染,通过食物链五氯酚钠进入塘鱼、乳牛、耕牛、家禽等动物体内残留于肉、乳、蛋动物性食品中,被人们食用后在体内五氯酚钠转变为五氯酚,对人畜产生急慢性毒害,急性中毒症状为头昏、头痛、出汗、呕吐等。

1.2.37　喹乙醇

喹乙醇是 1965 年由德国 Bayer 公司以邻硝基苯胺为原料合成的一种抗菌促生长剂,最初用于防治仔猪腹泻,1976 年欧共体批准用于畜禽饲料添加剂,国内于 1981 年研制成功,广泛应用于养殖业,喹乙醇曾一度被称为"水产瘦肉精"。喹乙醇的毒性随动物种属不同存在较大差异,特别对禽类和鱼类,有中度至明显蓄积毒性和一定遗传毒性,对部分鱼类有明显致畸作用。鉴于此,我国兽药典明确规定,喹乙醇作为抗菌促牛长剂,仅限用于 35kg 以下猪的促生长,以及防治仔猪黄痢、白痢,猪沙门氏菌感染,休药期 35d;禁用于体重超过 35kg 以上的猪和禽、鱼等其他种类动物。

1.2.38　磺胺二甲嘧啶

磺胺二甲嘧啶为一种抗组织胺类药物,常常用于畜禽球虫病的防治,与其他磺胺类药物一样,可用作饲料添加剂,以提高奶牛、生猪的抗病能力,提高产奶量,提高饲料转化率和促进动物的生长发育。为了防腐,不法分子在叉烧肉类食品中使用磺胺二甲嘧啶。人们食用含有磺胺二甲嘧啶的食品可能导致过敏反应,并对在人类疾病治疗中应用的这些药物产生耐药性突变菌株。另外它是一种可疑的致癌物质,有可能导致甲状腺癌。

1.2.39　敌百虫

敌百虫化学名为 O,O-二甲基-(2,2,2-三氯-1-羟基乙基)膦酸酯,工业产品为白色固体,有醛类气味。能溶于水和有机溶剂,性质较稳定,但遇碱则水解成敌敌畏。敌百虫为一种有机磷杀虫剂,既可作为防治水稻、麦类、蔬菜、茶树、果树、桑树、棉花等作物害虫的农药,又可作为广谱驱虫药,用于治疗牛、马、猪、羊各种线虫病,猪姜片吸虫,猪蛔虫、蛲虫病,马副蛔虫病等,外用治疗牛皮蝇蛆、羊鼻蝇蛆和体虱、疥螨等体外寄生虫病。为了防腐,不法分子在腌制食品中使用敌百虫。由于敌百虫抑制胆碱酯酶,因此会造成神经生理功能紊乱,出现毒蕈碱样和烟碱样症状。短期内接触大量引起急性中毒。表现有头痛、头昏、食欲减退、恶心、呕吐、腹痛、腹泻、流涎、瞳孔缩小、呼吸道分泌物增多、多汗、肌束震颤等。重者出现肺水肿、脑水肿、昏迷、呼吸中枢麻痹。部分病例可有心、肝、肾损害。少数严重病例在意识恢复后数周或数月发生周围神经病。个别严重病例可发生迟发性猝死。其还可引起皮炎和血胆碱酯酶活性下降。慢性中毒：尚有争论。可能导致神经衰弱综合征、多汗、肌束震颤等。血胆碱酯酶活性降低。

1.2.40 邻苯二甲酸酯类物质

邻苯二甲酸酯类物质主要包括：邻苯二甲酸二(2-乙基)己酯(DEHP)、邻苯二甲酸二异壬酯(DINP)、邻苯二甲酸二苯酯、邻苯二甲酸二甲酯(DMP)、邻苯二甲酸二乙酯(DEP)、邻苯二甲酸二丁酯(DBP)、邻苯二甲酸二戊酯(DPP)、邻苯二甲酸二己酯(DHXP)、邻苯二甲酸二壬酯(DNP)、邻苯二甲酸二异丁酯(DIBP)、邻苯二甲酸二环己酯(DCHP)、邻苯二甲酸二正辛酯(DNOP)、邻苯二甲酸丁基苄基酯(BBP)、邻苯二甲酸二(2-甲氧基)乙酯(DMEP)、邻苯二甲酸二(2-乙氧基)乙酯(DEEP)、邻苯二甲酸二(2-丁氧基)乙酯(DBEP)、邻苯二甲酸二(4-甲基-2-戊基)酯(BMPP)等。邻苯二甲酸酯，简称PAEs，别名酞酸酯，是一大类脂溶性化合物，是世界上生产量大、应用面广的人工合成有机化合物。PAEs主要用作塑料的增塑剂和软化剂，也可用作农药载体以及驱虫剂、化妆品、香味品、润滑剂和去泡剂的生产原料。PAEs常作为增塑剂添加于聚氯乙烯等基质中，广泛用于生产日常用品中，如儿童玩具、润滑油、婴儿用品、美容用品、医疗用品等。将PAEs添加至乳化剂类食品添加剂、使用乳化剂的其他类食品添加剂或食品中可以起到乳化、增稠和稳定作用，使不易相溶的水油溶液能够形成混合均匀的胶状分散体。PAEs可通过呼吸道、消化道和皮肤等途径进入人体，目前国内外研究发现，人群PAEs污染状况已相当严重，在早熟女童血液中、育龄期妇女尿样及母乳中均检测到PAEs。近邻苯二甲酸酯类化合物属环境荷尔蒙，已成为全球性的主要环境有机污染物。其生物毒性主要是抗雄激素活性，造成内分泌失调，影响正常生育能力，包括生殖率降低、流产、天生缺陷、异常的精子数、睾丸损害。长期摄食塑化剂对男性生殖力的影响较大，可能造成小孩性别错乱。在体内长期蓄积会导致畸形、癌变和突变。此外，其对心血管、消化和泌尿系统也有很大伤害。为了避免增塑剂由各种途径进入人体而产生潜在危害，多年来许多国家政府和管理机构对增塑剂的安全使用都制定了严格规定。

参考文献

[1] [英]威尔逊.美味欺诈 食品造假与打假的历史[M].周继岚译.北京:生活·读书·新知三联书店,2010.

[2] 汪曙晖,汪东风.食品中可能添加的非食用物质[J].食品与机械,2009,25(5):145-147.

[3] 徐娇.试论非食用物质的危害与管理[J].中国卫生监督杂志,2012,19(3):244-248.

[4] 卢土英,邹明强.食品中常见的非食用色素的危害与检测[J].中国仪器仪表,2009,8:45-50.

[5] 王民生.邻苯二甲酸酯(塑化剂)的毒性及对人体健康的危害[J].江苏预防医学,2011,22(4):68-70.

[6] 张远,王永强,高世君,等.动物性食品中抗生素残留的危害及防控[J].广西农业科学,2006,37(1):97-99.

[7] 胡滨,陈一资,胡惠民.动物性食品中五氯酚钠残留及对人畜毒害的研究[J].肉品卫生,2005,2:27-29.

[8] 梁倩,朱晓华,吴光红.五氯苯酚及其钠盐在渔业产品中的残留与检测方法的研究进展[J].中国渔业质量与标准,2012,2(1):71-75.

[9] 宋春美,侯玉泽,刘宣兵,等.喹乙醇的危害及检测方法研究进展[J].河南农业科学,2009,12:13-17.

[10] 施杏芬,陆国林.兽用喹诺酮类药物残留的危害及对策[J].中国动物检疫,2008,25(9):16-17.

[11] 吴晓丰,杨鹭花.氯霉素残留的危害及其检测方法[J].动物医学进展,2004,25(3):41-43.

[12] 穆合塔巴尔·艾地汗木,阿孜古丽·沙吾提.食用菌生产使用荧光增白剂的危害[J].新疆农业科技,2008,3:54-55.

[13] 贾瑜,张德红,冯才茂,等.安定残留危害及其检测技术研究进展[J].农产品质量与安全,2012,2:47-49.

[14] 戴欣,李改娟.水产品中硝基呋喃类药物残留的危害、影响以及控制措施[J].吉林水利,2011,9:61-62.

[15] 沈建忠,江海洋.畜产品中β-受体激动剂残留及其危害[J].中国动物检疫,2011,28(6):27-28.

第2章 食品中工业染料检测技术与应用

工业染料一般是指在工业生产中用于着色的各种染料,可用于纺织品、皮毛制品、木制品以及陶瓷制品上色等。工业染料与食品着色剂的本质区别在于:国家标准中允许使用的人工合成食用色素,在安全性上都曾做过大量毒理性测试,只要在规定的范围和限量之内使用,即使长期食用也是安全的。而一般工业染料对人体具有危害性,甚至会引起致畸、致癌、致突变作用。因为非法添加到食品中而被广为熟悉的工业染料有苏丹红、王金黄、罗丹明B、美术绿、碱性嫩黄、酸性橙Ⅱ、碱性黄等。工业染料品种多达5000多种,常见工业染料见表2-1。

表2-1 常见工业染料

化合物	英文名称	CAS号	分子式	相对分子质量	结构式
苏丹红Ⅰ	SudanⅠ	842-07-9	$C_{16}H_{12}N_2O$	248.3	
苏丹红Ⅱ	SudanⅡ	3118-97-6	$C_{18}H_{16}N_2O$	276.3	
苏丹红Ⅲ	SudanⅢ	85-86-9	$C_{22}H_{16}N_4O$	352.4	
苏丹红Ⅳ	SudanⅣ	85-83-6	$C_{24}H_{20}N_4O$	380.4	

续表

化合物	英文名称	CAS 号	分子式	相对分子质量	结构式
苏丹红 7B	Sudan Red 7B	6368 - 72 - 5	$C_{24}H_{24}N_5$	379.5	
苏丹红 G	Sudan Red G	1229 - 55 - 6	$C_{17}H_{14}N_2O_2$	278.3	
对位红	Para Red	6410 - 10 - 2	$C_{16}H_{11}N_3O_3$	293.3	
罗丹明 B	Rhodamine B	81 - 88 - 9	$C_{28}H_{31}ClN_2O_3$	479.0	
苏丹橙 G	Sudan Orange G	2051 - 85 - 6	$C_{12}H_{10}N_2O_2$	214.2	
酸性红 1	Acid Red 1	3734 - 67 - 6	$C_{18}H_{13}N_3Na_2O_8S_2$	509.4	
酸性红 9	Acid Red 9	8003 - 59 - 6	$C_{20}H_{13}N_2NaO_4S$	400.4	

续表

化合物	英文名称	CAS号	分子式	相对分子质量	结构式
酸性红26	Acid Red 26	3761 - 53 - 3	$C_{18}H_{14}N_2Na_2O_7S_2$	480.4	
酸性红52	Acid Red 52	3520 - 42 - 1	$C_{27}H_{29}N_2NaO_7S_2$	580.6	
酸性红73	Acid Red 73	5413 - 75 - 2	$C_{22}H_{14}N_4Na_2O_7S_2$	556.5	
酸性红88	Acid Red 88	1658 - 56 - 6	$C_{20}H_{13}N_2NaO_4S$	400.4	
分散红Ⅰ	Disperse Red 1	2872 - 52 - 8	$C_{16}H_{18}N_4O_3$	314.3	
分散红Ⅱ	Disperse Red 11	2872 - 48 - 2	$C_{15}H_{12}N_2O_3$	268.3	

化合物	英文名称	CAS 号	分子式	相对分子质量	结构式
分散红 17	Disperse Red 17	3179 - 89 - 3	$C_{17}H_{20}N_4O_4$	344.4	
碱性橙	Basic Orange	532 - 82 - 1	$C_{12}H_{13}ClN_4$	248.7	
碱性橙 21	Astrazon Orange 21	3056 - 93 - 7	$C_{22}H_{23}ClN_2$	350.9	
碱性橙 22	Astrazon Orange 22	4657 - 00 - 5	$C_{28}H_{27}ClN_2$	427.0	
酸性橙 10	Acid Orange 10	1936 - 15 - 8	$C_{16}H_{10}N_2Na_2O_7S_2$	452.4	
酸性橙 II	Acid Orange II	523 - 44 - 4	$C_{16}H_{11}N_2NaO_4S$	350.3	
分散橙 1	Disperse Orange 1	2581 - 69 - 3	$C_{18}H_{14}N_4O_2$	318.3	

续表

化合物	英文名称	CAS 号	分子式	相对分子质量	结构式
分散橙 3	Disperse Orange 3	730 - 40 - 5	$C_{12}H_{10}N_4O_2$	242.2	
分散橙 37	Disperse Orange 37	13301 - 61 - 6	$C_{17}H_{15}Cl_2N_5O_2$	392.2	
分散橙 149	Disperse Orange 149	85136 - 74 - 9	$C_{25}H_{26}N_6O_3$	459.2	
苏丹黄	Sudan Yellow 3G	4314 - 14 - 1	$C_{16}H_{14}N_4O$	278.3	
王金黄	Basic Orange II	532 - 82 - 1	$C_{12}H_{13}ClN_4$	248.7	
碱性黄	Basic Yellow 1	2390 - 54 - 7	$C_{17}H_{19}ClN_2S$	318.9	
碱性嫩黄 O	Auramine O	2465 - 27 - 2	$C_{17}H_{22}N_3Cl$	303.8	
酸性黄 17	Acid Yellow 17	6359 - 98 - 4	$C_{16}H_{10}Cl_2N_4Na_2O_7S_2$	551.29	

续表

化合物	英文名称	CAS号	分子式	相对分子质量	结构式
酸性黄36	Metanil Yellow	587 - 98 - 4	$C_{18}H_{14}N_3NaO_3S$	375.4	
分散黄3	Disperse Yellow 3	2832 - 40 - 8	$C_{15}H_{15}N_3O_2$	269.3	
分散黄23	Disperse Yellow 23	6250 - 23 - 3	$C_{18}H_{14}N_4O$	302.3	
分散黄39	Disperse Yellow 39	12236 - 29 - 2	$C_{17}H_{16}N_2O$	264.3	
分散黄49	Disperse Yellow 49	54824 - 37 - 2	$C_{21}H_{22}N_4O_2$	375.1	
分散棕1	Disperse Brown 1	23355 - 64 - 8	$C_{16}H_{15}Cl_3N_4O_4$	433.7	
分散蓝1	Disperse Blue 1	2475 - 45 - 8	$C_{14}H_{12}N_4O_2$	268.1	

续表

化合物	英文名称	CAS号	分子式	相对分子质量	结构式
分散蓝 7	Disperse Blue 7	3179 - 90 - 6	$C_{18}H_{18}N_2O_6$	358.4	
分散蓝 26	Disperse Blue 26	3860 - 63 - 7	$C_{16}H_{14}N_2O_4$	298.3	
分散蓝 35	Disperse Blue 35	12222 - 75 - 2	$C_{20}H_{14}N_2O_5$	362.3	
分散蓝 102	Disperse Blue 102	12222 - 97 - 8	$C_{14}H_{17}N_5O_3S$	335.4	
分散蓝 106	Disperse Blue 106	68516 - 81 - 4	$C_{14}H_{17}N_5O_3S$	336.0	

续表

化合物	英文名称	CAS 号	分子式	相对分子质量	结构式
分散蓝 124	Disperse Blue 124	61951 - 51 - 7	$C_{16}H_{19}N_5O_4S$	377.4	

2.1 样品前处理技术

2.1.1 提取方法

2.1.1.1 提取溶剂

工业染料种类多、性质各异,常用的提取溶剂主要有无机酸、甲醇、丙酮、乙腈、正己烷、乙酸乙酯、环己烷及其混合溶剂等。根据待测物的溶解性及相似相容的原理,苏丹红系列等非极性和极性较弱的工业染料用非极性溶剂如正己烷、乙酸乙酯、环己烷及其混合溶剂作为提取溶剂能取得较好的提取效果。酸性橙Ⅱ、碱性嫩黄O、王金黄、罗丹明B等极性染料易溶于水可采用无机酸或复合溶剂提取。王传现等采用 1mol/L 的磷酸溶液提取果酱、饮料等含水样品中的罗丹明B,提取回收率在 56%～82%。吴敏等采用乙腈提取辣椒酱和酱油中的苏丹红Ⅰ~Ⅳ、苏丹橙G、苏丹红G、苏丹红7B和对位红等8种染料,平均回收率在 87%～103%。项婧等用水提取液态试样中碱性嫩黄O、和罗丹明B等水溶性色素,固态样品中氨化乙醇提取,回收率为 84%～119%。多种染料同时检测时,可采用混合溶剂提取,或者采用不同提取溶剂分步提取的方式进行提取。

2.1.1.2 提取方式

工业染料在食品中大多吸附在食品基质表面,一般采用振荡、涡旋的提取方式来萃取,超声波辅助提取和离心沉淀也常常用于工业染料的提取,以提高提取效率。加速溶剂萃取(ASE)是一种在较高的温度(50℃～200℃)和压力(1000psi～3000psi[①])下用有机溶剂萃取固体或半固体的自动化方法,它能渗透到样品组织中去,对食品中痕量残留的工业染料有较好的提取效率。Pardo 等以丙酮为提取溶剂,加速溶剂萃取、GPC 净化,液相色谱-质谱联用测定辣椒制品中苏丹红Ⅰ~Ⅳ、苏丹橙、苏丹红7B和对位红,检出限和定量限分别为 0.002μg/kg～0.022μg/kg 和 0.006μg/kg～0.036μg/kg,回收率为 94%～105%。ASE 的优点是有机溶剂用量少、快速、基质影响小、回收率高和重现性好。

---

① psi 为我国非法定计量单位,1psi＝6.89kPa。

2.1.2 净化方法

目前,食品中工业染料检测采用的净化手段主要有液-液萃取、固相萃取、固相微萃取、基质分散固相萃取和凝胶渗透色谱技术等。

2.1.2.1 液-液萃取

液-液萃取又称溶剂萃取,是利用溶剂分离和提取液体混合物中组分的过程。在液体混合物中加入与其不相混溶(或稍相混溶)的溶剂,利用其组分在溶剂中的溶解度不同而达到分离和净化的目的。Long 等采用甲醇-甲酸(3∶7,体积比)溶液提取,三氯甲烷液-液萃取净化,测定辣椒粉中苏丹红 I~IV、对位红和苏丹红 G,检出限(ccα)和定量限(ccβ)分别为 1.8μg/k 和 2.9μg/k,回收率为 94.2%~98.6%。郑小严采用氨化甲醇提取、二氯甲烷萃取、浓缩、酸化甲醇溶解和甲醇饱和正己烷液液萃取净化后液相色谱-串联质谱测定蜜饯、虾皮、腐竹等食品中碱性橙、碱性嫩黄 O 和碱性桃红 T,检出限碱性橙为 0.6μg/kg、碱性嫩黄 O 为 0.3μg/kg、碱性桃红 T 为 0.7μg/kg,回收率为 72.1%~91.1%。液-液萃取方法简单,在普通实验室就可完成,其缺点是试剂用量大、操作繁琐、对复杂基质的净化效果不明显,需要选择性高的检测手段。

2.1.2.2 固相萃取

固相萃取技术(SPE)是基于液相色谱分离原理的样品制备方法,利用固体吸附剂吸附液体样品中的目标化合物,与样品基质和干扰化合物分离,再用洗脱液洗脱,达到分离或富集被测物的目的。常用于工业染料检测中净化的固相萃取小柱主要有阴离子交换柱(MAX)、阳离子交换柱(MCX)、C_{18}柱、HLB 柱和中性氧化铝柱等。DBS22/008—2012《食品安全地方标准食品中酸性橙、碱性橙 2 和碱性嫩黄的测定 液相色谱-串联质谱法》中以含有 50%甲醇、1%甲酸和 0.05mol/L 乙酸铵溶液作为提取溶剂提取腐竹、腐皮、豆腐干、海鱼、辣椒及其制品、花椒及其制品中酸性橙、碱性橙 II 和碱性嫩黄,用 MAX固相萃取柱对样品进行净化,液相色谱-串联质谱测定,方法检出限分别为 7.0μg/kg、5.0μg/kg 和 5.0μg/kg,回收率在 88%~110%。DB 33/T 703—2008《食品和农产品中多种碱性工业染料的测定 液相色谱-串联质谱法》中采用无水乙醇提取食品和农产品中碱性嫩黄 O、碱性橙、碱性紫 5BN 和碱性玫瑰精 B 四种碱性工业染料,提取液经 HLB 柱净化后用液相色谱串联质谱测定,方法检出限分别为 0.5μg/kg、0.5μg/kg、5μg/kg 和 0.1μg/kg。GB/T 19681—2005《食品中苏丹红的测定 高效液相色谱法》中采用正己烷提取辣椒制品、番茄酱、香肠等样品中苏丹红 I~IV,提取液上中性氧化铝柱、用正己烷淋洗去除油脂后用 5%丙酮正己烷溶液洗脱目标物测定,获得的检出限为 10μg/kg。SPE 技术能够提高样品处理量,大大减少溶剂的消耗和废物的产生,回收率高、重现性好,且易于实现自动化。

分子印迹固相萃取(MISPE)是另一类型的固相萃取方法,它采用分子印迹聚合物为固相萃取填料,选择性吸附目标物质,通过使用不同的选择性溶剂洗脱出杂质与目标物质,达到分离净化的目的。Yan 等采用正己烷提取,MISPE 净化,测定豆制品中的苏丹红 I~IV,方法的检出限和定量限分别为 5μg/kg~9μg/kg、15μg/kg~30μg/kg,回收率为

90.2%~104.5%。Chao 等成功研制出以 4 -乙烯基吡啶为功能单体、乙二醇二甲基丙烯酸酯为交联剂的 MISPE 柱,用于辣椒制品中苏丹红Ⅰ~Ⅳ、苏丹红 G 和对位红 6 种工业染料的检测,方法的检出限和定量限范围分别为 1.2μg/kg~1.6μg/kg 和 1.9μg/kg~2.4μg/kg,回收率为 72.1%~95.6%。与传统的 SPE 技术比较,人工合成的聚合物固相萃取吸附剂以其特异性强、操作简单、重现性好的特点,得到了广泛的应用。由于其较强的特异性,针对不同的化合物需要研发不同的分子印迹聚合物,因此前期研发耗费时间较长、成本较高。

2.1.2.3　固相微萃取

固相微萃取(SPME)是一种新型的样品前处理与富集技术,利用固体吸附剂吸附液体样品中的目标化合物,使之与样品的基质和干扰化合物分离,再用洗脱液洗脱,达到分离和富集被测物的目的。Hu 等以特异性分子印迹涂层的 SPME 膜富集和净化饲料中的微量苏丹红Ⅰ~Ⅳ,获得的检出限为 2.5μg/k~4.6μg/k,回收率为 86.3%~96.3%。该方法集提取、浓缩和进样于一体,全过程不需要溶剂,可重复多次使用。但是,方法使用的样品量少,对样品的均匀性要求高,否则会造成结果偏差较大。

2.1.2.4　基质分散固相萃取

基质分散固相萃取技术是由 Barker 等 1898 年首次提出,将样品与固相吸附剂(弗罗里硅和硅胶等)一起研磨,使样品成为微小的碎片分散在固相吸附剂表面,再用合适的溶剂将目标物洗脱下来。Enríquez - Gabeiras 等采用弗罗里硅为吸附剂、乙腈为萃取溶剂,建立了调味品中苏丹红Ⅰ~Ⅳ的基质分散固相萃取液相色谱测定方法,获得的检出限为 50μg/kg~90μg/kg,回收率为 60%~99%。该法增大了萃取溶剂与目标化合物的接触面积,使溶剂完全渗入样品基质中,提高了萃取效率,比传统的提取方法减少约 95% 的萃取溶剂,操作简单易行、便于推广。

2.1.2.5　凝胶渗透色谱

凝胶渗透色谱(GPC)又称尺寸排阻色谱,是基于体积排阻的分离机理,当样品溶液加到净化柱上,用溶剂淋洗,分子质量相对较大的脂肪、天然色素等先被淋洗出来,小分子物质再被相继淋洗出来。利用这一原理,在净化富含油脂和天然色素等样品时,可先利用 GPC 去除大分子杂质,再用其他净化方法进一步去除小分子杂质,以达到理想的净化效果。骆和东等用环己烷-乙酸乙酯(1:1,体积比)萃取、GPC 净化,液相色谱-二极管阵列测定辣椒粉、辣椒酱和其他调味酱制品中的苏丹红Ⅰ~Ⅳ和对位红,检出限为 1.8μg/kg~9.0μg/kg,回收率为 88.6%~99.2%。Mazzetti 等采用 GPC 净化,液相色谱-质谱联用测定辣椒及其制品中的苏丹红Ⅰ,获得的检出限和定量限分别为 7μg/kg、13μg/kg。GPC能够大幅去除样品中的油脂和天然色素等大分子杂质,自动化程度较高,被广泛应用于复杂基质中非极性或弱极性工业染料提取液的净化。

2.1.2.6　其他净化技术

在工业染料检测中,应用较多的其他样品净化技术包括玻碳电极技术、超临界萃取技术、免疫亲和技术和膜分离技术等。

2.2 分析方法

由于样品前处理技术的不断发展,新的检测手段不断推出,国内外大量的文献和标准都涉及工业染料的检测,这些方法主要有酶联免疫法、分光光度法、极谱法、薄层色谱法、液相色谱法和液相色谱-质谱法等。

2.2.1 酶联免疫法

酶联免疫法(ELISA)是利用酶标记抗体与抗原或抗体发生特异性结合,洗板,滴加底物溶液,底物可在酶作用下出现颜色反应,达到定性和定量分析的目的。王玉珍等成功合成酶标抗原(Sudan–C3–OVA–HRP),以单克隆抗体为基础建立了测定食品中苏丹红Ⅰ的直接竞争酶联免疫法,获得的检出限为 $0.05\mu g/L \sim 0.17\mu g/L$,加标回收率为 $88.4\% \sim 113.2\%$,与苏丹红Ⅱ~Ⅳ的交叉反应率仅为 $0.64\% \sim 5.78\%$。Oplatowska 等采用 GPC 净化,结合 ELISA 技术,成功建立了香料和调味料中苏丹红Ⅰ的检测技术,获得两种样品中的检出限分别为 $15\mu g/kg$ 和 $50\mu g/kg$,回收率为 $81\% \sim 116\%$。ELISA 技术具有快速、灵敏、干扰小、污染少和操作简单等特点,但也存在一些缺陷,如只能分析单一化合物、对试剂要求高、与结构类似的物质会存在一定的交叉反应,出现假阳性结果。

2.2.2 分光光度法

通过紫外-可见分光光度扫描,将获得的吸收光谱图和吸光度与标准物质进行对照,即可直观、快速定性和定量。谢春芳等以丙酮为提取溶剂,恒温振摇提取,可见分光光度法测定饲料和鸡蛋中的苏丹红Ⅰ和Ⅳ,发现分光光度法的检测结果与液相色谱法一致。Alothman 等采用乙酸纤维素膜分离和富集水、辣椒粉、番茄酱等样品中的苏丹橙,用分光光度法测定苏丹橙在 388nm 的吸收强度,与标准溶液比较定量,方法的检出限为 $4.9\mu g/L$。

分光光度法的特点是线性范围宽、操作简单、快速,但当有多种色素同时存在时,可能存在某些物质吸收峰叠加的现象,定性和定量分析的准确性都会受到很大影响。样品基质过于复杂,干扰成分太多,也会影响测定结果的准确性。

2.2.3 极谱法

工业染料分子中通常含有C=C 或N=N 双键,这些具有电活性的基团在滴汞电极上被还原产生还原波,根据化合物在不同底液中产生不同的还原电位进行定性分析,利用峰高与浓度的线性关系来定量。彭科怀等采用扫描极谱法测定辣椒制品中苏丹红Ⅰ,以饱和硼砂(pH 9.0)为底液,选择起始电位- 0.5V,终止电位- 1.0V,二次导数,在峰电位- 0.79V(*vs.* SCE)测定苏丹红Ⅰ的峰电流,与标准曲线比较定量,方法的检出限为 $0.25\mu g/kg$,回收率为 $88.5\% \sim 95.1\%$。陈大义等建立了纸层析定性、示波极谱法定量测定食品中酸性橙Ⅱ的方法,并用该法检测出了市售辣椒粉、卤制品中添加的酸性橙Ⅱ。陈文等利用单扫描极谱法连续测定食品中非食用色素酸性橙Ⅱ,酸性橙Ⅱ线性范围为 $0.20\mu g/mL\sim$ $10.0\mu g/mL$,最低检出浓度均为 $0.10\mu g/mL$。

极谱法测定色素的优点在于样品前处理方法简单,只要选择合适的测定介质,就会避免干扰,获得较高的准确度,但测定过程中会使用汞,如果泄漏到环境中,会带来很大的环境污染。

2.2.4 薄层色谱法

薄层色谱法(TLC)是在经典柱色谱和纸色谱的基础上发展起来的一种最简单的色谱技术,它不需要昂贵的、复杂的装置。根据待测物的不同,选择合适的固定相和展开剂,将固定相涂布于玻璃等载板上形成均匀的薄层,被分离物质点在薄层的一端,置于展开室中,展开剂借助毛细管作用从薄层点样的一端展开到另一端,在此过程中不同物质得到分离,分离原理因使用的固定相不同而不同,各组分在薄层上的移动距离不同,形成相互分离的斑点,根据斑点的位置及其大小(或密度)实现对样品的定性和定量分析。

丁长河等用 TLC 法测定辣椒粉中的苏丹红Ⅰ和辣椒油中的苏丹红Ⅰ~Ⅳ,辣椒粉中的苏丹红Ⅰ经石油醚提取后直接上板,辣椒油中的苏丹红Ⅰ~Ⅳ经石油醚提取、活性白土净化后上板,用石油醚-无水乙醚-甲酸(80:20:1,体积比)展开,达到定性检测苏丹红Ⅰ~Ⅳ的目的。窦红等用正己烷振摇提取食品中的苏丹红,经中性氧化铝柱层析净化,高效硅胶 G 板聚合聚酰胺薄层板分离,检测灵敏度为 0.3mg/kg。夏立娅等用 TLC 法同时测定豆制品中的碱性橙和辣椒粉中的酸性橙Ⅱ、丽春红 2R、罗丹明 B,豆制品经丙酮和乙醇-氨溶液提取,辣椒粉经乙醇-氨溶液提取,在硅胶 G 薄层板以正丁醇-无水乙醇-1%氨水(6:2:2,体积比)为展开剂进行展开,利用双波长反射锯齿薄层扫描方式进行检测,碱性橙和丽春红 2R 的最低检出量均为 $0.02\mu g/kg$,酸性橙Ⅱ和罗丹明 B 的最低检出量分别为 $0.08\mu g/kg$ 和 $0.01\mu g/kg$。

2.2.5 液相色谱法

当被测样品中含有两种或两种以上合成色素时,上述方法给准确测定各种色素带来很多困难。液相色谱法(HPLC)可以有效分离和测定食品中的多种工业染料,最小检出量可达到 ng 水平,在日常检测中的应用越来越广泛。在液相色谱检测中常用 C_{18} 分离柱,以甲醇-乙酸铵梯度洗脱水溶性染料,以乙腈-乙酸铵、乙腈-水和甲醇-水体系梯度洗脱脂溶性色素。早期的文献多采用紫外检测器进行检测,由于食品基质较为复杂,检测中常常受到杂质的干扰,对净化方法要求较高,根据色素在可见光区均有特征吸收的特点逐渐改用可见光区检测,通过优化检测波长,大大降低了无色物质的干扰,还有效降低了梯度洗脱带来的基线漂移。冯伟科等采用乙腈超声萃取番茄沙司中的罗丹明 B、碱性橙Ⅱ、碱性嫩黄 O 和苏丹红Ⅰ~Ⅳ,HPLC 分离检测,方法的线性范围和相关系数为 $0.5mg/L\sim50mg/L$ 和 0.9993,检出限为 $3\mu g/mL$(酸性橙Ⅱ)$\sim10\mu g/mL$,平均回收率为 92.4%~102.5%。刘敏等建立了测定调味品中酸性黄 17、碱性嫩黄、酸性橙 52、酸性橙 5、酸性黄 36、酸性橙 10、酸性红 1、酸性红 14、酸性红 26、酸性橙 1、酸性红 73、酸性红 88、酸性红 9、酸性红 52、罗丹明 B15 种工业染料的固相萃取-高效液相色谱测定方法,样品经甲醇-水(1∶1,体积比)超声提取、Strata X - AW 柱净化后用液相色谱进行分析,流动相为 0.01mol/L 乙酸铵(含 1‰乙酸)-乙腈,实验结果表明 15 种工业合成染料的分离效果良好,回收率为 84.6‰~114.2‰,相对标准偏差为 0.9‰~10.3‰;检出限为 0.05mg/kg(罗丹明 B)~0.18mg/kg(酸性橙 10)。

2.2.6　液相色谱质谱和液相色谱串联质谱法

液质联用技术是以电喷雾离子源和大气压化学电离源等接口技术将液相色谱和质谱串联起来,在检测热稳定性差、相对分子质量较大、难以用 GC 分析的化合物时具有灵敏度高、选择性好、可同时定性和定量分析等特点,是一种高效、可靠的分析技术。借助液质联用技术高选择性和高灵敏度的优点,可以用它来对食品中痕量多种工业染料进行筛查和确证。赵舰等用正己烷超声提取火锅底料中的苏丹红 I~IV,中性氧化铝柱净化,C_{18} 柱分离,LC - ION - TRAP - MS 检测,获得的最低检出限分别为 0.88ng、4.30ng、1.03ng 和 0.34ng,方法的回收率为 85%~95%,RSD 为 4.56%~5.62%。宁啸骏等用丙酮、正己烷提取辣椒油和辣椒粉样品中的苏丹红 I~IV 和对位红,正己烷-乙腈液-液萃取,MAX 固相萃取净化,超高效液相色谱分离,电喷雾串联质谱定性和氘代苏丹红 I、氘代苏丹红 IV 为同位素内标进行定量检测,获得的线性范围为 0μg/L~100μg/L,检出限和定量限分别为 0.12μg/kg~0.40μg/kg 和 0.25μg/kg~0.79μg/kg,加标回收率为 78%~112.4%。赵珊等建立了凝胶净化-超高效液相色谱串联质谱法测定调味油中 11 种苏丹红偶氮染料和罗丹明 B,方法采用乙酸乙酯-环己烷(1∶1,体积比)提取,凝胶色谱净化、超高效液相色谱分离、串联四级杆质谱多反应监测测定,方法定量下限为 0.2μg/kg~2.5μg/kg,回收率为 54%~115%。

由于染料广泛用于工业中,通过环境污染等途径进入食品中是难免的。由于液相色谱质谱本身的灵敏度较高,可以检出 μg/kg 含量水平,在进行阳性判别时应注意,欧盟认为应以液相色谱-紫外光谱的检出作为执法依据。

2.2.7　其他方法

工业染料的其他检测方法还有气相色谱法、二阶导数法、微柱法、纸层析法和毛细管电泳等,也可将常用的方法结合使用,以达到最佳的检测效果。

2.3　应用实例

2.3.1　凝胶色谱净化-液相色谱法同时检测食品中对位红、罗丹明 B、苏丹橙 G、苏丹红 I、苏丹红 II、苏丹红 III、苏丹红 IV 和苏丹红 7B 8 种偶氮染料

2.3.1.1　试剂材料

- 甲醇:色谱纯;
- 乙酸乙酯、环己烷:分析纯;
- 标准品:对位红、罗丹明 B、苏丹橙 G、苏丹红 I、苏丹红 II、苏丹红 III、苏丹红 IV 和

苏丹红 7B;

- 辣椒粉、辣椒酱、火锅底料、辣椒油等。

2.3.1.2 提取方法

将辣椒粉、辣椒酱、火锅底料等样品混匀后,称取样品 5.00g 于 50mL 离心管中,加入乙酸乙酯-环己烷(1∶1,体积比)10mL,于旋涡混合器涡旋 1min 后,超声萃取 15min,再置于离心机中 4000r/min 离心 10min,吸取上清液,残渣再加提取液 10mL 溶解,超声提取、离心,合并两次提取液,挥干待净化。辣椒油等油状样品称取 5.00g,加入乙酸乙酯-环己烷(1∶1,体积比)溶解并定容至 10mL,待净化。

2.3.1.3 净化

凝胶色谱柱:J2 Scientific[400mm × 25mm (i. d.)净化柱,内装 Bio - Beads,S - X3,38μm～75μm 填料];流动相乙酸乙酯-环己烷(1∶1,体积比);流速:4.7mL/min;进样量:5.00mL;收集时间:13min～20min。

将收集的洗脱液水浴旋转蒸发至干,用 1.0mL 甲醇定容,过 0.2μm 滤膜,用液相色谱测定。

2.3.1.4 液相色谱测定条件

色谱柱:Zorbax XDB - C$_{18}$柱(4. 6 mm×250mm,5μm);流速:1.0min/L;进样量:20μL;流动相:甲醇(A)和水(B);梯度洗脱程序:0min～8min B 由 70%～70%,8min～13min B 由 70%～0%,保持 12min;检测波长:550nm。混合标准溶液色谱图见图 2 - 1。方法检出限均为 0.01mg/kg。

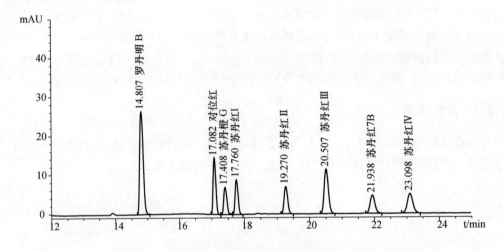

图 2 - 1　混合标准溶液色谱图

2.3.2　高效液相色谱法同时测定食品中碱性嫩黄 O、碱性橙、酸性橙Ⅱ、酸性金黄、玫瑰红 B、对位红、苏丹红Ⅰ 7 种非食用色素

本方法源自《分析化学》,2012,40(2):292～297。

2.3.2.1　试剂材料

- 甲醇和乙腈:色谱纯;

- 乙酸铵、氨水、无水硫酸钠：分析纯；
- 标准品：碱性嫩黄O、碱性橙、酸性橙Ⅱ、酸性金黄、玫瑰红B、对位红、苏丹红Ⅰ；
- 腐竹、豆干、真空包装熟鸡爪、包装黄鱼、辣椒酱和豆瓣酱。

2.3.2.2 提取方法

豆制品与肉制品：将样品搅碎，称取5.00g样品于50mL离心管中，加入2mL蒸馏水润湿样品，用10%氨水调节样品至pH7~8，加入2g无水硫酸钠，振荡1min，加入10mL乙腈提取，振荡10min，超声10min，4000r/min离心5min，将上清液移入25mL容量瓶中，向残渣中再加入5mL甲醇，振荡10min，超声10min，4000r/min离心5min，合并上清液移，再向残渣中加入10mL碱性甲醇，振荡、超声和离心，合并上清液，用甲醇定容至25mL，过0.2μm滤膜，用液相色谱测定。

调味品：称取5g样品于50mL离心管中，加入2mL蒸馏水润湿样品，用10%氨水调节样品至pH7~8，加入2g无水Na_2SO_4，振荡1min，加入10mL乙腈提取，振荡10min，超声10min，4000r/min离心5min，将上清液移入25mL容量瓶中，向残渣中加入70%乙腈15mL，振荡10min，超声10min，4000r/min离心5min，合并提取液，用甲醇定容至25mL，过0.2μm滤膜，用液相色谱测定。

2.3.2.3 液相色谱测定条件

色谱柱：SunFire™ C_{18} (250mm×4.6mm，5μm)；流动相：甲醇(A)-50mmol/L乙酸铵溶液(pH4.5)(B)；梯度洗脱程序：0min~2min B由75%~65%，2min~5min B由65%~53%，5min~6min B由65%~35%，6min~12min B由35%~30%，12min~17min B由30%~2%，17min~24min B由2%~2%，24min~25min B由2%~75%，保持5min；流速：1mL/min；柱温：35℃；进样量：10μL。检测波长：碱性嫩黄O、碱性橙、酸性橙Ⅱ、酸性金黄、对位红和苏丹红Ⅰ为450nm，玫瑰红B为520nm。

混合标准溶液色谱图见图2-2。方法检出限为：0.01mg/kg(对位红、苏丹红Ⅰ)~0.1mg/kg(罗丹明B)。

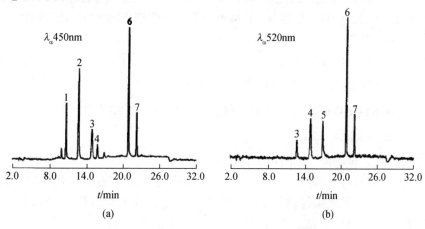

图2-2 混合标准溶液色谱图

1—碱性嫩黄O；2—碱性橙；3—酸性橙Ⅱ；4—酸性金黄；5—玫瑰红B；6—对位红；7—苏丹红Ⅰ

2.3.3 固相萃取−高效液相色谱法同时测定调味品中 15 种工业染料

本方法源自《色谱》,2011,29(2):162 − 167。

2.3.3.1 试剂材料

- 乙腈、甲醇、乙酸铵为色谱纯;
- 氨水、甲酸、乙酸为分析纯;
- Strata X − AW SPE 柱(300 mg/6mL);
- 标准品:酸性黄 17、碱性嫩黄、酸性橙 52、酸性橙 5、酸性黄 36、酸性橙 10、酸性红 1、酸性红 14、酸性红 26、酸性橙 1、酸性红 73、酸性红 88、酸性红 9、酸性红 52、罗丹明 B;
- 鸡精、番茄酱、沙拉酱。

2.3.3.2 提取方法

称取样品 2.00g 于 50mL 离心管中,加入 50%甲醇(含 1%甲酸)10mL,超声 30min,离心 8 000r/min,上清液待净化。

2.3.3.3 净化方法

取 2mL 上清液过弱阴离子交换剂 Strata X − AW 固相萃取柱(先用 1mL 甲醇、1mL 1%甲酸溶液活化),以 1mL/min 流速过柱,再用 5%甲醇(含 1%甲酸)2mL 淋洗,抽干,用 4mL 5%氨化甲醇洗脱,将洗脱液停留在填料上 1min,并控制洗脱流速低于 1mL/min,收集洗脱液,氮气吹干,用 50%甲醇 2mL 定容,过 0.45 μm 滤膜,液相色谱测定。

2.3.3.4 液相色谱测定条件

色谱柱:菲罗门 Luma C$_{18}$柱(250mm ×4.6mm,5μm);流动相:10mmol/L 乙酸铵(含 1%乙酸)(A)-乙腈(B);梯度洗脱程序:0min〜3.5min B 由 18%〜18%,3.5min〜21min B 由 18%〜40%,21min〜24min B 由 40%〜42%,24min〜30min B 由 42%〜50%,30min〜32min B 由 50%〜50%,32min〜34min B 由 50%〜18%;流速:1.0mL/min;柱温:25℃;进样量:10 μL;检测波长:酸性黄 17、碱性嫩黄、酸性橙 52、酸性橙 5、酸性黄 36 为 420nm,酸性橙 10、酸性红 1、酸性红 14、酸性红 26、酸性橙 1、酸性红 73、酸性红 88 和酸性红 9 为 500nm,酸性红 52 和罗丹明 B 为 560nm。

15 种工业合成染料标准溶液在不同波长下的色谱图见图 2 − 3。方法检出限为:0.05mg/kg(罗丹明 B)〜0.18mg/kg(酸性橙 10)。

2.3.4 高效液相色谱电喷雾质谱法测定辣椒粉及辣椒酱中 23 种工业染料

2.3.4.1 试剂和材料

- 乙腈、甲醇:色谱纯;氯化钠为分析纯;
- 标准品:苏丹红Ⅰ、苏丹红Ⅱ、苏丹红Ⅲ、苏丹红Ⅳ、苏丹红 7B、苏丹红 G、苏丹黄、苏丹橙 G、苏丹蓝 2、甲苯胺红、对位红、分散蓝 106、分散黄 3、分散橙 3、分散红 1、分散蓝 124、分散橙 37、分散橙 11、酸性橙Ⅱ、罗丹明 B、碱性橙、间胺黄、亚甲基蓝。

2.3.4.2 提取及净化

称取 1g 辣椒粉、2g 辣椒酱或辣椒糊样品(精确到 0.01g)于 50mL 塑料离心管内,加

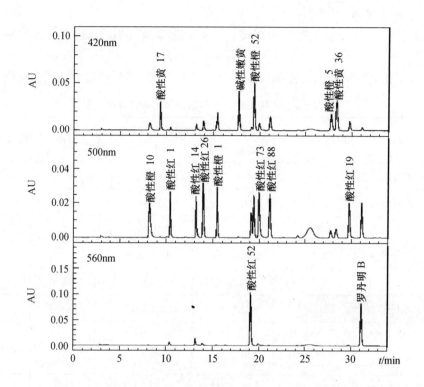

图2-3　15种工业合成染料标准溶液在不同波长下的色谱图

入10mL乙腈,辣椒酱、辣椒粉等样品涡旋混匀15s,超声萃取20min,静置分层,0℃~4℃下10000r/min离心10min,转移上清液(乙腈层)于另一50mL比色管内,残渣中再加入10mL乙腈提取一次,合并上清液,定容至20mL。提取液中加入2.5mL水,约0.5g氯化钠,于-20℃冷冻2 h,取出后0℃~4℃下10000r/min离心5min,取乙腈层用液相色谱-串联质谱测定。

2.3.4.3　液相色谱-串联质谱检测条件

1. 正离子测定

(1)色谱柱

ACQUITY UPLC® BEH C_{18}(1.7 μm,2.1mm × 100mm);柱温:40℃;流动相:乙腈(A)-0.1%甲酸(B);流速:0.3mL/min;进样量:5 μL;梯度洗脱程序:0min ~10.0min,5%A线性升至100%;保持3min,然后迅速下降至5%。

(2)ESI⁺离子源

毛细管电压:3.2kV;离子源温度:100℃;脱溶剂气温度:350℃;脱溶剂气流量:540L/h。

2. 负离子测定

(1)色谱柱

色谱柱柱温:40℃;流动相:乙腈(A)-水(B)。流速:0.3mL/min;进样量:5μL;梯度洗脱程序:0min~5min 50% A线性升至100%,保持2min,然后迅速下降至50%。

(2)ESI⁻离子源

毛细管电压：2.8kV；离子源温度：100℃；脱溶剂气温度：350℃；脱溶剂气流量：540L/h。

23种工业染料的质谱采集条件及检出限见表2-2，多反应监测色谱图见图2-4。

表2-2 23种工业染料的质谱采集条件及检出限

	化合物	母离子(m/z)	定量离子(碰撞能量)/eV	定性离子(碰撞能量)/eV	锥孔电压/V	检出限/(μg/L)
ESI⁺	苏丹红 I	249	93.1 (16)	156.3 (16)	50	5
	苏丹红 II	276.9	121.0 (16)	156.3 (16)	50	5
	苏丹红 III	353.1	197.2 (15)	77.4 (24)	50	5
	苏丹红 IV	381.2	224.4 (17)	91.3 (20)	50	5
	苏丹红 7B	380.1	183.0 (15)	169.0 (20)	50	5
	苏丹橙 G	215.1	93.2 (17)	122.1 (15)	50	5
	苏丹黄	226	77.3 (15)	95.3 (20)	50	5
	苏丹红 G	279	123.2 (14)	94.3 (17)	50	5
	苏丹蓝 2	350.8	293.8 (17)	250.7 (25)	35	5
	甲苯胺红	308	156.1 (15)	127.7 (20)	50	5
	亚甲基蓝	284.1	268(28)	240(30)	50	15
	分散蓝 106	336	178.1 (16)	196.0 (16)	50	15
	分散蓝 124	378.2	220.1 (14)	178.2(18)	50	15
	分散橙 3	243	122.2 (15)	140.0(15)	50	5
	分散橙 37	393.2	352.0 (18)	324.7 (20)	50	15
	分散橙 11	238	165.0 (25)	105.0 (20)	45	15
	分散黄 3	270	107.2 (16)	150.0 (15)	50	5
	分散红 1	315.1	134.2 (23)	255.1 (25)	50	5
	罗丹明 B	443.1	399.0 (36)	385.1 (36)	50	5
	碱性橙	213	76.9 (15)	121.1 (16)	50	5
ESI⁻	对位红	291.9	263.8 (15)	122.2 (21)	45	5
	酸性橙 II	326.9	156.1 (25)	171.0 (24)	45	5
	间胺黄	351.7	156.0 (28)	80.3 (30)	45	5

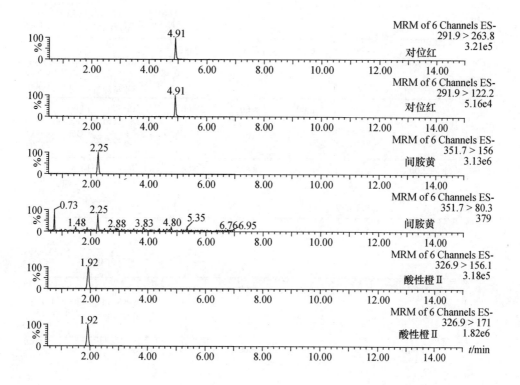

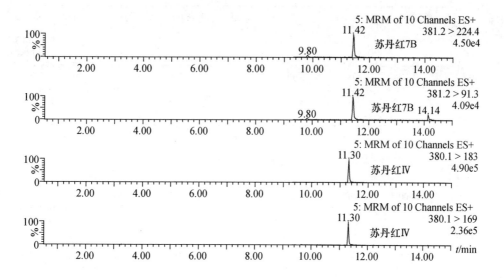

图 2-4   23 种工业染料混合标准溶液多反应监测(MRM)色谱图

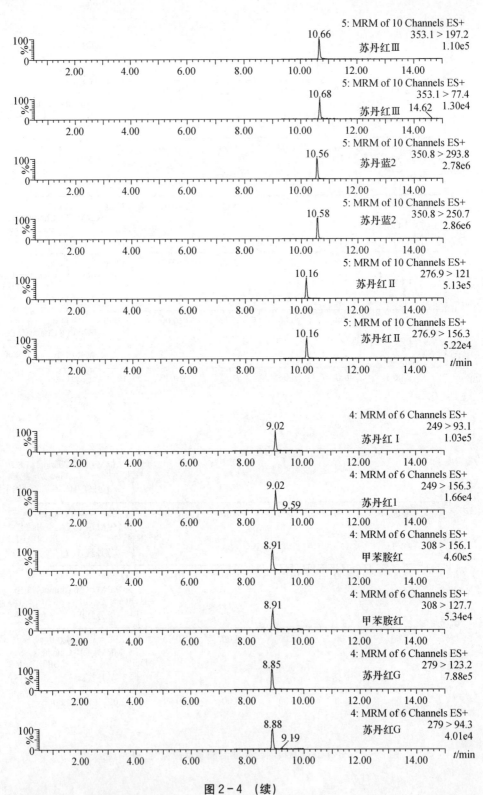

图 2-4 （续）

图 2−4 （续）

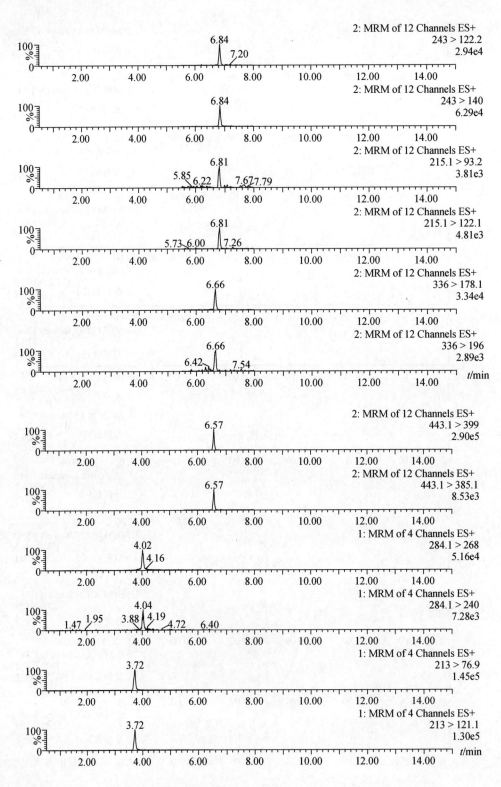

图 2-4 （续）

2.3.5 固相萃取−超高效液相色谱串联质谱同时测定调味品中12种工业染料

本方法源自《中国食品卫生杂志》,2010,22(4):305−312。

2.3.5.1 试剂和材料

甲醇、丙酮、乙腈、甲基叔丁基醚为色谱纯;甲酸、乙醇、氢氧化钾为分析纯;苏丹橙、苏丹红Ⅰ～Ⅳ、溶剂蓝35、苏丹红7B、苏丹黄、对位红、苏丹黑B、苏丹红G、苏丹棕标准品,苏丹Ⅳ同位素内标(D6−苏丹Ⅳ)、苏丹Ⅰ同位素内标(D5−苏丹Ⅰ)(纯度≥95%);MAX固相萃取柱(60mg,3mL)。

2.3.5.2 提取

称取10g样品于50mL离心管中,加入内标使用溶液50μL,加入10.0mL丙酮−乙醇(9:1,体积比)超声提取30min,10000r/min离心10min。取2.0mL样品提取液与10.0mL氢氧化钾溶液(1.0mol/L)混合,待净化。

2.3.5.3 净化

将待净化液过MAX固相萃取柱[先用3mL甲醇、3mL水、3mL氢氧化钾溶液(1.0mol/L)活化],用2mL丙酮−氢氧化钾(1mol/L)溶液(1:9,体积比)、2mL水淋洗,5mL甲基叔丁基醚−甲醇−甲酸(90:8:2,体积比)洗脱,收集洗脱液,氮气吹干,用甲醇定容至1.0mL,过0.22μm滤膜后超高效液相色谱−串联质谱测定。

2.3.5.4 液相色谱−串联质谱检测条件

(1)液相条件:色谱柱Acquity UPLC BEH C_{18}(1.7μm,2.1mm×50mm)。进样量5μL。柱温40℃。流速0.3mL/min。流动相:0.1%甲酸溶液(A);乙腈(B)。梯度洗脱程序:0min～5min B由40%～90%,5min～7min B由90%～90%,7min～7.5min B由90%～40%,并保持2min。

(2)质谱条件:离子源ESI^+。扫描方式:多反应监测MRM。毛细管电压3.5kV;源温度110℃;脱溶剂气温度450℃;脱溶剂气流量700L/h;12种染料的质谱分析优化参数见表2−3。12种工业染料的基质加标色谱图见图2−5。

表2−3 12种染料的质谱分析优化参数

化合物	锥孔电压/V	母离子(m/z)	子离子(m/z)	碰撞能量/eV	检出限/(μg/kg)
苏丹橙	30	214.9	92.5	18	4.0
			197.8	15	
苏丹黄	38	225.9	76.5	20	0.3
			120.5	18	
苏丹红Ⅰ	25	249.0	92.4	25	0.7
			155.5	18	
D5−苏丹红Ⅰ	30	254.4	97.9	18	—
			155.9	18	

化合物	锥孔电压/V	母离子(m/z)	子离子(m/z)	碰撞能量/eV	检出限/(μg/kg)
苏丹红 G	30	279.1	155.9	15	0.3
			248.0	15	
对位红	30	294.1	143.0	30	5.6
			277.0	18	
苏丹棕	35	299.1	76.5	70	0.9
			126.5	25	
苏丹红 Ⅱ	22	277.0	120.6	15	1.1
			155.6	14	
溶剂蓝 35	38	351.0	250.9	20	0.6
			294.0	28	
苏丹红 Ⅲ	38	351.0	250.9	20	0.7
			294.0	28	
苏丹红 7B	50	380.2	168.6	28	8.3
			182.7	32	
苏丹红 Ⅳ	35	381.1	90.6	25	20.4
			155.7	25	
D6-苏丹红 Ⅳ	35	387.1	90.8	25	—
			161.9	30	
苏丹黑 B	50	457.1	193.6	32	2.3
			210.8	25	

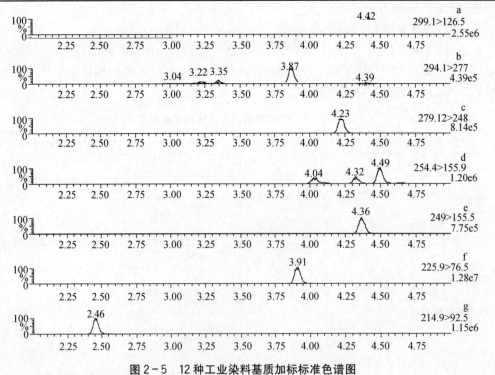

图 2-5   12 种工业染料基质加标标准色谱图

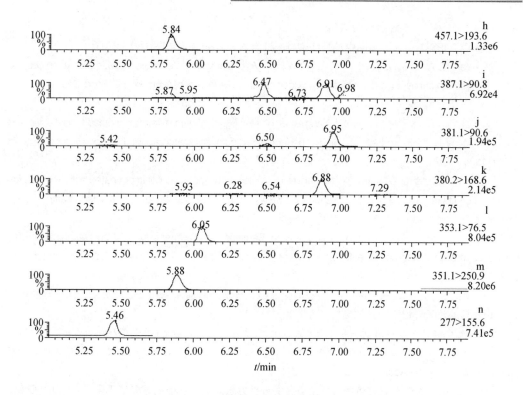

图2-5 （续）

a—苏丹棕；b—对位红；c—苏丹红G；d—D5-苏丹红I；e—苏丹红Ⅰ；f—苏丹黄；g—苏丹橙

h—苏丹黑B；i—D5-苏丹红Ⅳ；j—苏丹红Ⅳ；k—苏丹红7B；l—苏丹红Ⅲ；m—溶剂蓝35；n—苏丹红Ⅱ

参考文献

[1] 王传现,韩丽,方晓明.食品中罗丹明的高效液相色谱荧光检测[J].分析仪器,2008,(1):27-30.

[2] 吴敏,林建忠,邹伟,等.高效液相色谱法同时测定食品中对位红和苏丹色素等8种脂溶性染料[J].分析测试学报,2006,25(3):74-76.

[3] 杨义善.食品中人工合成色素快速分离法的改进[J].江苏预防医学,1999,10(3):66.

[4] Pardo,O. & V. Yusa & N. León,et al. Development of a method for the analysis of seven banned azo-dyes in chilli and hot chilli food samples by pressurised liquid extraction and liquid chromatography with electrospray ionization-tandem mass spectrometry. Talanta,2009 (78):178.

[5] Long C.Y. & Z.B. Mai & Y.F. Yang,et al. Synthesis and characterization of a novel molecularly imprinted polymer for simultaneous extraction and determination of water-soluble and fat-soluble synthetic colorants in chilli products by solid phase extraction and high performance liquid chromatography [J]. Journal of Chromatography A,2009 (1216):8379-8385.

[6] 郑小严.超高效液相色谱-串联质谱法同时测定食品中碱性橙、碱性嫩黄O和碱性桃红T[J].分析科学学报,2009,25(4):409-413.

[7] DBS22/008—2012.食品中酸性橙、碱性橙2和碱性嫩黄的测定 液相色谱-串联质谱法[S].2012.

[8] DB33/T 703—2008.食品和农产品中多种碱性工业染料的测定 液相色谱-串联质谱法

[S].2008.

[9] GB/T 19681—2005.食品中苏丹红染料的检测方法 高效液相色谱法[S].2005.

[10] Yan,H.Y. & J.D. Qiao & Y.N. Pei,et al. Molecularly imprinted solid - phase extraction coupled to liquid chromatography for determination of Sudan dyes in preserved beancurds[J]. Food Chemistry 2012 (132):649 - 654.

[11] Chao,Y.L. &B.M. Zhi, & X.f. Yang,et al. A new liquid - liquid extraction method for determination of 6 azo - dyes in chilli products by high - performance liquid chromatography[J]. Food Chemistry, 126 (2011)1324 - 1329.

[12] Hu,X.G. & Q.L. Cai & Y.N. Fan,et al. Molecularly imprinted polymer coated solid - phase microextraction fibers for determination of Sudan I-Ⅳ dyes in hot chili powder and poultry feed samples [J]. Journal of Chromatography A,2012 (1219):39 - 46.

[13] L. Enríquez - Gabeiras&A. Gallego&R.M. Garcinuño,et al. Interference - free determination of illegal dyes in sauces and condiments by matrix solid phase dispersion (MSPD) and liquid chromatography (HPLC - DAD)[J]. Food Chemistry,In Press,Corrected Proof,Available online 21 April 2012.

[14] 骆和东,贾玉珠,朱宝平,等. 凝胶净化液相色谱法同时检测染红食品中对位红和苏丹红染料[J]. 理化检验,2006,42(2):86 - 90.

[15] Mazzetti,M. & R. Fascioli & I. Mazzoncini,et al. Determination of 1 - phenylazo - 2 - naphthol (Sudan I)in chilli powder and in chilli - containing food products by GPC clean - up and HPLC with LC/MS confirmation [J]. Food Addit. Contam,2004 (21):935.

[16] 王玉珍,邓安平.直接竞争酶联免疫吸附分析方法测定食品中的苏丹红Ⅰ号 [J]. Anal Chem, 2004,76:6029 - 6038.

[17] Michalina Oplatowska & Paul J & Stevenson,et al. Development of a simple gel permeation clean - up procedure coupled to a rapid disequilibrium enzyme - linked immunosorbent assay (ELISA)for the detection of Sudan I dye in spices and sauces [J]. Anal Bioanal Chem,2011 (401):1411 - 1422.

[18] Zeid A. ALOthmana & Yunus E. Unsalb & Mohamed Habila,et al. Membrane filtration of Sudan orange G on a cellulose acetate membrane filter for separation - preconcentration and spectrophotometric determination in water,chili powder,chili sauce and tomato sauce samples [J]. Food and Chemical Toxicology,2012,50(8):2709 - 2713.

[19] 彭科怀,向仕学,汤晓勤,等. 辣椒制品中苏丹红 1 的极谱法快速测定[J]. 预防医学情报杂志, 2005,21(3):286 - 288.

[20] 陈大义,苟家蓉,余蓉等.纸层析定性示波极谱法测定非食用色素酸性橙[J].中国卫生检验杂志,2001,11(2):170 - 171

[21] 丁长河,钱林,任惠华,等. 辣椒制品中苏丹色素的薄层色谱检测方法的研究 [J]. 食品科学, 2007,28(2):244 - 246.

[22] 窦红,张晓鑫,高春平. 薄层色谱法检测苏丹红[J]. 河南工业科技,2009,26(2):90 - 94.

[23] 夏立娅,韩媛媛,匡林鹤,等. 薄层色谱扫描法同时检测豆制品中碱性橙、皂黄、柠檬黄和日落黄以及辣椒粉中酸性橙Ⅱ、丽春红 2R 和罗丹明 B [J]. 分析试验室,2010,29(6):15 - 18.

[24] 冯伟科,罗佳玲.HPLC 法同时测定番茄沙司中 7 种违禁色素[J].科技风,2011,(15):18 - 19.

[25] 刘敏,李小林,别玮等.固相萃取-高效液相色谱法同时测定调味品中 15 种工业合成染料[J]. 色谱,2011,29(2):162 - 167.

[26] 赵舰,甘源,张学,等. 高效液相色谱-离子阱质谱检测火锅底料中的苏丹染料 I、II、III、Ⅳ [J].

中国卫生检验杂志,2007,11:1931－1934.

[27] 宁啸骏,王丁林,虞成华,等. UPLC－MS/MS 同位素内标法测定食品中对位红、苏丹红 I～Ⅳ 的研究[J]. 质谱学报,2009,30(1):42－46.

[28] 赵珊,张晶,丁晓静,等. 凝胶净化/超高效液相色谱电喷雾质谱法检测调味油中 11 中禁用偶氮染料及罗丹明 B[J].分析测试学报,2012,31(4):448－452.

[29] 范文锐,吴青,劳扬等.高效液相色谱法同时测定食品中 7 种非食用色素[J].分析化学,2012,40(2):292－297.

[30] Shan Zhao & Jie Yin & Jing Zhang et al. Determination of 23 dyes in chili powder and paste by high－performance liquid chromatography－electrospray ionization tandem mass spectrometry[J]. Food Analytical Methods,2012(5):1018－1026.

[31] 赵榕,李兵,赵海燕,等.固相萃取－超高效液相色谱串接四级杆质谱同时测定调味品中 12 种工业染料[J].中国食品卫生杂志,2010,22(4):305－312.

[32] 苏小川,黄梅,甘宾宾,等.气相色谱－质谱联用法测定调味品中苏丹红I、Ⅱ色素[J].理化检验-化学分册,2006,42(12):1003－1006.

第 3 章 食品中硼砂的检测技术与应用

硼砂($Na_2B_4O_7 \cdot 10H_2O$)学名四硼酸钠,是一种化工原料,医学上将其用作杀菌消毒剂,早期曾用作食品防腐剂和膨松剂添加到肉丸等食品中,增加食物的韧性、脆度,增强食物口感及外观,但其毒性较高,可在体内蓄积,影响消化酶作用,每日食用 0.5g 即可引起食欲减退,妨碍营养物质吸收。成人食用 1g~3g 即可引起中毒,致死量成人约 20g,幼儿约 5g。因此,世界各国多将其禁止作食品添加剂。我国原卫生部 2008 年公布的"食品中可能违法添加的非食用物质名单(第一批)"中禁止硼砂作为食品添加剂使用。

3.1 样品前处理技术

对于硼砂的检测,一般测定食品中的硼元素或者硼酸,再将测定结果折算成硼砂含量。

3.1.1 硼元素检测的前处理方法

对于食品中硼元素的测定,常用的消解方法有湿法消解、微波消解及干灰化。

胡晓玲等采用湿式消解法处理虾饺和牛肉丸样品,取约 2g 样品于消化管中,加入 10mL 硝酸及 0.5mL 高氯酸于 200℃加热消解至澄清,用纯水定容至 25mL,用电感耦合等离子体发射光谱进行测定。

连晓文等采用了微波消解法处理云吞皮、云吞肉、云吞汤、钵仔糕、馒头等样品,准确 0.5g 样品于聚四氟乙烯消解内罐中,加入 6mL 硝酸、2mL 过氧化氢后采用 8min 升到 120℃保持 5min、5min 升到 200℃保持 10min 的控制程序消解样品。

曾子君等在处理黄豆和腐竹样品时除了采用了微波消解法,还采用了干灰化法,称取固体样品 0.5g~3g 于瓷坩埚中,加入少量的饱和 $Ca(OH)_2$ 做助灰剂,并使样品呈碱性,在电炉上炭化至无烟后马弗炉 500℃灰化 6h~8h。个别样品灰化不彻底,取出加水溶解后继续灰化直至样品变为灰白色粉末,用 1% HNO_3 溶解灰分,并用 1% HNO_3 定容至 25mL 容量瓶,用石墨炉原子吸收法进行检测。

奕水明等在处理豆类馅粽子时采用了稀酸超声提取。称取样品 5.00g 于聚丙烯制容量瓶中,加水约 40mL、硫酸 2mL,混匀后超声提取 10min,加亚铁氰化钾溶液和乙酸锌溶液各 5mL,用水定容至 100mL,静置 30min 后过滤,滤液用电感耦合等离子体发射光谱进行测定。

微波萃取是利用电磁场的作用使固体或半固体物质中的某些成分与基体有效地分离,并能保持分析对象的原本化合物状态的一种分离方法。童成豹在处理鱼丸样品时采用了微波萃取的方法,称取样品 10.00g,置于微波萃取仪的内衬罐中,加入 20mL 超纯水,70℃萃取 5min,待萃取过程完成后,将内容物转移至 50mL 的 PET 瓶中,以 2% 硝酸液用重量法定容至 50.00mL,静置后,上清液用电感耦合等离子体质谱仪进行检测。

3.1.2 硼酸检测的前处理方法

硼酸的检测一般采用提取的方法,提取方式主要有超声、微波及振荡三种方法。在进行分光光度测定时,也有采用干灰化方法。吴凌涛等采用了超声提取法处理小馒头、雪饼、薯片、沙琪玛等样品,取约 1g 样品加入 10mmol/L 甲基磺酸 30mL 后超声 30min,加 10mL 正己烷,振荡 10min 去除油脂,下层清液以 10000r/min 离心 10min 后,过 RP 小柱、Ag 柱、Na 柱及滤膜后,用离子色谱进行测定。RP 柱使用前依次用 5mL 甲醇、10mL 水活化。Ag 柱、Na 柱用 10mL 水活化。由于后续样液的测定方法不同,超声提取所使用的提取液亦有不同,杨江在使用高效液相色谱测定时,对样品前处理也采用的是超声提取,但具体方法与吴凌涛等采用离子色谱法测定的前处理方法不同。称取 1.00g～10.00g 固体样品于 100mL 塑料量瓶中,加入适量的酸性甲醇(pH=4)超声振荡器震荡提取 30min;液体样品则量取 10mL,加入 4mL 姜黄冰醋酸溶液(1.25g/L)和 4mL 的浓硫酸冰醋酸溶液(1:1,体积比)进行振荡混匀,使用 $0.45\mu m$ 有机过滤膜过滤进行 HPLC 测定。郑彬等采用碱性条件的干灰化处理河粉、腐竹等样品。称取 3g～5g 固体样品(液体样品可取 10g～20g),加 40g/L 碳酸钠溶液充分湿润后,小火烧干并炭化后置于 550℃高温炉中灰化 6h～8h,灰化完全后,用少量水和 6mol/L 盐酸溶解残渣,调微酸性微温后过滤,用纯水定容至 25mL,用紫外分光光度法进行测定。刘国中、孙明等也采用了相同方法处理米皮、面条等样品。

3.2 分析方法

由于食品中硼砂的检测可以测硼元素与硼酸根两种目标检测物,所以分析方法很多,既可采用光谱分析的方法,也可使用色谱分析的方法,还可以采用电化学方法。

3.2.1 光谱分析方法

测定食品中硼元素或硼酸含量的光谱分析方法主要包括紫外-可见分光光度法、原子吸收光谱法、分子荧光光谱法、电感耦合等离子体发射光谱法、电感耦合等离子体质谱法。

3.2.1.1 紫外-可见分光光度法

紫外-可见分光光度法是测定硼或硼酸极为广泛的一种光谱分析方法,食品中硼砂的紫外-可见分光光度分析主要是姜黄比色法和甲亚胺-H 酸法。

郑彬等建立了姜黄素分光光度法测定食品中硼砂含量的方法。腐竹、河粉、米粉等食品在碱性条件下灰化后在酸性条件下姜黄素分光光度法测定硼砂含量,方法的线性好($r=0.9999$),相对标准差 $RSD<5\%$,加标回收率为 $90.0\%\sim104.5\%$,检出限为 $0.06mg/kg$。

甲亚胺-H 酸法因显色反应可直接在水相中进行而被广泛应用于饮用水、牛奶和酱油等液体样品中硼砂的测定。李紫薇等采用 3-甲氧基-甲亚胺-H(甲亚胺-H 衍生物)与硼在乙酸-乙酸铵缓冲溶液中($pH=5.95\pm0.02$)的显色反应,建立了流动注射光度分析测定微量硼的方法,检出限达到 $0.033mg/L$,硼质量浓度在 $0.03333mg/L\sim5mg/L$ 范围线性良好,$RSD<1\%$。

3.2.1.2 原子吸收光谱法

原子吸收光谱法是基于蒸汽相中待测元素的基态原子对其共振辐射的吸收强度来测定试样中该元素含量的一种仪器分析方法。按其原子化的方式不同可分为火焰原子吸收法和石墨炉原子吸收法。张晓光等对蔬菜样品用聚四氟乙烯密封溶样罐进行消化后,采用质量分数为 15% 的 2-乙基-1,3-己二醇与甲基异丁基酮(MIBK)水饱和螯合萃取液进行萃取、氧化亚氮-乙炔火焰原子吸收法测定,方法最低检测质量浓度为 $2.5mg/L$,回收率为 $94.7\%\sim103.2\%$。王伟锋等为了克服直接测定中的干扰因素,建立了利用四氟硼酸根与邻二氮菲银形成络合物,试样经 MIBK 萃取后,火焰原子吸收光谱法测定银,从而间接测定硼的方法,其线性范围为 $0.002\mu g/mL\sim1\mu g/mL$,检出限为 $0.041\mu g/mL$,回收率为 $93\%\sim101\%$。

王惠华等建立了石墨炉原子吸收法测定面制食品中硼含量的方法。样品经过微波消解,运用钯涂层平台石墨管原子吸光光度法测定面制食品中硼的含量,面制食品中硼含量为 $12.4\mu g/g\sim71.4\mu g/g$ 时,RSD 为 $1.1\%\sim9.1\%$,回收率为 $74\%\sim95\%$。最低检出量为 $15.4\mu g$,线性相关系数大于 0.9992。

曾子君等测定黄豆及腐竹中的硼时也采用了石墨炉原子吸收分光光度法。样品经过 $HNO_3-H_2O_2$ 微波消解或加入饱和的 $Ca(OH)_2$ 助灰化剂干灰化后,选择硝酸钙($10mg/mL$)-硝酸铵($20mg/mL$)-柠檬酸($20mg/mL$)的混合液作为化学改进剂,采用热解涂层石墨炉原子吸收分光光度法进行测定。硼含量在 $0\mu g/mL\sim1\mu g/mL$ 范围内呈线性关系,相关系数 $r=0.9996$,检出限为 $0.01709\mu g/mL$,RSD 为 $3.56\%\sim6.45\%$($n=6$),回收率为 $87.20\%\sim93.70\%$。

陆建军等采用平台石墨炉原子吸收分光光度法以多步斜坡升温方式测定柑橘中的硼,灰化温度可提高到 $1800\ {}^{\circ}C$,选择柠檬酸-硝酸铁-硝酸钙作为复合基体改进剂。硼含量在 $0\mu g/mL\sim1\mu g/mL$ 范围内呈线性关系,相关系数 $r=0.9995$,RSD 为 $1.6\%\sim2.5\%$($n=3$),回收率为 97.5%。

3.2.1.3 分子荧光光谱法

分子荧光法是基于物质发射荧光的特性进行分析的光学方法。该法多以蒽醌类、羟基黄酮类等有机试剂与硼形成荧光络合物为基础。

董学芝等基于硼砂对姜黄素的荧光强度有显著的淬灭作用,建立了一种简单、快速、灵敏的测定面条、茶叶和腐竹等食品中硼砂的方法,平均回收率为 99.2%,RSD 为 1%。

董学芝等还利用硼钼杂多酸能与罗丹明 B 形成缔合物,导致罗丹明 B 的荧光发生静态淬灭的荧光淬灭方法测定痕量硼砂,λ_{ex} 和 λ_{em} 分别为 540nm、582nm,硼砂浓度在 2.4μg/L～108μg/L 范围内时,荧光淬灭强度与硼砂含量呈良好线性关系($r=0.9982$),检出限为 1.42μg/L,加标回收率为 91.3%～101%,RSD<3.76%。

3.2.1.4 电感耦合等离子体发射光谱法

电感耦合等离子体发射光谱法是利用电感耦合等离子体作为激发源,根据处于激发态的待测元素原子回到基态时发射的特征谱线对待测元素进行分析的方法。

胡小玲采用电感耦合等离子体发射光谱法(ICP-AES 法)测定食品中硼砂含量,用湿式消解法消化样品,ICP-AES 法测定食品中硼含量,换算成硼砂的含量。方法线性范围在 3 个数量级以上,相关系数为 0.9996,检出限为 55.02mg/kg(以硼砂计),60mg/L、30mg/L、10mg/L 高中低 3 个不同浓度加标回收率在 100.2%～106.0% 之间,3 个样品分别重复 6 次测定的 RSD<8.5%。

奕水明等用直接溶剂超声提取-电感耦合等离子体原子发射光谱(ICP-OES)法测定豆类馅粽子中硼砂含量。

黄子伟等采用正交试验设计优化介质辅助微波消解样品的条件,以电感耦合等离子体发射光谱法 (ICP-AES)测定腐竹中硼砂。考察了微波消解功率、混合酸的比例、混合酸用量、试样消解时间 4 个因素在不同水平条件下对仪器响应值的影响。在优化了微波消解条件下测定实际样品,方法检出限为 0.4mg/kg,加标回收率为 91.2%～103.9%,RSD<2%。

连晓文等用电感耦合等离子体光谱法(ICP-AES)测定添加硼砂、硼酸的食品中硼含量,样品经 $HNO_3-H_2O_2$ 微波消解,检出限在 9.7μg/L～24μg/L 之间,实际样品的回收率为 98%～108%,RSD<1.30%。

3.2.1.5 电感耦合等离子体质谱

电感耦合等离子体质谱法是利用电感耦合等离子体作为离子源,产生的样品离子经质量分析器和检测器后得到质谱,对待测元素进行分析的方法。

童成豹应用微波辅助萃取-电感耦合等离子体质谱法检测食品中的硼砂,以 0.1mol/L 氨水来消除硼的记忆效应。硼含量在 0μg/mL～2.0μg/mL 范围内线性关系良好,$r=1.0000$,硼砂检测限为 2.0ng/mL ($\sigma=3$),RSD<5%,方法回收率为 95.2%～103.4%。

焦燕妮等采用微波消解-电感耦合等离子体质谱(ICP-MS)法测定了猪肉中硼的含量。该方法对硼的检出限为 0.027mg/kg,相对标准偏差在 3.3%～4.2%,回收率为 91.8%～94.2%。

叶嘉荣等建立了畜禽肉中硼元素的电感耦合等离子体质谱(ICP-MS)测定方法。

样品用 HNO_3 - H_2O_2 -经微波消解后，用 ICP - MS 进行分析。以 Li 作为内标物质，补偿了基体效应，硼在 $0\mu g/mL \sim 2.0\mu g/mL$ 浓度范围内，线性关系良好，相关系数大于 0.999，硼的检出限为 30.5ng/g，相对标准偏差($n=6$)为 2.01%；在 5 种不同样品基质（牛肉、猪肝、猪肚、牛百叶、鸡肉）的添加回收试验中，添加水平为 $0.3\mu g/g \sim 3.2\mu g/g$ 时，平均回收率为 90.5%~107.2%。

3.2.2 色谱分析方法

色谱法测定食品中的硼砂，一般是通过直接测定食品中硼酸的含量，再将测定结果折算成硼砂含量。具体应用的分析方法包括离子色谱和高效液相色谱。

3.2.2.1 离子色谱

离子色谱 (Ion Chromatography)是高效液相色谱(HPLC)的一个分支，是分析阴离子和阳离子的一种液相色谱方法。离子色谱的分离机理主要是离子交换，有 3 种分离方式，包括高效离子交换色谱(HPIC)、离子排斥色谱 (HPIEC)和离子对色谱 (MPIC)。

吴凌涛等采用非抑制离子色谱法测定膨化食品中硼砂(硼酸)，样品在甲基磺酸溶液中超声提取后，经离心、过滤，依次过 RP 固相萃取柱、银柱、钠柱和滤膜后，进样分析。用 5mmol/L 氢氧化钠作为淋洗液，硼酸根经 Dionex Ionpac AG16(50mm×4mm)＋ASI6(250mm×4mm)阴离子交换柱等度分离，电导检测器检测。硼酸的线性范围为 $0.3mg/g \sim 3.0mg/g$，相关系数(r)为 0.9995，回收率为 78%~105%，RSD 为 1.5%~4.6%，检出限为 0.06mg/g。

3.2.2.2 高效液相色谱法

测定食品中硼酸，大多采用反相高效液相色谱法。周示玉等将香精香料样品中的硼酸与姜黄素的乙酸溶液在室温下衍生化后用高效液相色谱法进行测定，以甲醇- 0.012mol/L 四丁基溴化铵(TBABr)溶液(80：20，体积比)为流动相，选用 Hypersil ODS2(4.6mm×250mm,5μm)色谱柱进行分离，于 550nm 处进行检测。硼的色谱峰面积与其质量浓度在 $0.004mg/L \sim 0.2mg/L$ 范围内呈线性关系，定性检出限($S/N=3$)为 $4.0\times10^{-4}mg/L$，定量检出限($S/N=10$)为 $1.4\times10^{-3}mg/L$，在 3 个浓度水平下($50\mu g$、$100\mu g$、$200\mu g$)硼酸和硼砂的平均回收率分别为 92.1%~106.6%和 92.9%~107.1%。陈艳等采用反相高效液相色谱法测定食品中硼砂，用酸性甲醇提取食品中的硼砂，经姜黄冰醋酸衍生，采用 SymmtryC$_{18}$(250mm×4.6mm,5μm)为色谱柱，流动相为甲醇-水(80：20，体积比)，检测波长为 550nm。方法的检出限为 4.6ng/kg，RSD 为 2.3%，回收率为 90.63%~96.88%，线性范围为 $0.032\mu g/L \sim 0.32\mu g/L$，相关系数为 0.992。

3.2.3 其他方法

除光谱分析和色谱分析方法外，还有极谱法、姜黄试纸法、旋光法等测定食品中硼酸的方法。李晓明等用极谱法测定粮食中的微量硼。该文献报道，在 pH=4.0 的邻苯二甲酸氢钾溶液中，硼与铍试剂(III)生成配合物于电位- 0.45V(vs. SCE)能产生一个灵敏稳定的极谱波，波形尖锐，波高与硼浓度在 $0.005\mu g/mL \sim 0.500\mu g/mL$ 范围内呈良好的线性关系,检出限达 $0.001\mu g/mL$。廖惠玲等采用姜黄试纸法快速测定食品中的硼砂,在 0.5mg 时即出现橙红色,最低检出限 0.01%。硼砂水溶液无旋光性,葛德洲等在其水溶液中加入甘露醇,形成甘露醇硼酸钠,从而具有了旋光性,根据其旋光度与硼砂浓度的线性关系进行检测,检测结果与分光光度法差异不明显,硼酸的线性范围为 $30mg/mL\sim 60mg/mL$,相关系数(r)为 0.9999,平均回收率为 100.8%,RSD 为 1.03%。

3.3 应用实例

3.3.1 光度法测定食品中的硼酸

本方法源自 GB/T 21918—2008《食品中硼酸的测定》,其适用于水产品、肉制品(如肉丸、鱼丸)、豆类、面食类、腐竹、粽子、糕点、酱油等食品中硼酸的测定。

3.3.1.1 乙基己二醇-三氯甲烷萃取姜黄比色法

1.试剂和材料

浓硫酸、无水乙醇、硫酸(1+1)溶液、亚铁氰化钾溶液[称取 106.0g 亚铁氰化钾 $K_4Fe(CN)_6\cdot 3H_2O$,用水溶解,并稀释至 1000mL]、乙酸锌溶液[称取 220.0g 乙酸锌 $Zn(CH_3COOH)_2\cdot 2H_2O$,加 30mL 冰乙酸溶于水,并稀释至 1000mL]、姜黄-冰乙酸溶液(称取姜黄色素 0.109 溶于 100mL 冰乙酸中,此溶液保存于塑料容器中)、乙基己二醇-三氯甲烷溶液($EHD-CHCl_3$)[取 2-乙基-1,3-己二醇 10mL,加三氯甲烷($CHCl_3$)稀释至 100mL,此溶液保存于塑料容器中]、硼酸标准储备液(准确称取在硫酸干燥器中干燥 5h 后的硼酸 0.5000g,溶于水并定容至 1000mL,保存于塑料容器中。此硼酸标准储备液的浓度为 $500\mu g/mL$)、硼酸标准溶液(取硼酸标准储备液 10.00mL,加水定容至 1000mL,此液保存于塑料容器中。此硼酸标准使用溶液的浓度为 $5\mu g/mL$,所配制溶液于 $0℃\sim 4℃$ 冰箱中可储存 3 个月)。

2.仪器和设备

分光光度计、高速捣碎机、100mL 塑料容量瓶、150mL 塑料烧杯 25mL 及 50mL 带盖塑料试管、涡旋振荡器。

3.分析步骤

(1)标准曲线制备

准确量取硼酸标准溶液 0.00mL,1.00mL,2.00mL,3.00mL,4.00mL,5.00mL 于 25mL 塑料试管中,各加水至 5mL。加硫酸(1+1)溶液 1mL,振荡混匀。然后加 EHD-$CHCl_3$ 溶液 5.00mL,盖上盖子,涡旋振荡器振摇约 2min,静置分层,吸取下层的 EHD-$CHCl_3$ 溶液并通过 7cm 干燥快速滤纸过滤。各取 1.00mL 过滤液于 50mL 塑料试管中,依次加入姜黄-冰乙酸溶液 1.0mL、浓硫酸 0.5mL,摇匀,静置 30min,加无水乙醇 25mL,静置 10min 后,于 550nm 处 1cm 比色皿测定吸光度。以标准系列的硼酸量为横坐标,以吸光度为纵坐标绘制标准曲线。

（2）测定

1）样品处理

①固体样品：称取经高速捣碎机捣碎的样品 2.00g～10.00g（精确至 0.01g），加 40mL～60mL 水混匀，缓慢滴加 2mL 浓硫酸，超声 10min 促进溶解混合。加乙酸锌溶液 5mL、亚铁氰化钾溶液 5mL，加水定容至 100mL，过滤后作为样品溶液。根据样品含量取 1.00mL～3.00mL 样品溶液于 25mL 塑料试管中，加水至 5mL。加硫酸（1+1）溶液 1mL，振荡混匀。接着加 EHD‐CHCl$_3$ 溶液 5.00mL，盖上盖子，涡旋振荡器振摇约 2min，静置分层，吸取下层的 EHD‐CHCl$_3$ 溶液并通过 7cm 干燥快速滤纸过滤，滤液作为样品测试液。

②液体样品：称取样品 2.00g～10.00g（精确至 0.01g），加水定容至 100mL，作为样品溶液。蛋白质或脂肪含量高的液体样品可加乙酸锌溶液 5mL、亚铁氰化钾溶液 5mL，加水定容至 100mL 过滤后作为样品溶液。根据样品含量取 1.00mL～3.00mL 样品溶液于 25mL 塑料试管中，加水至 5mL，加硫酸（1+1）溶液 1mL，振荡混匀。接着加 EHD‐CHCl$_3$ 溶液 5.00mL，盖上盖子，涡旋振荡器振摇约 2min，静置分层，吸取下层的 EHD‐CHCl$_3$ 溶液并通过 ϕ7cm 干燥快速滤纸过滤，滤液作为样品测试液。

如果萃取过程出现乳化现象，可以用 3000r/min 离心 3min 或在测定体系中加入 1mL 甲醇以避免乳化或沉淀现象（加水定容总体积为 5mL）。

2）样品测定

准确吸取样品测试液 1.00mL 于 50mL 塑料试管中，以下操作同标准曲线中显色、比色步骤。以测出的吸光度在标准曲线上查得试样液中的硼酸量。

4. 结果计算

试样中硼酸的含量按式（3-1）进行计算：

$$X = \frac{m_1 \times 1000 \times V_1}{m \times 1000 \times V_2} \times F \qquad (3-1)$$

式中　X——样品中硼酸的含量，mg/kg；

　　　m_1——试样测定液中硼酸的质量，μg；

　　　V_1——试样定容体积，mL；

　　　m——样品质量，g；

　　　V_2——测定用试样体积，mL；

　　　F——换算为硼砂的系数，硼酸系数为1，硼砂系数为1.54。

5. 检出限

本方法的检出限为 2.50mg/kg.

3.3.1.2　电感耦合等离子体原子发射光谱法和电感耦合等离子体质谱法

1. 试剂和材料

硝酸（优级纯）、30%过氧化氢（优级纯）、高氯酸（优级纯）、硝酸（5%，体积分数）（取 5mL 硝酸置于适量水中，再稀释至 100mL）、硝酸‐高氯酸混合酸（取 10 份硝酸与 1 份高氯酸混合）、硼标准储备溶液［称取在硫酸干燥器中干燥 5h 后的 0.5720g 硼酸（质量分数不小于 99.9%），用 30mL 水溶解，转移至 100mL 容量瓶中，加水至刻度，混匀。此标准溶液保存于塑料瓶中]、100mg/L 钇标准溶液(作为 ICP－AES 检测中的内标物)、100mg/L 铑标准溶液(作为 ICP－MS 检测中的在线内标物,以校准仪器灵敏度)、10mg/L 硼标准工作液(准确吸取适量硼标准储备液到 100mL 的容量瓶中,用 5％硝酸溶液稀释定容至刻度,所配制溶液应及时转移至塑料瓶中,于 0℃～4℃冰箱中可储存 3 个月)。

2.仪器与设备

超纯水制备系统、样品粉碎装置、微波消解系统、电感耦合等离子体发射光谱仪(ICP－AES)和电感耦合等离子体质谱仪(ICP－MS)。

3.分析步骤

(1)样品的制备

固体样品应采用粉碎机、匀浆机等设备进行粉碎、混匀,液体样品可均匀取样。

(2)样品的消解

1)微波消解

准确称取制备均匀的固体样品 0.500g～1.000g(液体样品 1.000g～2.000g)于微波消解罐中,加入 3mL 浓硝酸和 30％过氧化氢 2mL,设定合适的微波消解条件(参见表 3－1)进行消解。消解完毕后,用少量水多次洗入 50mL 塑料容量瓶中,准确加入 0.5mL 钇标准储备液作为内标,用水定容至刻度,混匀备用。同时做试剂空白。含油脂较多的样品可以适当减小称样量。

表 3－1　微波消解条件

步骤	升温时间/min	升至温度/℃	保温时间/min
1	5	120	5
2	5	150	5
3	5	170	5
4	5	180	10

2)湿法消化

准确称取制备均匀的固体样品 1.000g(滚体样品 5.000g)于 50mL 或 100mL 石英烧杯中,加入 10mL 的硝酸-高氯酸混合酸,盖上表面皿,静置过夜。次日,置于电热板上加热消化至冒白烟,再加入约 2mL 水,继续加热赶酸,直至烧杯中残留约 0.5mL 液体时,取下冷至室温。用水少量多次洗入 50mL 塑料容量瓶中,准确加入 0.5mL 钇标准储备液作为内标,用水定容至刻度,混匀备用。同时做试剂空白。使用 ICP－MS 检测样品时,可不添加钇标准溶液。含量较高的样品应适当稀释。

(3)测定

1)分别将系列标准溶液导入调至最佳条件的仪器雾化系统中进行测定。ICP－AES参考条件为:选择波长:硼 249.772nm 或 249.677nm,钇 371.029nm;功率:1300W;进样速率:1.5mL/min;雾化器流量:0.8L/min;辅助气流量:0.2L/min;燃烧气流量:15L/min。ICP－MS

参考条件为:选择同位素:硼11,钪45;功率:1 300W;进样速率:0.1mL/min;载气流量:1.1L/min;辅助气流量:1.0L/min;冷却气流量:15L/min。以硼元素的浓度为横坐标,以硼元素和内标元素的强度比为纵坐标绘制标准曲线或计算回归方程。

2)分别将处理后的样品溶液、试剂空白液导入调至最佳条件的仪器雾化系统中进行测定。将硼元素和内标元素的强度比值与工作曲线比较或代入方程式求出含量。由于检测过程中硼的记忆效应很强,检测前应彻底清洗进样和雾化系统。

4.计算

食品中硼酸(或硼砂)的质量分数按式(3-2)进行计算:

$$X = \frac{(c_1 - c_2) \times V}{m} \times F \qquad (3-2)$$

式中　X——试样中硼酸(或硼砂)的含量,mg/kg;

　　　c_1——测定用试样液中硼元素的含量,mg/L;

　　　c_2——试剂空白液中硼元素的含量,mg/L;

　　　V——试样处理液的总体积,mL;

　　　m——试样质量,g;

　　　F——硼换算为硼酸或硼砂的系数,硼酸系数为5.72,硼砂系数为8.83。

5.检出限

ICP-AES法的检出限为1.00mg/kg,ICP-MS法的检出限为0.20mg/kg。

3.3.2　非抑制离子色谱法测定食品中的硼砂

3.3.2.1　试剂与材料

硼酸(纯度不低于99%,广州光华化学试剂厂),甲基磺酸(MSA,纯度不低于99%,Fluka公司),50%氢氧化钠溶液(纯度高于99%,Dionex公司),OnguardRP柱、OnguardAg、Na固相萃取柱(1.0mL,美国Dionex公司),0.22μm尼龙膜。

3.3.2.2　仪器与设备

DionexICS2000离子色谱仪(美国戴安公司),电导检测器,Mili.Q纯水机(Milipore),离心机(上海安亭科学仪器厂),KQ-600KDE型超声清洗器(江苏昆山仪器厂)。

3.3.2.3　样品预处理

将样品粉碎混匀,取约1g样品,加入10mmol/L甲基磺酸30mL后超声30min,加10mL正己烷,振荡10min后,静置分层,除去上层油层,取下层清液以10000r/min离心10min后,过RP小柱、Ag柱、Na柱及滤膜后上机测试。RP柱使用前依次用5mL甲醇、10mL水活化,Ag柱、Na柱用10mL水活化。

3.3.2.4　色谱条件

色谱柱:DionexAG16(50mm×4mm)+AS16(250mm×4mm)阴离子交换柱,淋洗液5mmol/L氢氧化钠溶液,流速1mL/min。进样体积25μL,柱温30℃。

3.3.2.5　净化

如果样品含油脂量较小,经酸提取离心后,可依次过Onguard RP柱、Onguard Ag及Onguard Na固相萃取柱后直接进样;若油脂含量较高(如沙琪玛等)则需加入一定量的正己烷除脂,同时过 Onguard RP 固相萃取柱。过固相萃取柱时需弃去前 3mL 提取液。

3.3.2.6　色谱条件

采用 AS16 作为分离柱,5mmol/L 氢氧化钠作为淋洗液。

3.3.2.7　检出限

本方法的检出限为 0.06mg/g。

参考文献

[1] 胡小玲,黄辉涛,肖学成,等.ICP－AES 法测定食品中硼砂[J].中国卫生检验杂志,2008,18(10):1994－1995.

[2] 连晓文,梁旭霞,王静,等.电感耦合等离子体光谱仪测定食品中的硼砂、硼酸的检测方法研究[J].华南预防医学,2008,34(6):69－70.

[3] 奕水明,钱非.ICP－OES 测定豆类馅粽子中硼砂的含量研究[J].现代农业科技,2012,(19):281－281,283.

[4] 吴凌涛,余欣达,潘灿盛,等.非抑制离子色谱法测定膨化食品中硼砂(硼酸)[J].分析测试学报,2011,30(12):1396－1399.

[5] 郑彬,郑春梅.分光光度法测定食品中硼砂[J].现代预防医学,2004,31(3):446－447.

[6] 孙明,闫海英.分光光度法定量测定食品中硼砂[J].中国社区医师(医学专业),2012,14(36):235－236.

[7] 刘国中,张正尧.分光光度法测定中毒样品中硼砂[J].中国卫生检验杂志,2008,18(10):1998－1999.

[8] 杨江.关于豆制品中硼酸和硼砂含量检测方法的研究[J].科协论坛:下半月,2012,(1):73－74.

[9] 刘坤.粮食制品中硼砂(硼酸)的检验方法[J].河北建筑工程学院学报,2011,29(4):72－74.

[10] 池卫廷.硼测定方法的研究现状[J].职业与健康,2010,26(3):335－338.

[11] 黄丽,刘成梅,罗舜菁,等.硼砂的危害及检测方法研究进展[J].江西食品工业,2011,(2):46－48.

[12] 董学芝,张国胜,张明丽,等.三元杂多酸荧光猝灭测定食品中硼砂的研究[J].分析科学学报,2008,24(5):573－576.

[13] 刘永春.石墨炉原子吸收法测硼的研究[J].安庆师范学院学报(自然科学版),2002,8(2):45－48.

[14] 曾子君,梁晓敏,王梅,等.石墨炉原子吸收分光光度法测定黄豆及腐竹中的硼[J].中国食品卫生杂志,2011,23(2):144－147.

[15] 曹艇,刘梦溪.食品中非法添加硼砂的危害[J].中国预防医学杂志,2003,4(3):237－238.

[16] 黄子伟,王世平,汤大鹏,等.食品中硼砂(硼酸)光谱分析的研究进展[J].食品工程,2010,(2):12－15.

[17] 陈艳,李红光.食品中硼砂的反相高效液相色谱测定法[J].环境与健康杂志,2007,24(12):994－995.

[18] 童成豹.微波辅助萃取——电感耦合等离子体质谱法检测食品中的硼砂[J].福建分析测试,2012,(6):33－35.

[19] 董学芝,席会平,胡卫平,等.荧光淬灭法测定食品中的硼砂残留量[J].分析试验室,2008,27(4):84－86.

[20] 李紫薇,陶冠红,高红艳,等.流动注射分光光度法测定食品中的微量硼[J].食品研究与开发,2008,29(5):99－101.

[21] 张小光,张潮,张晓丽.蔬菜中硼的螯合萃取氧化亚氮-乙炔火焰原子吸收法测定[J].分析化学,1995,23(2):238.

[22] 焦燕妮,杨路平,王国玲,等.电感耦合等离子体质谱法同时测定猪肉中的硼和铝[J].中国卫生检验杂志,2011,21(7):1635－1636.

[23] 叶嘉荣,罗晓茵,郭新东,等.电感耦合等离子体质谱法同时测定猪肉中的硼和铝[J].现代食品科技,2012,28(8):1084－1087.

第4章 食品中镇静剂类药物检测技术与应用 ●

　　镇静剂(Sedative)是指能使中枢神经系统产生轻度抑制,减弱机能活动,从而起到消除躁动不安、恢复安静作用的一类药物。根据其化学结构的不同,镇静剂类药物主要可分为巴比妥类、苯二氮卓类和非典型苯二氮卓类等三类。常用的镇静剂类药物见表4-1。

表4-1　常见的镇静剂类药物

化合物	英文名称	CAS号	分子式	相对分子质量	结构式
巴比妥	Barbital	57-44-3	$C_8H_{12}N_2O_3$	184.19	
苯巴比妥	PHenobarbital	50-06-6	$C_{12}H_{12}N_2O_3$	232.24	
异戊巴比妥	Amobarbital	57-43-2	$C_{11}H_{18}N_2O_3$	226.27	
司可巴比妥	Secobarbital	76-73-3	$C_{12}H_{18}N_2O_3$	238.28	
苯妥英钠	PHenytoin sodium	630-93-3	$C_{15}H_{11}N_2NaO_2$	274.25	
阿洛巴比妥	Allobarbital	52-43-7	$C_{10}H_{12}N_2O_3$	208.21	

化合物	英文名称	CAS号	分子式	相对分子质量	结构式
阿普比妥	Allopropylbarbital	77 - 02 - 1	$C_{10}H_{14}N_2O_3$	210. 23	
苯烯比妥	AlpHenate	115 - 43 - 5	$C_{13}H_{12}N_2O_3$	244. 24	
地西泮	Diazepam	439 - 14 - 5	$C_{16}H_{13}ClN_2O$	284. 74	
硝西泮	Nitrazepam	146 - 22 - 5	$C_{15}H_{11}N_3O_3$	281. 27	
奥沙西泮	Oxazepam	604 - 75 - 1	$C_{15}H_{11}ClN_2O_2$	286. 71	
劳拉西泮	Lorazepam	846 - 49 - 1	$C_{15}H_{10}Cl_2N_2O_2$	321. 16	
氯硝西泮	Clonazepam	1622 - 61 - 3	$C_{15}H_{10}ClN_3O_3$	315. 71	
氯氮卓	Chlordiazepoxide	58 - 25 - 3	$C_{16}H_{14}ClN_3O$	299. 75	

续表

化合物	英文名称	CAS 号	分子式	相对分子质量	结构式
氯氮平	Clozapine	5786 - 21 - 0	$C_{18}H_{19}ClN_4$	326.82	
三唑仑	Triazolam	28911 - 01 - 5	$C_{17}H_{12}Cl_2N_4$	343.21	
艾司唑仑	Estazolam	29975 - 16 - 4	$C_{16}H_{11}ClN_4$	294.74	
阿普唑仑	Alprazolam	28981 - 97 - 7	$C_{17}H_{13}ClN_4$	308.76	
咪达唑仑	Midazolam	59467 - 64 - 0	$C_{18}H_{13}ClFN_3$	325.77	
唑吡坦	Zolpidem	82626 - 48 - 0	$C_{19}H_{21}N_3O$	307.39	
扎来普隆	Zaleplon	151319 - 34 - 5	$C_{17}H_{15}N_5O$	305.33	
佐匹克隆	Zopiclone	43200 - 80 - 2	$C_{17}H_{17}ClN_6O_3$	388.81	

镇静剂类药物对中枢神经系统具有广泛抑制作用,对改善病人的睡眠、对抗焦虑、解除烦躁等起到重要作用。但在发挥治疗作用的同时,也表现出困倦、嗜睡、乏力、头晕等不良反应,连续使用会导致成瘾,特别是许多具有长效作用的催眠药物有宿醉效应,能麻痹呼吸中枢致死。21 世纪初以来镇静催眠药成瘾和被滥用已在许多国家成为严重的社会问题之一,如 2010 年 2 月美国著名流行歌手迈克尔·杰克逊就死于滥用镇静剂。因此,许多国家都禁止在畜禽中使用该类药物。我国农业部第 176 号公告和 235 号公告明确规定:严禁在动物饲料和饮用水中使用镇静剂类药物,在动物源食品中也不得检出此类药物。2008 年 12 月 12 日,原卫生部发布《食品中可能违法添加的非食用物质和易滥用的食品添加剂品种名单(第一批)》,镇静剂被列为非食用物质。

4.1 样品前处理技术

样品前处理的目的是将待测化合物从样品基质中分离出来,转换为检测方法能够检测的形式,主要包括:化合物从样品中游离出来→除去干扰杂质→转化为可检测的形式→溶于可进行分析的媒介→达到可检测的浓度。样品前处理通常包括提取、净化、浓缩和衍生化四项基本内容,方法的设计主要考虑待测物的理化性质、样品基质的组成、处理方法对化合物稳定性的影响和测定方法的灵敏度。镇静剂类药物的提取和净化方法设计主要依据其酸碱性、脂溶性、待测物数量、样品基质性质和选择的检测方法,采取不同的处理方法。

4.1.1 酶解

镇静剂类药物在样品基质中通常以游离和结合两种形式存在。游离的苯二氮卓类药物在酸性条件下呈离子形式,易溶于水,在碱性条件下呈分子形式,易溶于有机溶剂;而巴比妥类药物则相反。中成药和保健食品中的镇静剂类药物是直接添加的,药物呈游离状态,可以通过调节溶液酸碱性,用有机溶剂萃取后净化。镇静剂在生物体内经过吸收、分布、代谢,药物本身及其代谢物能与葡萄糖醛酸或者硫酸结合成苷或酯的形式。因此生物样品在测定前需要进行水解,以获得较高的提取效率。水解方式有酸水解和酶水解,酸水解反应较剧烈,酶水解较温和,水解效果较好,但反应时间较长。常用水解试剂有盐酸、β-盐酸葡萄糖醛甙酶/芳基硫酸酯酶。据报道,即使某些不能成苷或酯的化合物如阿普唑仑、三唑仑,在酶解后也能获得较高的回收率。

4.1.2 提取

提取是依据样品中各种成分的溶解性能,选用对待测成分的溶解度大而对其他成分溶解度小的溶剂将所需要的化合物从样品中溶解出来的一种方法。目前,食品中镇静剂的提取技术研究主要是针对中成药、保健食品及动物源性食品等基质,常用的提取溶剂有甲醇、乙腈、乙酸乙酯等。刘金吉等以甲醇为溶剂,超声提取中成药及保健食品中的 14 种镇静剂(包括 4 种巴比妥类和 10 种苯并二氮卓类)药物;祝波、刘畅、高青等先后报道了采用甲醇超声提取中成药及保健食品中非法添加的多种苯二氮卓类药物,提取液经甲醇稀释后过膜直接检测,方法比较简单,提取效率较高。赵海香等在分析猪肉中的巴比妥、异戊巴比妥、苯巴比妥等药物时,比较了甲醇和乙腈的提取效率,发现用甲醇提取时巴比妥回收率较低(<30%),而采用乙腈经过 1 次提取,3 种药物的回收率便可达到要求,且杂质较少;同时采用了不同的提取方法,当采用乙腈振荡提取猪肉中 3 种药物时需 2h,而采用超声提取法则只需要 30min。利用加速溶剂萃取法提取猪肉中的 3 种药物,首先将样品与硅藻土混合后加载在加速溶剂萃取仪上,采用正己烷去除样品中的油脂,然后再以乙腈为溶剂进行提取,整个提取过程需要 30min,相对于振荡提取法,具有快速、简单、自动化程度高等优势。戴晓欣等采用乙酸乙酯而未非乙腈和甲醇提取水产品中的苯巴比妥,从而避免提取液中含有较多的水和水溶性杂质,便于提取液的浓缩和减少干扰。渠岩等比较了基质固相萃取、液-液萃取和固相萃取 3 种处理方法对畜禽肉中 13 种镇静剂药物(包括 3 种巴比妥类和 10 种苯并二氮卓类)的提取效果,结果表明,3 种处理方法均能够满足检测需求,但基质固相萃取法更具有优势,能集样品匀化、提取、净化等过程于一体,样品处理简单、快速。

非生物样品中镇静剂药物通常采用适宜的溶剂提取后直接检测,但由于动物源性食品的组成复杂,采用溶剂提取后直接检测时干扰较大,通常需要进一步的净化。

4.1.3 净化

净化的目的是除去样品提取过程中带入的干扰物质。镇静剂类药物的净化方法通常有液-液萃取法(LLE)、固相萃取法(SPE)和微萃取等(PME)。

LLE 法是利用待测物与干扰杂质在互不相溶的两相中的溶解度不同而进行净化的方法。LLE 法虽然在提取过程中容易引起乳化、有机溶剂用量大、易污染环境,但成本低、方法简单易行,仍然普遍使用。Carsten K 等在血浆中加入饱和硫酸钠溶液,用乙醚-乙酸乙酯(1∶1,体积比)提取 23 种苯二氮卓类药物,再用氢氧化钠溶液碱化残渣,用提取溶剂再提取一次,合并提取液后浓缩至干,最后用乙醇定容,23 种苯二氮卓类药物平均回收率在 39.4%~106.7%之间。Ioannis IP 等报道了在全血中加入 pH9.0 的磷酸二氢钠缓冲溶液后用氯仿提取,衍生化后采用 GC-MS 检测,23 种苯二氮卓类药物回收率大于 79.0%。王占良等在中成药或保健食品中加入磷酸缓冲液和碳酸盐缓冲液,用叔丁基甲醚涡旋振荡萃取,浓缩至干后用叔丁基甲醚定容进行 GC/MS 检测,6 种苯二氮卓类药物的回收率为 85.0%~97.0%。

SPE 法是利用固体吸附剂吸附液体样品中的待测化合物,使其与样品的基体和干扰物质分离,再用洗脱液洗脱,最终达到分离和富集待测物的目的。与 LLE 法相比,SPE 法成本较高,但操作简便,可以净化体积很小或很大的样品,溶剂用量少,速度快,选择性高,可实现自动化,不发生乳化。SPE 法是目前最常用的净化手段,SN/T 2113-2008《进出口动物源性食品中镇静剂类药物残留量的检测方法 液相色谱-质谱/质谱法》、SN/T 2217-2008《进出口动物源性食品中巴比妥类药物残留量的检测方法 高效液相色谱-质谱/质谱法》、SN/T 2220-2008《进出口动物源性食品中苯二氮卓类药物残留量检测方法 液相色谱-质谱/质谱法》等标准均采用 SPE 净化。Zhao 等采用 C_{18} SPE 柱净化猪肉中的巴比妥、异戊巴比妥、苯巴比妥 3 种药物,回收率为 84.0%～103.0%,检出限和定量限分别为 0.5μg/kg 和 1μg/kg;利用 C_{18}SPE 柱对猪肝和猪肾中巴比妥、异戊巴比妥、司可巴比妥钠和苯巴比妥 4 种药物进行净化,4 种药物的加标回收率为 68%～90%,检出限(LOD,$S/N \geqslant 3$)1.0μg/kg,定量下限(LOQ,$S/N \geqslant 10$)在 3.35μg/kg;采用多壁碳纳米管(MWCNTs)作为 SPE 材料,对猪肉中 3 种巴比妥类药物进行净化和富集,药物回收率为 75%～96%,巴比妥、异戊巴比妥、苯巴比妥的检出限分别为 0.2μg/kg、0.1μg/kg、0.1μg/kg($S/N \geqslant 3$),3 种药物的定量限均为 0.5μg/kg。戴晓欣等采用正己烷去除水产品中的油脂,再用 C_{18}SPE 柱净化,以二氯甲烷为洗脱溶剂时苯巴比妥的色谱峰形较好,苯巴比妥加标浓度为 30μg/kg～200μg/kg 时,回收率为 80.49%～102.42%,检出限和定量限分别为 10μg/kg 和 30μg/kg。邓晓军等比较了 HLB、C_{18}、SCX 和 MCX 4 种不同 SPE 小柱对猪肉、猪肝、猪肾中 14 种苯二氮卓类药物的净化效果。其中,MCX 柱对含氨基的待测物保留性较好,满足对 14 种苯二氮卓类药物同时净化的要求。在洗脱溶剂方面,对不同浓度的氨化甲醇、氨化乙腈溶液进行比较,最终选择洗脱效果最好的 2%氨化乙腈溶液,淋洗曲线表明,8mL 的洗脱溶液即可完全洗脱所有的化合物。方法的定量下限为 1.0μg/k,各基质的加标平均回收率为 64.0%～17.0%,相对标准偏差为 3.6%～12.3%。Hegstad S 等采用 MCX 柱对尿液中的 8 种苯二氮卓类药物进行富集和净化,回收率在 56.0%～83.0%之间。索德成等采用腈-水(9:1,体积比)提取饲料中的 7 种精神类药物,经 MCX 固相萃取柱净化后检测,其中硝西泮、奥沙西泮的检出限为 1.0ng/g,地西泮的检出限为 5.0ng/g,7 种精神类药物的回收率为 53.9%～110.2%。

4.1.4 衍生化

巴比妥类和苯二氮卓类镇静剂药物具有环状结构,熔点、沸点较高,难挥发。使用 GC、GC-MS 分析时,需要对其衍生化,以提高挥发性和热稳定性。巴比妥类和苯二氮卓类药物常用的衍生化方法有甲基化法、乙酰化法和硅烷基化法。Zhao 等采用 CH_3I 对猪肉中的巴比妥、异戊巴比妥、苯巴比妥 3 种药物进行甲基化衍生,分析比较了微波辅助、超声、热孵 3 种衍生化方法对衍生化效果的影响,结果表明,微波辅助和热孵均能有效地促进 3 种药物的甲基化反应,但微波辅助法更快。

4.2 检测方法

目前,对镇静剂类药物的检测方法主要有:免疫分析法(IA)、薄层色谱法(TLC)、高效液相色谱法(HPLC)、气相色谱法(GC)、色谱-质谱串联法(GC/MS、LC-MS),针对不同的基质和检测需要选择不同的分析方法。目前,我国已发布了动物源性食品中巴比妥、苯二氮卓等镇静剂药物的检测方法标准。

4.2.1 免疫分析法

免疫分析法(IA)主要包括酶联免疫吸附法(ELISA)、免疫凝集试验、免疫荧光技术和免疫沉淀法等,操作简便、快速,但可能出现假阴性及假阳性结果,只能用于初筛,需用其他分析方法进一步确证。Rasanen I 等用 GC 和 IA 检验血、尿中苯二氮卓类药物,结果表明:IA 检测为阴性的,GC 检测却为阳性。Miller EI 等采用 ELISA 检测头发中的 9 种苯二氮卓类药物,再用 LC - MS/MS 确证。

国内很多试验研究在使用该方法时都采用国外生产的试剂盒,对该方法研究还处于初级阶段,李秋生等以硝西泮、氯硝西泮和地西泮为研究对象,研究快速检测苯二氮卓类药物的间接酶联免疫法和竞争性胶体金免疫层析法,实验建立的间接酶联免疫法检测硝西泮的各项参数都达到了国外试剂盒的指标和要求,可用于实际样品检测。

4.2.2 薄层色谱法

薄层色谱法(TLC)具有设备简单、操作简便、分析速度快、色谱参数易调整等特点,常用于基层现场快速鉴别。但因为该法容易受基质的影响,出现较多斑点,会有假阳性检验结果出现,目前主要用于初步定性鉴定。

高青等对甘粉、珀粉、解郁安神丸、琥珀安神丸等中成药和保健食品中的 12 种镇静催眠药经甲醇提取后,点于硅胶 GF254 薄层板上,用乙酸乙酯-异丙醇(10:1,体积比)为展开剂,于紫外灯 254nm 下检测,初步检出氯氮平和阿普唑仑,筛查结果通过 HPLC - MS/MS 方法确认。肖丽和等采用二氯甲烷-甲苯-丙酮-甲醇(8:8:3:1,体积比)和正庚烷-甲苯-丙酮-三乙胺(6:5:4:1,体积比)为展开剂,分别建立了中成药和保健食品中的 10 种苯二氮卓类药物和 4 种巴比妥类药物的薄层色谱法,检出 7 批样品中含有的氯硝西泮、硝西泮、劳拉西泮、氯氮卓、艾司唑仑等成分,筛选结果与气质联用法及液质联用法验证结果一致。

4.2.3 气相色谱法

气相色谱法(GC)是以气体为流动相的色谱法,其色谱柱分为填充柱和毛细管柱,填充柱的理论塔板数可达数千,毛细管柱可达一百多万,因此可以使一些分配系数很接近的极为复杂、难以分离的微量混合物获得满意的分离效果。因苯二氮卓类药物结构中含有电负性较强的氮、氧、卤素、羟基等原子,采用电子捕获检测器(ECD)检测,可获得较高的灵敏度,大多数药物可达 2ng/mL~20ng/mL。姚丽娟等采用 GC - ECD 检测血浆和尿中苯二氮卓类药物及其代谢物,检出限大多数低于 10ng/mL 。另外,为了使检测结果更可靠,常采用对含氮化合物选择性和灵敏度都较高的氮磷检测器(NPD),Louter 等采用 NPD 检测人体血浆中 4 种苯二氮卓类药物,其最低检测限为 0.5ng/mL~2ng/mL。姜兆林等利用 GC - NPD 分析了尿和血浆中 11 种苯二氮卓类药物及其 10 种代谢物。

4.2.4 高效液相色谱法

高效液相色谱法(HPLC)具有分析速度快,分离效率高,选择性好,检测自动化等特点,并且可用于分离和检测热稳定性差,分子量大,沸点高,极性强的化合物。HPLC 检测镇静剂类药物已有报道,主要有梯度洗脱,紫外检测和二极管阵列检测等。

戴晓欣等采用 HPLC 法测定水产品中的苯巴比妥时,以乙腈- 水(40∶60,体积比)为流动相,采用 Kromasil C_{18} 柱(250mm×4.6mm,5μm)进行分离,紫外检测器检测波长为220nm,方法线性范围为 0.05μg/mL～4.0μg/mL。Laura M 等以乙腈-磷酸缓冲液(pH=3,50mmol/L)(35∶65,体积比)为流动相、检测波长 220nm 建立了 HPLC － UV 法,同时检测人血浆中 15 种苯二氮卓类药物,检测限低于 2.6ng/mL,定量限低于 7.6ng/mL。王蔼英等用 HPLC － UV 法,乙腈-水(35∶65,体积比)为流动相,检测波长 223nm,ODS C_{18} 柱,检测安神补心片中是否掺入艾司唑仑,并对甲醇-水(75∶25,体积比)、甲醇-磷酸盐缓冲液(pH6.5)(75∶25,体积比)、乙腈-水(35∶65,体积比)三种流动相作了考察,均可获得较好的色谱行为,其中乙腈-水(35∶65,体积比)为流动相所得色谱峰形最优,待测峰与其他成分峰的基线分离。杨学军等建立了琥珀安神丸中违法添加地西泮的 HPLC － UV 法。葛文超等以乙腈- 0.5%甲酸(33∶67,体积比)为流动相,检测波长 254nm,建立了 HPLC － DAD 法同时检测镇静安神类中成药和保健食品中地西泮和苯巴比妥等 5 种化学药品,检出某种保健食品中非法添加有艾司唑仑的成分。毛桂福等采用 Shim － packCLC － C_8 色谱柱、0.01mol/L 磷酸盐缓冲液-乙腈-无水乙醇-甲醇(68.2∶31.2∶0.3∶0.3,体积比)为流动相、230nm 紫外检测波长,建立了同时检测人体血浆中 10 种苯二氮卓类药物的 HPLC － UV。

4.2.5 气质联用法

气相色谱-质谱(GC － MS)法具有灵敏度高、分析速度快、鉴别能力强等特点,可同时完成待测组分的分离和鉴定,特别适用于多组分混合物中未知组分的定性定量分析、化合物的分子结构判别、化合物分子量测定。

赵海香等采用 GC － MS 法测定猪肉中的巴比妥、异戊巴比妥、苯巴比妥 3 种药物,用 HP-5 弹性石英键合毛细管柱(30m× 0.25mm×0.25μm)进行分离;同时,采用气相色谱-串联质谱法测定猪肝和猪肾中的巴比妥、异戊巴比妥、司可巴比妥钠和苯巴比妥 4 种药物,用 TR － 5MS 弹性石英键合毛细管柱(30m×0.25mm×0.25μm)进行分离,并利用二级质谱的特异性消除复杂基质的干扰。刘金吉等采用 GC － MS 法同时测定中成药及保健食品中的 4 种巴比妥类和 10 种苯并二氮卓类药物,以 DB － 5MS 交联弹性毛细管石英柱(30m×0.32mm×0.25 μm)进行分离,14 种药物的检测限为 0.002mg/L～0.01mg/L。通过质谱分析发现,氯氮卓容易被氧化,该标准品需现配现用。汪丽萍等采用 GC/MS 对猪肉中 4 种苯二氮卓类药物(地西泮、艾司唑仑、阿普唑仑、三唑仑)残留量进行检测,运用 HP － 5 毛细管柱(30m×0.25mm×0.25μm)进行分离,电子轰击电离源(EI)电离,质谱选择离子模式(SIM)检测,地西泮检出限出限为 2μg/kg,艾司唑仑、阿普唑仑、三唑仑 3 种药物的检出限为 10μg/kg。Arnhard K 等采用 GC － TOF － MS 法检测血液中 35 种苯二氮卓类药物,大部分药物的检测限达 10ng/mL ,回收率为 88%～108%。StepHane P 等建立了同时检测 22 种苯二氮卓类药物的 GC － MS/MS 法。王占良等采用气相色谱-质谱联用法同时检测保健品中 8 种安眠镇静类药物。该方法用磷酸缓冲液(pH6.9)

−碳酸盐缓冲液(pH9.6)−叔丁基甲醚混合溶液振荡提取,从甲基睾酮作为内标,用 HP−1MS 色谱柱(17m×0.2mm×0.11mm)分离,全扫描模式监测。地西泮、咪达唑仑的检测限为 1mg/L,唑吡坦、艾司唑仑、阿普唑仑的检测限为 1mg/L,硝基安定、氯硝安定、佐匹克隆的检测限为 5mg/L,回收率为 85%~97%。

4.2.6 液质联用法

液质联用法是确证类似镇静剂药物这种高沸点、难挥发残留物的较理想方法,该法对 LC 分离度要求不高,具有较高的灵敏度和选择性。近年来已有大量 LC−MS 法测定镇静剂药物残留的文献发表。常采用的 HPLC 与 MS 联用接口技术为电喷雾电离(ESI)和大气压化学电离(APCI)技术。如 Tomomi I 等采用 LC−ESI−MS 检测人血浆中 43 苯二氮卓类药物及其代谢物,其中 37 种苯二氮卓类药物的检测限为 0.2ng/mL~8.0ng/mL,另外 6 苯二氮卓类药物检测限低于 0.2ng/mL,平均回收率分别为 70.1%(10ng/mL)和 87.1%(100ng/mL)。Carsten K 等采用 LC−APCI−MS 检测人血浆中 23 苯二氮卓类,定量限范围为 2.5ng/mL~200.0ng/mL,平均回收率为 39.4%~106.7%。

近年来 LC−MS/MS 联用技术日趋成熟,由于该法比 LC−MS 定性更可靠,定量更灵敏准确,在苯二氮卓类药物的确证检测方面应用越来越多。如渠岩等采用 LC−MS/MS 测定畜禽肉中的 13 种镇静剂,以甲醇−10mmol/L 乙酸铵溶液为流动相,采用 Waters Aquity BEH C_{18} 柱(2.1mm×50mm×1.7μm)在梯度洗脱模式下进行分离,采用 ESI^+ 和多反应监测模式(MRM)进行质谱检测,13 种药物的检出限为 0.01μg/kg~3μg/kg,定量限为 0.1μg/kg~10μg/kg。Marin SJ 等采用 LC−MS/MS,电喷雾电离(ESI),反应监测模式(MRM)下以正离子方式对尿液、血清、血浆和胎便中 13 种苯二氮卓类药物进行检测,定量限小于 20ng/mL,添加水平为 20ng/mL、200ng/mL、5000ng/mL 时,回收率在 82.1%~113.0%范围内。Susanna V 等利用 LC−MS/MS 分析头发中 28 种苯二氮卓类药物,定量限在 1.0pg/mg~10.0 pg/mg。邓晓军等采用 LC−MS/MS 对猪肉、猪肝、猪肾中 14 苯二氮卓类药物及其代物的残留量同时进行检测,方法的定量下限为 1.0μg/kg,各基质的加标平均回收率为 64.0%~117.0%,相对标准偏差为 3.6%~12.3%。高青等采用 LC−MS/MS 检测中药制剂及保健食品中非法添加的 10 种苯二氮卓类药物,以 20mmol/L 醋酸铵溶液−甲醇为流动相,梯度洗脱,在 Waters Sunfire C_{18}(150mm×4.6mm,5 μm)色谱柱上分离了 16 种镇静催眠药,其中包括 10 种苯二氮卓类药物,在正负离子全扫描方式下检出量达 1ng~40ng。

4.3 应用实例

4.3.1 液相色谱−串联质谱测定保健食品和动物源性食品中的苯二氮卓类药物

4.3.1.1 试剂和材料

甲醇、乙腈、乙酸乙酯、异丙醇、正己烷(色谱纯,美国 TEDIA 公司);甲酸(色谱纯,美国 ROE SCIENTIFIC ING 公司);12mol/L 浓盐酸,28％氨水[分析纯,重庆川东化工(集团)有限公司化学试剂厂];乙酸铅(分析纯,重庆博艺化学试剂有限公司),实验用水均为超纯水。β-盐酸葡萄糖醛甙酶-芳基硫酸酯酶混合溶液:含 β-盐酸葡萄糖醛甙酶134600 单位/mL 和芳基硫酸酯酶 5200 单位/mL。0.02mol/L pH＝5.2 乙酸铵缓冲溶液:称取 1.54g 乙酸铵溶解于900mL 水中,用冰乙酸调节 pH 到5.2±0.1,最后用水稀释到1L。二氯甲烷-乙醚溶液:取 200mL 二氯甲烷中加入 800mL 乙醚,混匀。硼砂-氢氧化钠缓冲液:称取 7.6g 硼砂溶解于900mL 水中,用氢氧化钠溶液调节 pH 值到11.0 ±0.1,用水稀释到1L。Oasis MCX 混合型阳离子交换柱(3mL,60mg,美国 Waters 公司):使用前依次用 5mL 水、5mL 甲醇活化。0.22μm 微孔滤膜:有机系。

去甲西泮(纯度 99.0％)、替马西泮(纯度 99.0％)、三唑仑(纯度 100.0％)、氯巴占(纯度 99.0％)、奥沙西泮(纯度 99.8％)、氟西泮(纯度 99.0％)、氯甲西泮(纯度 99.0％)、阿普唑仑(纯度 99.7％)、艾司唑仑(纯度 99.7％)、氯硝西泮(纯度 99.8％)、氟硝西泮(纯度 100.0％)、地西泮(纯度 99.9％)、咪达唑仑(纯度 99.8％)、去烷基氟西泮(纯度99.8％)为 1000.0mg/L 的甲醇溶液,硝西泮(纯度 99.0％)、劳拉西泮(纯度 99.0％)为1000.0mg/L 的乙腈溶液;7-氨基氟硝西泮(纯度 99.4％)、7-氨基氟硝西泮-D₇(纯度98.7％)为 100.0mg/L 的乙腈溶液,去甲基氟硝西泮(纯度 98.8％)、2-羟基氟西泮(纯度99.9％)、阿普唑仑-D₅(纯度 99.0％)、奥沙西泮-D₅(纯度 99.6％)、地西泮-D₅(纯度99.7％)、α-羟基咪达唑仑-D₅(纯度 99.6％)、去烷基氟西泮-D₄(纯度 99.3％)为100.0mg/L 的甲醇溶液,以上标准物质均购自美国 Cerilliant 公司。

4.3.1.2 仪器和设备

API4000 高效液相色谱串联质谱仪(美国 ABsciex 公司);4011 Digital 旋转蒸发仪(德国 HeidolpH 公司);XH-B 型振荡器(江苏康健医疗用品有限公司);3-30K 台式高速冷冻离心机(德国 Sigma 公司);N-EVAP 116 氮气吹干仪(美国 Organomation Associates 公司);Advantage A10 Milli-Q 超纯水器(美国 Milli-pore 公司)。

4.3.1.3 测定步骤

1.样品处理

保健食品:称取 2.0g 试样(胶囊、片剂同时将糖衣和胶囊壳碾碎)于50mL 离心管中,加入 10mL 0.02mol/L 的硼砂溶液,用 2mol/L 的氢氧化钠溶液调节溶液 pH 至 11 左右。依次加入 200μg/L 内标溶液 100μL 和20mL 二氯甲烷-乙醚(2:8,体积比)溶液。混匀后超声 10min,涡旋振荡 5min,6500r/min 离心 5min,取上层有机相于 100mL 旋蒸瓶中。样品残渣用 20mL 二氯甲烷-乙醚(2:8,体积比)溶液重复提取两次,合并提取液,在低于 40℃下旋转蒸发浓缩至干。加入 1.0mL 乙腈-水(2:8,体积比)振荡溶解残渣,过0.22μm 有机系滤膜后,供 LC-MS/MS 测定。

猪肉、牛奶:称取 5.0g 样品(精确至 0.01g)于50mL 具塞离心管中,加入 0.02mol/L乙酸铵缓冲溶液(pH=5.2)15mL 在涡旋混合器上混匀,添加 100μg/L 同位素内标工作溶液 200.0μL 于待测样品中。加入 25μL 的 β-盐酸葡萄糖醛甙酶-芳基硫酯酶混合溶液,加盖后振荡 2min,于37℃恒温箱中酶解 16 h。(牛奶样品加入 5mL 饱和的乙酸铅溶液。)充分混匀后用氨水调节 pH 大于 9.5,加入 15mL 乙酸乙酯-异丙醇(5∶1,体积比)溶液振荡提取 5min,在 6000r/min 下离心 5min,取上清液过无水硫酸钠于 100mL 旋蒸瓶中,重复上述提取操作 1 次,合并提取液。在低于 40℃下旋转蒸发仪浓缩至干,待净化。用 10mL 正己烷分两次溶解残渣,并转入 50mL 具塞离心管中,加入 0.1mol/L 的盐酸溶液 5.0mL 振荡萃取 5min,在 3000r/min 下离心 3min,取上清液过 MCX 柱,重复上述操作 1 次,加入 3mL 水淋洗,用 8mL 3%氨水-乙腈溶液洗脱,收集洗脱液,在不高于40℃下氮吹浓缩至干。加入 1.0mL 乙腈-水(2∶8,体积比)振荡溶解残渣后,过 0.22μm滤膜后,供 LC-MS/MS 测定。

2.测定

(1)液相色谱条件

①色谱柱:C$_{18}$,150mm×2.0mm(i.d.)×5.0μm,或相当者;

②流动相:A:乙腈;B:2mmol/L 乙酸铵溶液(含 0.2%甲酸);

③梯度洗脱程序见表 4-2;

④流速:0.30mL/min;

⑤柱温:40℃;

⑥进样量:30μL。

表 4-2 梯度洗脱程序

时间 t/min	流动相 A/%	流动相 B/%
0.0	10.0	90.0
2.0	10.0	90.0
18.0	70.0	30.0
19.0	10.0	90.0
25.0	10.0	90.0

(2)质谱条件

①离子源:电喷雾离子源;

②扫描方式:正离子;

③监测方式:多反应监测(MRM);

④电喷雾电压(IS):5500V;

⑤雾化气压力(GS1):65psi;

⑥气帘气压力(CUR):45psi;

⑦辅助气流速(GS2):30psi;

⑧碰撞气流速(CAD):10psi;

⑨离子源温度(TEM):650℃;

⑩碰撞室入口电压(EP)为 10V,碰撞室出口电压(CXP)为 12V;

⑪监测离子对及其他质谱条件见表 4-3。

表 4 - 3　苯二氮卓类药物及内标物主要质谱参数

序号	化合物	离子对(m/z)	CE/V	DP/V
1	普拉西泮	325.1/271.2①	31.0	75.0
		325.1/140.1	49.0	75.0
2	去甲西泮	271.0/140.1①	40.0	64.0
		271.0/165.1	37.0	64.0
3	氯氮卓	300.0/283.1①	21.0	75.0
		300.0/227.2	30.0	75.0
4	替马西泮	301.0/255.1①	28.0	71.0
		303.0/257.1	31.0	71.0
5	三唑仑	343.0/315.1①	41.0	70.0
		343.0/239.1	55.0	70.0
6	氯巴占	300.7/259.2①	30.0	69.0
		300.7/224.2	42.0	69.0
7	奥沙西泮	287.1/241.1①	30.0	70.0
		287.1/269.1	20.0	70.0
8	硝西泮	282.1/236.2①	33.0	72.0
		282.1/108.2	47.0	72.0
9	氟西泮	387.7/315.1①	31.0	58.0
		387.8/288.1	36.0	58.0
10	氯甲西泮	334.7/289.1①	33.0	60.0
		336.6/291.1	31.0	60.0
11	阿普唑仑	309.4/281.1①	37.0	70.0
		309.4/205.2	59.0	70.0
12	艾司唑仑	294.9/205.2	54.0	68.0
		294.9/267.2①	33.0	68.0
13	劳拉西泮	321.0/275.1①	30.0	69.0
		322.9/277.1	29.0	69.0
14	氯硝西泮	316.1/270.2①	37.0	60.0
		316.1/214.2	52.0	60.0
15	氟硝西泮	314.0/268.2①	35.0	80.0
		314.0/239.2	45.0	80.0
16	地西泮	285.0/154.1①	36.0	80.0
		285.0/193.2	42.0	80.0

续表

序号	化合物	离子对(m/z)	CE/V	DP/V
17	咪达唑仑	326.1/291.3①	37.0	80.0
		326.1/222.2	63.0	80.0
18	去烷基氟西泮	289.1/140.0①	39.0	74.0
		289.1/226.1	38.0	74.0
19	去甲基氟硝西泮	300.1/254.1①	36.0	76.0
		300.1/198.1	50.0	76.0
20	α-羟基咪达唑仑	342.0/324.1①	28.0	56.0
		342.1/203.1	38.0	56.0
21	7-氨基氟硝西泮	284.1/135.2①	38.0	74.0
		284.1/227.2	35.0	74.0
22	2-羟基氟西泮	333.1/109.0①	42.0	64.0
		333.1/211.2	48.0	64.0
23	D₇-7-氨基氟硝西泮	291.1/138.1	39.0	62.0
24	D₄-去烷基氟西泮	293.0/230.2	38.0	70.0
25	D₅-地西泮	290.0/198.2	47.0	84.0
26	D₅-奥沙西泮	292.0/246.2	31.0	74.0
27	D₅-阿普唑仑	314.0/210.2	60.0	81.0
28	D₅-α-羟基阿普唑仑	330.1/302.2	37.0	67.0

①定量离子对。

（3）定量测定

根据上述液相色谱-质谱/质谱条件测定样液和混合标准工作溶液,内标标准曲线法定量,各待测物质对应的内标见表4-4。样品中待测物含量应在标准曲线范围之内,如果含量超出标准曲线范围,应用空白样品提取液进行适当稀释。在上述色谱条件下待测药物的参考保留时间分别约为:普拉西泮(18.3min)、去甲西泮(14.2min)、氯氮卓(9.4min)、替马西泮(14.4min)、三唑仑(13.9min)、氯巴占(14.7min)、奥沙西泮(13.1min)、硝西泮(13.0min)、氟西泮(10.2min)、氯甲西泮(14.9min)、阿普唑仑(13.7min)、艾司唑仑(13.1min)、劳拉西泮(13.4min)、氯硝西泮(13.5min)、氟硝西泮(14.2min)、地西泮(15.8min)、咪达唑仑(10.1min)、去烷基氟西泮(14.1min)、去甲基氟硝西泮(12.9min)、α-羟基咪达唑仑(10.5min)、7-氨基氟硝西泮(8.8min)和2-羟基氟西泮(13.5min),标准溶液的多反应监测色谱图见图4-1。

3.方法检出限

牛奶和猪肉样品中对18种BZDs的检出限范围为0.01μg/kg～0.11μg/kg,保健食品的方法检出限范围为0.0085μg/kg～0.062μg/kg。

表4-4　苯二氮卓类药物定量时对应的内标

定量化合物名称	内标	定量化合物名称	内标
氯氮卓		2-羟乙基氟西泮	
替马西泮		三唑仑	
奥沙西泮		氯巴占	
硝西泮	D_5-奥沙西泮	阿普唑仑	D_5-阿普唑仑
劳拉西泮		α-羟基咪达唑仑	
氯硝西泮		咪达唑仑	
氟硝西泮		氟西泮	
艾司唑仑	D_5-α-羟基阿普唑仑	7-氨基氟硝西泮	D_7-7-氨基氟硝西泮
去甲西泮		普拉西泮	
去甲基氟硝西泮	D_4-去烷基氟西泮	氯甲西泮	D_5-地西泮
去烷基氟西泮		地西泮	

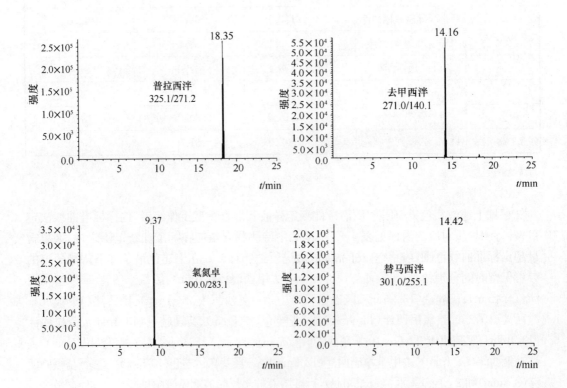

图4-1　苯二氮卓类药物标准溶液(1μg/L)多反应监测色谱图

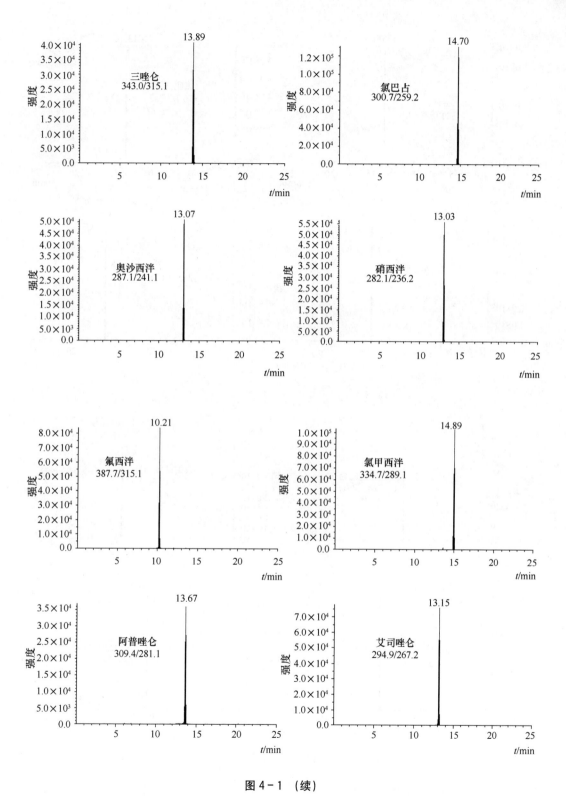

图 4-1 （续）

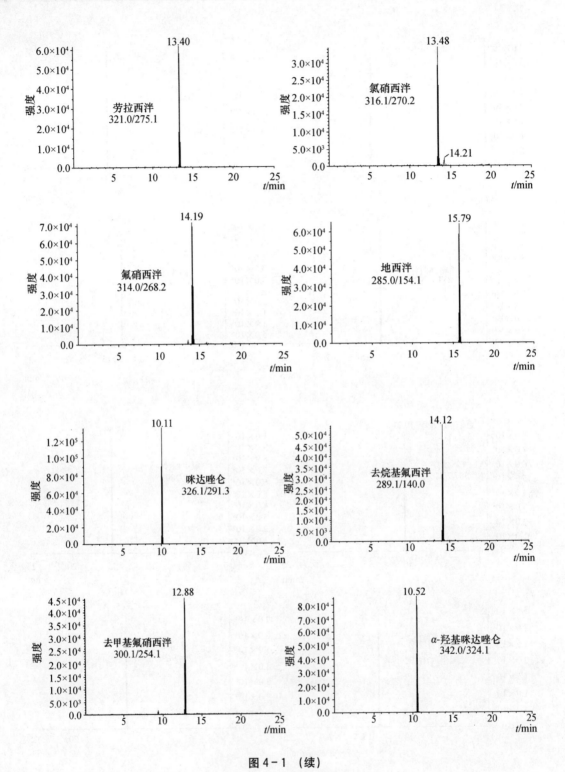

图 4-1 （续）

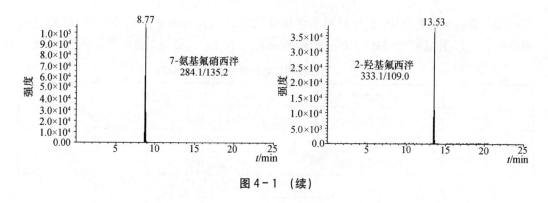

图 4-1 （续）

4.3.2 气相色谱-质谱联用法检测镇静安神类中成药及保健食品中的镇静剂药物

4.3.2.1 试剂和材料

甲醇。对照品与供试品：地西泮、硝西泮、氯硝西泮、奥沙西泮、劳拉西泮、马来酸咪达唑仑、艾司唑仑、阿普唑仑、三唑仑、氯氮卓、巴比妥、异戊巴比妥、司可巴比妥钠、苯巴比妥，以上对照品均购自中国药品生物制品检定所。安神保健品及中成药样品：天行健晚安胶囊、野酒花梦康宁胶囊、安睡片、柏子养心胶囊等为药监部门市场监管抽样。

4.3.2.2 仪器

日本岛津 GCMS-QP2010 气相色谱质谱联用仪。

4.3.2.3 供试品溶液的制备

片剂或丸剂：研磨粉碎，称取适量（1 次服用量），置于具塞锥形瓶中，加甲醇 25mL，超声提取 10min，放置至室温，摇匀，过滤。

胶囊：取内容物研磨粉碎，称取适量（1 次服用量），置于具塞锥形瓶中，加甲醇 25mL，超声提取 10min，放置至室温，摇匀，过滤。

大蜜丸：将蜜丸粉碎成小颗粒，称取适量（1 次服用量），置于具塞锥形瓶中，加甲醇 25mL，超声溶解，直至溶液中无大颗粒状物质，放置至室温，摇匀，过滤。

液体：量取 10mL，置于具塞锥形瓶中，加甲醇 25mL，超声提取 10min，放置至室温，摇匀，过滤。

4.3.2.4 测定步骤

1. 气相色谱条件

色谱柱：DB-5MS 交联弹性毛细管石英柱（30m×0.32mm×0.25μm）；载气：氦气；体积流量：210mL/min；气化室温度：250℃；分流比：30∶1；程序升温：120℃，保持 5min，以 25℃/min 升至 240℃，保持 10min，再以 10℃/min 升至 280℃，保持 2min。

2. 质谱条件

电离方式：EI；电子轰击能量：70eV；离子源温度：200℃；接口温度：280℃；扫描质量范围：m/z 为 40～450。

3. 测定

分别将混合对照品溶液和供试品溶液注入气相色谱质谱联用仪，测定各对照品的保留时间。如供试品色谱中,在与对照品色谱保留时间相同的位置上出现色谱峰,经谱库检索确认。14 种镇静剂药物的特征离子、检测限见表 4-5,总离子流图见图 4-2。

表 4-5　14 种镇静剂药物的特征离子和检测限

序号	化合物	特征离子(m/z)	检测限/(mg/mL)
1	巴比妥	156、141	0.005
2	异戊巴比妥	156、144	0.002
3	司可巴比妥钠	168、153、195	0.002
4	苯巴比妥	149	0.005
5	奥沙西泮	268、239、205	0.01
6	劳拉西泮	239、274、302	0.005
7	地西泮	256、283、221	0.002
8	咪达唑仑	310、325	0.005
9	硝西泮	280、253、234	0.01
10	氯氮卓	282、299、253	0.01
11	氯硝西泮	280、314、234	0.01
12	艾司唑仑	259、294、205	0.01
13	阿普唑仑	308、279、204	0.01
14	三唑仑	313、342、238	0.01

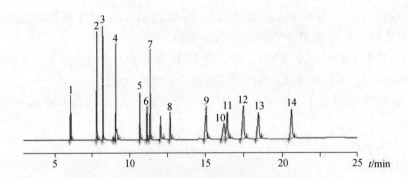

图 4-2　14 种镇静剂类药物气相色谱质谱总离子流图

注:本图中各色谱峰序号所代表的化合物与表 4-5 一致。

参考文献

[1] 刘克林,张春水,周淑光,等.生物样品中苯二氮卓类药物检验概述[J].刑事技术.2002,4:25-28.

[2] 农业部 1025 号公告-4-2008,动物性食品中安定残留检测酶联免疫吸附法[S].

[3] SB/T 10501—2008,畜禽肉中地西泮的测定 高效液相色谱法 [S].

[4] SN/T 2217—2008,进出口动物源性食品中巴比妥类药物残留量的检测方法 高效液相色谱-质

谱/质谱法[S].

[5] SN/T 2113—2008,进出口动物源性食品中镇静剂类药物残留量的检测方法 液相色谱-质谱/质谱法[S].

[6] SN/T 2220—2008,进出口动物源性食品中苯二氮卓类药物残留量检测方法 液相色谱-质谱/质谱法[S].

[7] Munteanu FD,Lindgren A,Emneus J,et al. Bioelectrochemical monitoring of phenols and aromatic a-mines in flow injection using novel plant peroxidases[J]. Analytical Chemistry. 1998,70(13):2596 - 2600.

[8] 祝波,赵宗阁,王尊文,等.LC - MS/MS 法分析保健品及中成药中添加的 15 种镇静催眠剂[J].药物分析杂志.2010,30(4):745 - 751.

[9] 刘畅,夏晶,胡青,等.LC/MS(n)法对中成药中非法添加 9 种镇静催眠类化学药品检测方法的研究[J].解放军药学学报.2009,25(3):254 - 256.

[10] 高青,车宝泉,张喆,等.LC - MS/MS 法检查中药制剂及保健食品中非法添加的 16 种镇静催眠药物[J].中国药科大学学报.2008,39(2):142 - 146.

[11] Carsten K,Oliver T,Frank TP,et al. Screening,library - assisted identification and validatedquanti-fication of 23 benzodiazepines,flumazenil,zaleplone,zolpidem and zopiclone in plasma by liquid chromatogra-phy/mass spectrometry with atmospheric pressure chemical ionization[J]. J Mass Spectrom. 2004,39(8):856 - 872.

[12] Ioannis IP,Sotirios AA,Panagiota,et al. Development and validation of an EI - GC - MS method for the determination of benzodiazepine drugs and their metabolites in blood:applications in clinical and forensic toxicology [J]. Journal of Pharmaceutical and Biomedical Analysis. 2010,52:609 - 614.

[13] 王占良,张建丽,张亦农.气相色谱-质谱联用法检测保健品中 8 种安眠镇静类药物[J].质谱学报.2009,30(5):282 - 286.

[14] 邓晓军,郭德华,朱坚,等.液相色谱-串联质谱法对动物源性食品中 14 种苯二氮卓类药物及其代谢物残留量的同时检测[J].分析测试学报.2008,27(11):1162 - 1166.

[15] Hegstad S,Oiestad EI,Johansen U,et al. Determination of benzodiazepines in human urine using solid - phase extraction and high - performance liquid chromatography - electrospray Ionization tandem mass spectrometry[J]. Journal of Analytical Toxicology. 2006,30:31 - 37.

[16] 索德成,赵根龙,李兰,等.液相色谱-串联质谱法同时检测饲料中 7 种精神类药物[J].分析化学.2010,38(7):1023.

[17] Rasanen I,Neuvonen M,Ojanpera I,et al. Benzodiazepine findings in blood and urine bygas chro-matography and immunoassay[J]. Forensic Science International. 2000,112(2):191 - 200.

[18] Miller EI,Wylie FM,Oliver JS,et al. Detection of benzodiazepines in hair using ELISA nd LC - ESI - MS - MS [J]. Journal of Analytical Toxicology. 2006,30(7):441 - 448.

[19] 李秋生.苯二氮卓类药物残留免疫分析方法的研究[D].江苏省无锡市:江南大学,2008.

[20] 高青,冀丽华,张喆,等.薄层色谱法快筛中药制剂和保健食品 12 种镇静催眠药[J].首都医药.2007,10:52.

[21] 肖丽和,刘吉金,关潇滢,等.镇静安神类中成药及保健食品中非法添加化学成分的快速筛查方法研究[J].中国当代医药.2009,16(14):15 - 16.

[22] Guan F,Seno H,Ishi A,et al. Solid - phase microextraction and GC - ECD of benzophenones for benzodiazepines in urine[J]. J Anal Toxicol. 1999,23:54 - 61.

[23] 姚丽娟,谭家镒,姜兆林,等.血浆和尿中苯并二氮杂卓类药物及其代谢物的电子捕获气相色

筛选分析法[J].分析化学.2004(1):9-13.

[24] Louter AJ,Bosma E,Schipperen JC,et al. Automated on-line solid-phase extraction-gas chromatography with nitrogen-phosphorus detection:determination of benzodiazepines in human plasma[J]. Journal of Chromatography B. 1997(689):35-43.

[25] 姜兆林,谭家镒,姚丽娟,等.尿和血浆中苯并二氮杂卓类药物及其代谢物的气相色谱氮磷检测分析法[J].分析科学学报.2005,21(6):639-642.

[26] Laura M,Roberto M,Mario A,et al. Separation and HPLC analysis of 15 benzodiazepines in human plasma[J].J.Sep.Sci..2008,31,2619-2626.

[27] 王蔼英,王哲民,石福祥,等.安神补心片中掺入化学药品艾司唑仑的检出方法[J].中国药事.2008,22(7):591-592.

[28] 杨学军,李桃英,李草.反相高效液相色谱法检测琥珀安神丸中添加的地西泮[J].首都医药.2005,22:46-46.

[29] 葛文超,汤慧,张萍,等.高效液相色谱法同时测定镇静安神类中成药及保健食品中非法添加5种西药成分[J].安徽医药.2010,14(19):1018-1020.

[30] 毛桂福,郭涛.反相高效液相色谱法同时测定血浆中10种苯二氮卓类药物[J].中国药学杂志.2007,42(17):1330-1332.

[31] 汪丽萍,李翔,孙英,等.气相色谱/质谱法测定猪肉中4种苯二氮卓类镇静剂残留[J].分析化学.2005,33(7):951-954.

[32] 王占良,张建丽,张亦农.气相色谱-质谱联用法检测保健品中8种安眠镇静类药物[J].质谱学报.2009,30(5):282-286.

[33] Arnhard K,Schmid R,Kobold U,et al. Rapid detection and quantification of 35 benzodiazepinesinurine by GC-TOF-MS[J]. Anal Bioanal Chem. 2012,403(3):755-768.

[34] Stephane P,Ivan R,Danielle L,et al. Sensitive method for the detection of 22 benzodiazepines by gas chromatography-ion trap tandem mass spectrometry [J].Journal of Chromatography A.2002,954:235-245.

[35] Tomomi I,Keiko K,Makiko H,et al. Rapid and quantitative screening method for 43 benzodiazepines and their metabolites,zolpidem and zopiclone in human plasma by liquid chromatography/mass spectrometry with a small particle column[J]. Journal of Chromatography B. 2009,877:2652-2657.

[36] Carsten K,Kratzsch,OT ,Frank TP,et al. Screening,library-assisted identification and validated quantification of 23 benzodiazepines,flumazenil,zaleplone,zolpidem and zopiclone in plasma by liquid chromatography/mass spectrometry with atmospheric pressure chemical ionization[J]. J Mass Spectrom. 2004,39:856-872.

[37] Marin SJ,Mcmillin GA. LC-MS/MS analysis of 13 benzodiazepines and metabolites in urine,serum,plasma,and meconium[J]. BC Coach's Perspective. 2010,603:89-105.

[38] Susanna V,Donata F,Marianna T,et al. Simultaneous LC-HRMS determination of 28 benzodiazepines and metabolites in hair [J]. Anal Bioanal Chem. 2011,400:51-67.

[39] 严爱花,李贤良,郗存显,等.液相色谱-串级质谱法同时检测中成药及保健食品中非法添加的22种苯二氮卓类药物[J].分析化学.2013,41(4):509-516.

[40] 李贤良,严爱花,郗存显,等.液相色谱-串联质谱法同时检测牛奶中20种苯二氮卓类药物残留[J].分析试验室.2013,4期:42-47.

[41] 刘吉金,肖丽和,关潇滢,等.GC-MS检测镇静安神类中成药及保健食品中添加化学成分的方法研究[J].药物分析杂志,2011,31(2):376-379.

［42］Haixiang Zhao,Liping Wang,Yueming Qiu,et al. Multiwalled carbon nanotubes as a solid - phase extraction adsorbent for the determination of three barbiturates in pork by ion trapgas chromatography - tandem mass spectrometry (GC/MS/MS)following microwave assisted derivatization[J]. Analytica Chimica Acta,2007,586(1 - 2):399 - 406.

［43］Haixiang Zhao,Liping Wang,Yueming Qiu,et al. Simultaneous determination of three residual barbiturates in pork using accelerated solvent extraction and gas chromatography - mass spectrometry[J]. Journal of Chromatography B,2006,840(2):139 - 145.

［44］戴晓欣,朱新平,吴仕辉,尹怡,马丽莎,陈昆慈,郑光明,潘德博.固相萃取-高效液相色谱法测定水产品中的苯巴比妥[J].食品科学,2012,33(18):232 - 235.

［45］渠岩,路勇,冯楠,赵俊平,金伟伟,王贵双.基质固相分散-超高效液相色谱-串联质谱法同时测定畜禽肉中残留的 13 种镇静药物[J].2012,33(8):252 - 255.

［46］赵海香,邱月明,汪丽萍,邱静,仲维科,唐英章,王大宁,周志强.气相色谱-质谱同时测定猪肉中 3 种巴比妥药物残留[J].分析化学,2005,33(6):777 - 780.

［47］赵海香,杨素萍,刘海萍,曲平化.微波辅助衍生化/气相色谱串联质谱同时测定猪肝与猪肾中 4 种巴比妥药物残留[J].分析测试学报,2012,31(12):1525 - 1530.

［48］赵海香,邱月明,汪丽萍,周志强,杨丽.巴比妥类镇静剂的检测研究进展[J].动物科学与动物医学,2004,21(3):29 - 30.

［49］汪丽萍,邱月明,赵海香,孙英,周志强.镇静剂残留分析的样品前处理技术研究进展[J].动物科学与动物医学,2004,21(4):28 - 29.

第 5 章 食品中 β-激动剂的检测技术与应用

    β-受体激动剂最早主要用于防治人、畜的支气管哮喘和支气管痉挛,在药学上被称为 β-肾上腺素能受体激动剂,在化学上属苯乙醇胺类(phenethylamines),为儿茶酚胺、肾上腺素和去甲肾上腺素的化学类似物,一般具有含苯乙醇胺的母体结构,在苯环上含有的取代基包括 β-羟胺(仲胺)侧链,在侧链的取代基一般为 N-叔丁基、N-异苯基或 N-烷基苯,可以与酸成盐。按照苯环的取代不同,一般可分为含取代基的苯胺型(如克伦特罗 clenbuterol)、苯酚型(如沙丁胺醇 salbutamol)、苯二酚型(如特布他林 terbutaline)等大类。其中苯胺型由于含有芳伯氨基,具有中等极性,氨基基团常用于衍生化反应。苯酚型包括苯二酚型由于含有酚羟基,极性也较高。β-受体激动剂为一类结构相似的药物,其母环和对应的药物结构如图 5-1 所示,常见的 β-受体激动剂如表 5-1 所示。

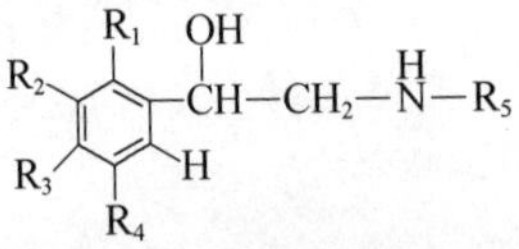

图 5-1 β-受体激动剂构架图

表 5-1 常见的 β-受体激动剂类药物

中文名称	英文名称	CAS 号	R1	R2	R3	R4	R5	类型
马布特罗	mabuterol	56341-08-3	H	Cl	NH_2	CF_3	$C(CH_3)_3$	
马喷特罗	mapenterol	95656-68-1	H	Cl	NH_2	CF_3	$C(CH_3)_2CH_2CH_3$	
克伦丙罗	clenproperol	50306-05-3	H	Cl	NH_2	Cl	$CH(CH_3)_2$	
克伦特罗	clenbuterol	37148-27-9	H	Cl	NH_2	Cl	$C(CH_3)_3$	
甲基克伦特罗	methylclenbuterol	38339-21-8	H	Cl	NH_2	Cl	$C(CH_3)_2C_2H_5$	苯胺
溴布特罗	bromobuterol	41937-02-4	H	Br	NH_2	Br	$C(CH_3)_3$	型
西马特罗	cimaterol	54239-37-1	H	CN	NH_2	H	$CH(CH_3)_2$	
西布特罗	cimbuterol	54239-39-3	H	CN	NH_2	H	$C(CH_3)_3$	
NA1141	hidroximetilclenbuterol		H	Cl	NH_2	Cl	$CH(CH_3)\cdot(CH_2)\cdot$ PHOH	

续表

中文名称	英文名称	CAS 号	R1	R2	R3	R4	R5	类型
莱克多巴胺	ractopamine	97825 - 25 - 7	H	H	OH	H	$CH(CH_3) \cdot CH_2 \cdot PHOH$	
利妥特灵	ritodrine	26652 - 09 - 5	H	H	OH	H	$C \cdot (CH_3) \cdot (CH_2)_2 \cdot (PHOH)$	
沙丁胺醇	salbutamol	35763 - 26 - 9	H	CH_2OH	OH	H	$C(CH_3)_3$	苯酚型
托洛特罗	tulobuterol	41570 - 61 - 0	Cl	H	OH	H	$C(CH_3)_3$	
班布特罗	bambuterol	81732 - 65 - 2	H	$CCON(CH_3)_2$	H	$CCON(CH_3)_2$	$C(CH_3)_3$	
苯氧丙酚胺	isoxsuprine	579 - 56 - 6	H	H	OH	H	$CH(CH_3) \cdot (CH_2)OPH$	
奥西那林	orciprenaline	586 - 06 - 1	H	OH	H	OH	$CH(CH_3)_2$	苯二酚型
特布他林	terbutaline	23031 - 25 - 6	H	OH	H	OH	$C(CH_3)_3$	
费诺特罗	fenoterol	13392 - 18 - 2	H	OH	H	OH	$CH \cdot (CH_3) \cdot (CH_2)_2 \cdot PHOH$	

在猪牛羊等动物饲养中给予一定量的 β-受体激动剂,可提高饲料转化率和动物的生长速率,增加胴体瘦肉率,因此在畜牧养殖业上该类化合物被称为"瘦肉精"。由于 β-受体激动剂在动物体内代谢慢,残留时间长,在动物组织(肝脏、肺脏、肾脏、小肠等)中大量蓄积,人食用含有一定残留量的 β-受体激动剂动物性产品,就会出现中毒。我国政府于 1997 年已明确禁止在饲料中添加使用克伦特罗,农业部会同原卫生部和国家药品监督管理局 2002 年 2 月联合出台了《禁止在饲料和动物饮用水中使用的药品目录》,将盐酸克伦特罗、沙丁胺醇、莱克多巴胺等肾上腺素受体激动剂类药物列为禁用药物,同时 β-受体激动剂被列入原卫生部发布的《食品中可能违法添加的非食用物质和易滥用的食品添加剂名单》。

5.1 样品前处理技术

在 β-受体激动剂分析过程中,样品前处理是一个非常重要的环节,由于样品基质的复杂性,样品前处理技术直接影响到最终分析的速度、灵敏度、精密度和准确度,选择合适的样品前处理方法是检测结果准确的重要保证。目前 β-受体激动剂分析过程中的样品前处理方式主要有液液萃取、固相萃取(SPE)、超临界萃取、双相渗析膜分离技术等。样品基质包括尿液、肝、肾、血液、肌肉以及其他食用组织等。

固体样品如组织样在处理前的均质、处理过程和样品基质的不同会对 β-受体激动剂的残留浓度会产生一定的影响,例如肾脏均质后直接检测与均质后冷藏保存后再检测,克伦特罗的含量均没有明显变化,但肝脏组织样品的均质过程可能会激活一些降解酶,引起克伦特罗残留量的显著降低。肝脏和肌肉组织样品,样品不经过均质处理直接在-30℃条件下保存,克伦特罗残留浓度在 5 个月内没有显著差异。

5.1.1　提取方法

　　β-受体激动剂,尤其是苯酚型药物如沙丁胺醇在组织或者生物样品中往往会与其他成分形成结合物,如与葡糖苷酸酶、硫酸酯蛋白相结合。因此,样品在提取前需要用酸、碱等来调节样品提取液使之达到最佳酶解效果的 pH 范围。常用的酶主要有枯草杆菌蛋白酶、葡萄糖醛酸酶、硫酸酯酶、芳基硫酸酯酶及蛋白酶。Damien Bogd 等人曾做过对比试验,比较有无酶水解步骤对沙丁胺醇测试结果的影响,结果发现,酶水解后所测得的结果明显高于未水解的(采用 RIA 方法测试),有 40%～45% 沙丁胺醇是以结合物形式存在于肝样品中。Willem Haasnoot 等人报道,费诺特罗在尿样中大约 85% 是以葡糖苷酸酶化-硫酸酯蛋白化结合物形式存在。但是对于克伦特罗没有数据证明是以结合的形式存在。

　　酶解的方法有几种,酶的品种、酶解的酶用量、酶解时间均有人做过研究。Damien Bogd 等人报道测试沙丁胺醇时,水解采用的酶品种是 β-葡萄糖苷酸酶/芳基硫酸酯酶,酶的用量分别为 500 单位～2500 单位,37℃,2h～16h,试验选出最佳的酶用量为 1000 单位,酶解时间从 2h 增加到 16h 所测试得到的沙丁胺醇有所升高,但增幅很小。由于 β-盐酸葡萄糖醛苷酶-芳基硫酸酯酶在 pH 为 5.2 时酶活性最高,因此测定方法采用在 pH 为 5.2 乙酸钠缓冲溶液中进行。

　　酸水解法中采用的多位稀盐酸、稀磷酸或高氯酸溶液,在水解接触络合作用的同时,还有去除蛋白的作用。而碱水解则一般在高温水浴下进行,用于去除蛋白之间的二硫键。

　　对于以游离态存在的药物,可以直接采用缓冲液和有机溶剂进行提取,影响提取效率的主要为有机溶剂的选择性和缓冲液 pH。

5.1.2　净化方法

　　β-受体激动剂的样品净化方法常用的是:固相萃取法(SPE)、液-液萃取法、超临界萃取法(SFE)、两相渗析法、基体固相分散萃取法(MSPD)等。SPE 是利用 C_{18}、阴离子交换树脂等吸附剂将液体样品中 β-受体激动剂成分吸附,与样品中的基体和干扰化合物分离,然后洗脱,达到分离和富集的目的。液-液萃取法是利用样品中不同组分分配在两种不混溶的溶剂中溶解度或分配比的不同来达到对 β-受体激动剂成分提取、纯化的目的。如提取尿中克伦特罗等 β-受体激动剂时,将 pH 调到 10 以上再采用乙酸乙酯进行提取。对于沙丁胺醇等极性较高的药物时,需要在提取溶剂中加入相应的极性组分如异丙醇等来提高效率。SFE 是用 CO_2 等超临界流体作为萃取剂,从样品中把 β-受体激动剂成分提取出来。两相渗析法是分子质量相对较低的克伦特罗可从高浓度相透过半渗透膜渗入低浓度相。Whaites Lee X 等用阴离子交换树脂在酸化了的牛尿中富集克伦特罗成分,洗脱后用乙酸乙酯萃取。Vlis E 等在高电场力作用下,通过液-液萃取快速地将离子性 β-受体激动剂从低导电率的有机溶剂萃取到一个小体积的缓冲溶液中。Jimenez C M M 等利用 SFE 从食物样品中提取盐酸克伦特罗成分。将樟脑磺酸作为抗衡离子和克伦特罗形成极性很小的离子对,使之更容易溶解于超临界 CO_2,提高了萃取效率。Gonzalez P 等通过叔丁基甲醚作为萃取溶剂,利用纤维素膜两相渗析从动物肝脏样品中提取克伦特罗的。

随着 β-受体激动剂的样品制备方法不断改进、创新,新涌现出来的方法有:分子印迹聚合法(MIP)、免疫亲合色谱法、综合萃取法。MIP 是将一个由单体、交联剂、和模板分子组成的分子印迹聚合材料作为吸附剂添加在柱中,在单体分子和模板分子聚合化之后,模板分子被移出留下空穴,通过非共价键(氢键、极性键、疏水键、离子键等)选择性键合 β-受体激动剂样品中官能团和结构相识的化合物嵌入其中,而结构不相识的化合物不被嵌入,达到对其净化的目的。免疫亲合色谱法是在一个免疫亲合柱上通过 β-受体激动剂抗原和抗体的相互作用和免疫亲合力来净化样品的。综合萃取法,是将几种 β-受体激动剂制备方法联合起来使用,达到对其纯化的目的。Berggren C 等通过 MIP 从牛尿样中选择性键合克伦特罗。通过使用不同的填充材料、洗柱溶液、和洗脱溶剂,来发现最适于克伦特罗提取的条件。Lawrence J F 等通过免疫亲合色谱法对牛肝脏和肌肉中残留的克伦特罗进行提取、纯化。Koole A 等用 C_{18} 和阴离子交换树脂填充的混合型固相萃取柱和一个免疫亲合色谱柱联用,从牛尿中提取 β-受体激动剂成分。

5.2 分析方法

色谱技术作为一种分离分析技术,是国际上应用最广泛的检测动物源食品中 β-受体激动剂残留的方法。目前已应用有高效液相色谱法(HPLC)、气相色谱法(GC)、毛细管电泳法(CE)、高效薄层色谱法(HPTLC)、GC-MS、LC-MS 以及免疫分析法(ELISA、EIA)等几种技术。最常用的方法主要是 LC-MS、GC-MS 和免疫分析法(ELISA、RIA)。

5.2.1 高效液相色谱法和液相色谱-质谱法

5.2.1.1 高效液相色谱法

HPLC 是近年来发展最快的 β-受体激动剂检测领域之一。采用高压泵、高效固定相和高灵敏度的检测器,具有重现性好、分离效率高等优点。伴随 HPLC 和高灵敏度检测器联用技术的发展,一定程度上提高了 HPLC 的检测灵敏度,极大地促进了其对 β-受体激动剂的分析。紫外(UV)、荧光(FL)、电化学、二极管阵列(PAD)4 种检测器均有用于检测 β-受体激动剂。

Tsai-CE 等人采用 HPLC/PAD 检测血浆和组织中克伦特罗、沙丁胺醇,PAD 条件为:196nm(沙丁胺醇)、210nm(克伦特罗)、−0.01AU~0.02AU,检测低限0.1μg/g,回收率62%~86%。Hashimoto−T等人采用HPLC−FD检测肉中沙丁胺醇,流动相0.05mol/L磷酸盐缓冲液(pH=3.0)-乙腈(92:8,体积比);激发波长:225nm;发射波长:310nm。测定低限55ng/g,添加回收率为77%~81%(100ng/g时)。Miyazaki−T等人采用HPLC−UV检测动物组织中克伦特罗,ODS柱,0.01mol/L磷酸盐缓冲溶液(pH=3.5)-乙腈(7:3,体积比)为流动相,波长209nm或242nm,测定低限5ng/g;回收率75%~86%(200ng/g)。Guomin Wang等通过自己制备的沙丁胺醇免疫亲和柱,建立了免疫亲和柱净化HPLC−FD测定猪肉样品中的沙丁胺醇残留方法,Eclipse XDB−C$_{18}$柱,荧光激发波长225nm,发射波长320nm,测定低限(LOD)为0.25ng/g,定量限(LOQ)为0.5ng/g,在2ng/g~50ng/g添加浓度的回收率范围83.3%~92.2%,RSD为2.8%~7.0%(n=5,n为测定次数)。

针对某些中β-受体激动剂具有电化学活性,可在电极上发生氧化反应,可采用电化学检测器检测,来提高灵敏度。Turberg−MP等人采用HPLC/电化学检测器检测了猪组织中莱克多巴胺残留,电压+600mV;测定低限0.5ng/g,添加浓度1 ng/g~100ng/g,回收率75%~100%,变异系数2%~18%。

Polettini A等采用两根液相色谱柱串联直接进样,对动物尿样中的β-受体激动剂的残留情况进行分析。采用β-受体激动剂单残留物和多残留物两种分析方法,结果表明其对单残留物分析效果好,对多残留物分析缺乏高选择性。Zhang X Z等用HPLC和库仑电极检测系统对猪肝脏中的克伦特罗残留情况进行分析,研究了流动相的pH对克伦特罗的保留时间和峰高的影响。该方法4个电极串联使用,从而避免了其他电化学检测中β-受体激动剂能在高电势作用下被不可逆的氧化的缺点,提高了HPLC的选择性和精密度。

5.2.1.2 液相色谱质谱法

HPLC−MS是近年来发展最快的β-受体激动剂检测领域之一。由于HPLC方法存在灵敏度相对较低的缺点。电喷雾技术(ESI)的快速发展,使得HPLC−MS在分析领域迅速得到应用和发展。同时,由于串联质谱技术(MS/MS)的发展,质谱检测器的选择性和灵敏度得到了进一步的提高,定性同时进行定量使得液相色谱-串联质谱法在β-受体激动剂的检测方面得到广泛应用。Caloni−F等人报道了为了避免商品化ELISA试剂盒假阳性结果,他们采用HPLC/MS同时测定、确证沙丁胺醇、马步特罗、克伦特罗、特布他林,检测低限达250ng/mL。

Katia De Wasch等人利用LC−ESI−MS/MS技术对肝脏组织中克伦特罗(clenbuterol)、妥洛特罗(tulobuterol)、溴布特罗(bromobuterol)、马布特罗(mabuterol)残留进行了研究。以氘代克伦特罗d$_6$−Clenbuterol为内标,方法检测限0.11μg/kg,定量限0.21μg/kg。

样品用0.5mol/L盐酸提取,用氢氧化钠溶液调节pH至12,转移至Chem Elut1020CE(50mL)SPE柱净化。色谱质谱条件:色谱柱:Symmetry C$_{18}$(150mm×2.1mm,5μm);流动相:甲醇:0.032%三氟乙酸(22:78,体积比);流速:0.3mL/min,ESI

电压:4.5kV,毛细管温度:220℃。

β-激动剂质谱断裂的模式见图5-2。

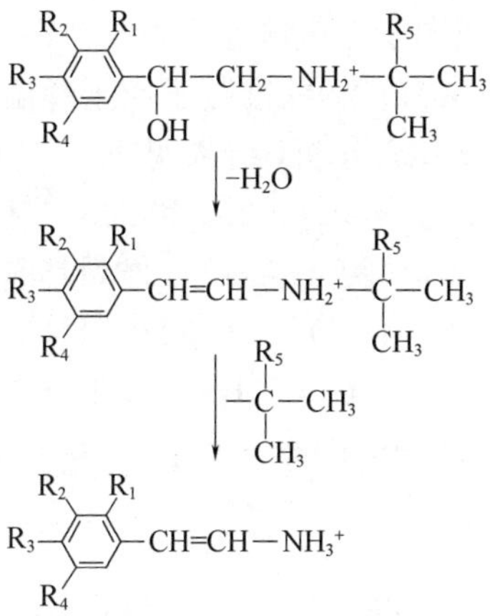

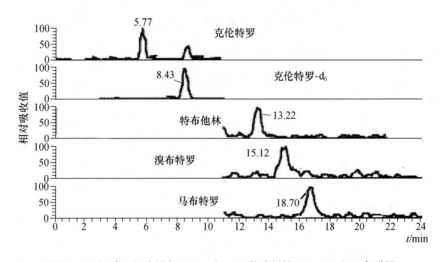

图 5-2 β-激动剂质谱断裂的模式

质谱分析的子离子见表5-2。

表 5-2 分析用子离子及相对丰度

化合物名称	克伦特罗	D_6-克伦特罗	妥洛特罗	溴布特罗	马布特罗
子离子	203,259	204,265	154,172,210	237,349	237,293
相对丰度/%	10,100	5,100	75,100,10	10,100	20,100

图 5-3 肝脏组织中添加 0.1μg/kg β-激动剂的 LC-MS/MS 色谱图

Agilent 1100HPLC/Bruke Esquire 3000MS 液相色谱/质谱系统(德国布鲁克公

司）。色谱分离柱为 ODS(250mm×4.6mm,5μm,德国默克公司)，流动相优化为 MeOH -
10mmol/L NH₄Ac(45：55,体积比)，流速为 0.9mL/min；检测波长为 243nm，进样体积
为 20μL。ESI/MS 采用阳离子模式，MS 分析器质量扫描范围为 m/z 50~300；喷雾电压
为 4kV；雾化器压力为 25psi；逆向干燥气体温度为 300℃，流速为 9L/h。

克伦特罗在 MS 谱图上通常有靶物的准分子离子峰出现，易于对靶物进行确证。对
克伦特罗标准溶液进行 ESI - MS 分析，结果见图 5 - 4(a)。克伦特罗的分子离子
[MH]⁺峰及相关的碎片峰主要为 m/z277、259 和 203。对 m/z277 和 259 离子分别进行
二级 MS 扫描，结果见图 5 - 4(b)和图5 - 4(c)。推测其裂解机理为：m/z259 是 m/z277
失去一分子水所得，即为[MH - H₂O]⁺；m/z203 是[MH - H₂O]+(m/z259)经过
McLafferty 重排，失去一分子(CH₃)₂C=CH₂所得，即为[MH - H₂O - C₄H₅]⁺。由此可
将 m/z277、259 和 203 确定为克伦特罗的特征峰。

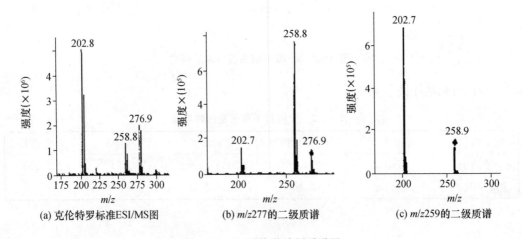

(a) 克伦特罗标准ESI/MS图   (b) m/z277的二级质谱   (c) m/z259的二级质谱

图 5 - 4 β-受体激动剂质谱图

β-受体激动剂分析方法见表 5 - 3。

表 5 - 3 β-受体激动剂分析方法

药物	分析方法	样品处理	分析结果	基体
沙丁胺醇、克伦特罗、西马特罗、马布特罗	HPLC - MS/MS；GC - MS/MS	样品用 0.01mol/L KH₂PO₄(pH3.0)提取，酶水解后用 SCX SPE柱净化。如用 GC - MS/MS 测定，应进行衍生化	沙丁胺醇、克伦特罗、马布特罗 LOD：0.05ng/g	肝
沙丁胺醇、克伦特罗、特布他林	LC - APCI - MS	样品经 0.01mol/L HCl 提取，SPE柱净化	LOD：100pg（特布他林），120pg（沙丁胺醇），60pg（克伦特罗）	眼角膜

续表

药物	分析方法	样品处理	分析结果	基体
克伦特罗、马布特罗、马棚特罗、西马特罗	GC-MS-EI	样品加入 0.1mol/L 磷酸溶液,在 120℃下加热 30min,调节 pH 至 7.2,加入磷酸盐缓冲液提取。用免疫亲和柱净化。用 MSTFA-TMCS 衍生化	LOQ:1ng/g	肝
沙丁胺醇、克伦特罗、西马特罗、马布特罗、特布他林	RIA	肝组织与 C_{18} 研磨,装柱后,用甲醇洗脱。经水解后用 RIA 测定	LOD:沙丁胺醇、克伦特罗、马布特罗 1ng/g;特布他林 2ng/g;西马特罗 4ng/g	肝
克伦特罗、西马特罗	HPLC 测定波长:西马特罗:536nm;克伦特罗 496nm	样品用 0.01mol/L HCl 提取,提取调节 pH 至 9 后用 C_{18} 柱净化	LOD:克伦特罗 0.5ng/g、西马特罗 0.25ng/g	肝
克伦特罗、马布特罗、特布他林、沙丁胺醇	RIA	样品加 0.2mol/L Tris 缓冲液,(pH10)含 0.33g/mL 蛋白酶和 0.1mol/LCaCl₂,均质,孵育,阳离子交换柱净化	LOD:0.46ng/g	肝

Guy P A 等使用 LC-MS/MS 检测肉产品中克伦特罗的残留情况。以一个稳定的克伦特罗-d₉同位素为内标,经过 C_{18} 柱和阴离子交换树脂柱两次净化过程提取克伦特罗成分,再通过克伦特罗分离和 ESIMS-MS 多重反应扫描,得到一个高灵敏度的质谱信息。其添加 $0.4\mu g/kg$ 标准品的空白样品的回收率为 63%±7%,仪器检测限和样品检出限分别为 10ng/kg 和 15ng/kg。Cai J 等使用一个自动化柱转换系统和串联离子喷雾质谱对牛尿中 β-受体激动剂的多残留情况进行定量分析。样品在自动化柱转换系统依次经过免疫亲合柱、反相截留柱、和填充毛细管色谱分析柱对其进行净化和分离的,然后进入 MS/MS 对其进行检测。

5.2.2 气相色谱和气相色谱质谱法

5.2.2.1 气相色谱法

GC 对 β-受体激动剂具有很强的分离能力,能分离其同位素、同分异构体、对映体等。GC/MS 是最广泛应用于 β-受体激动剂检测的方法,具有很高的特异性,能在多种残留物同时存在的情况下对某种特定的残留物进行定性、定量分析。

5.2.2.2 气相质谱法

用 GC/MS 测定 β-受体激动剂通常采用衍生化技术以提高检测灵敏度。最常用的衍生化技术是三甲基硅烷化（TMS）。尽管有用环状二甲基硅烷吗啉（DMS）、甲基硼酸（methyl boronic acid，MBA）等的报道，但使用有一定的限制，如对特布他林就无法生成衍生物。有人专门对用不同的衍生试剂的情况进行研究，得出用三甲基硅烷（TMS）较好，而反应条件在60℃时加温20min即可。目前常用的衍生方法是双三甲基硅基三氟乙酰胺（BSTFA）＋1‰三甲基氯硅烷化（TMCS），80℃烘箱加热衍生1h。

Batjoens P等通过GC/MS对动物粪便中β-受体激动剂多残留情况进行分析。通过使用两种不同的离子化模式和不同的衍生化方法以及串联质谱，获得了充分的质谱信息。Damascen L等使用相同的提取方法和两种不同的衍生过程分析了尿样中的β-受体激动剂的残留情况。首先将样品中β-受体激动剂成分通过三甲基硼氧烷溶液氧化成环甲基硼化物，通过GC/MS分析，其中不适合GC分析的衍生物再通过N-甲基-N-三甲基硅烷基三氟乙酰胺硅烷化作用生成四甲基硅烷基化物，再由GC-MS分析，得到了互为补充的检测信息。Amendola Luca等通过GC-MSn分析尿样中克伦特罗的残留情况。在MSn中，通过三级质谱得到了充分的结构信息，但在四级质谱中没有发现进一步确证的结构信息并且没有提高信噪比。因此在GC-MS3系统中，GC-MS3在β-受体激动剂残留量检测方面最能发挥优势。这是β-受体激动剂检测非常有效、灵敏、准确的手段，两种电离方式EI（电子轰击）、CI（化学离子化）都有被采用。

采用TMS作衍生化试剂、EI电离方式某些β-受体激动剂的碎片如图5-5和表5-4所示。

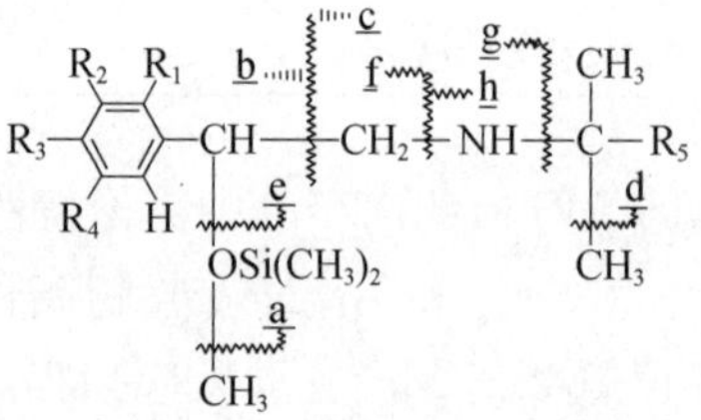

图5-5 衍生化后β-受体激动剂的电子轰击碎片图

表5-4 衍生化后β-受体激动剂的电子轰击的主要碎片

	Mr	a或d	b	c	d+e	e+f	a+g	h
妥洛特罗	387	—	300	86	284	228	—	—
奥西那林	427	412	356	72	322	280	—	—
特布他林	441	426	356	86	336	280	—	—
克伦特罗	349	333	262	86	243	188	277	—
沙丁胺醇	455	440	369	86	350	249	—	—
西马特罗	291	276	219	72	187	234	—	—
美托洛尔(IS)	339	324	267	72	—	—	—	—
苯氧丙酚胺	445	430	267	178	—	e:335	—	—
班布特罗	439	424	353	86	—	—	—	—

续表

	Mr	a 或 d	b	c	d+e	e+f	a+g	h
利妥特灵	503	488	267	236	—	—	—	93
费诺特罗	591	576	356	236	322	—	g:412	—
莱克多巴胺	517	502	267	250	412	—	—	—

表中 Mr 为经衍生化后的 β-受体激动剂的相对原子质量。

采用 BSTFA+1%TMCS 衍生化后 β-受体激动剂的电子轰击的主要碎片见表5-5。

表5-5　采用 BSTFA+1%TMCS 衍生后 β-受体激动剂的电子轰击的主要碎片

化合物	内标	保留时间/ min	定量离子 m/z	定性离子 m/z	检测限/ ($\mu g/kg$)	定量限/ ($\mu g/kg$)
马布特罗	D_9-克伦特罗	11.39	86	277、296、367	1.0	2.0
特布他林	D_3-沙丁胺醇	13.77	356	86、426、370	0.5	1.0
D_9-克伦特罗		13.78	262	95		
卡布特罗	D_9-克伦特罗	13.78	325	86、282、308	1.0	2.0
克伦特罗	D_9-克伦特罗	13.83	262	86、243、277	1.0	2.0
西马特罗	D_9-克伦特罗	14.00	72	219、276、287	1.0	2.0
D_3-沙丁胺醇		14.51	372	86、443		
沙丁胺醇	D_3-沙丁胺醇	14.52	369	86、440、384	0.5	1.0
克仑潘特	D_9-克伦特罗	14.82	100	262、243、277	1.0	2.0
苯氧丙酚胺	D_5-莱克多巴胺	17.93	178	267、430、267	1.0	2.0
班布特罗	D_5-莱克多巴胺	18.98	354	86、282、354、	1.0	2.0
D_5-莱克多巴胺		20.26	255	507		
莱克多巴胺	D_5-莱克多巴胺	20.26	250	179、267、502	1.0	2.0

采用五氟一丙酐作衍生剂,EI 电离方式,克伦特罗的碎片有:368,377。

5.2.3　毛细管电泳法

CE 对 β-受体激动剂残留物检测具有很大的操作灵活性,许多分离参数如缓冲液的组成、pH、毛细管的类型、所用电场的波形等都可以调节,分离效率可达几百万理论塔板数,但进样量小限制了样品的浓度和灵敏度、不能分析具有相同电泳淌度的化合物、分析时间也比较长。

Vlis E 等使用不同种 β-受体激动剂作为模型化合物,考察了通过液-液电萃取和等速电泳提取,毛细管区带电泳和电喷雾质谱分离分析的方法有效性。Gausepohl C 等通过 CE-UV 立构选择检测尿样中克伦特罗对映体的残留情况。克伦特罗在尿液中的含量较低,所以在分析过程中使用样品富集和电动注射技术是必要的。Toussaint B 等使用克伦特罗对映体作为模型化合物,通过瞬间等速电泳-毛细管区带电泳-紫外吸收检测器(ITP - CZE - UV),对克伦特罗进行在线样品富集和对映体分离,分析该方法的最优化条件,同时选择沙丁胺醇作为内部参考化合物考察该方法的重现性。在 ITP 过程应用流体动力的逆流和二甲基-β环糊精作为手性选择器来聚焦样品成分,使用反压、反平衡电泳转移样品进入 CZE 分离。

5.2.4 免疫分析技术

免疫分析技术主要应用于动物源食品中 β-受体激动剂残留样品的筛选,具有敏感性、高度的特异性、快速且一次能检测大量样品的特点。但在某些反应中有交叉反应,此外对非抗原性加合化合物及未知化合物不能测定,使其在应用研究中受到一定限制。

5.2.4.1 酶联免疫分析法

ELISA 的工作原理为竞争性抗原抗体结合反应。在检测样品中克伦特罗残留情况的反应系统中,被检样品中的克伦特罗与酶标记的克伦特罗共同竞争酶标板上的克伦特罗抗体位点,反应达到平衡时洗去未结合的克伦特罗和酶标记克伦特罗,结合在酶标板上的克伦特罗当遇到相应的底物时,可以催化底物发生颜色反应产生有色物质。颜色反应的深浅与相应的抗原或抗体量成正比,可根据样品孔颜色反应的深浅度与标准孔颜色对照,定量抗体与抗原的含量。

Sawaya W N 等通过酶联免疫吸附剂分析法从 142 份羊尿样中和 53 份羊眼组织样中筛选残留克伦特罗的阳性样品,再通过 GC - MS 确证。克伦特罗在尿样中最低检测限量为 0.272ng/g,在眼组织样中最低检出限量为 1.54ng/g。结果所有筛选出的阳性样品通过 GC/MS 确证都成阴性,但该方法具有实用价值,是样品安全筛选必不可少的环节。

5.2.4.2 放射免疫分析法

RIA 检测克伦特罗(CL)是用氚标记抗原来测定抗体的。由于克伦特罗分子质量不大,不能成为抗原,先把它与其他载体结合成半抗原。这种方法具有特异性强、操作简单、易标准化等优点,同时也有所用仪器价格较昂贵及放射性废物不易处理的缺点。国外已生产出来运用 RIA 测定克伦特罗的试剂盒,还建立了放射受体分析法。

5.2.5 生物传感器技术

生物传感器技术是近年来发展起来的一项新型、高效的分析技术,具有选择性高、分析速度快、操作简单和仪器价格低廉等特点,而且可以进行在线甚至活体分析,因此引起世界各国的极其关注。虽然目前对动物源食品中 β-受体激动剂残留物的检测不多,但其研究开发的势头很大,相信不久的将来一定会研制出更多适合于 β-受体激动剂检测的生物传感器。

Andrea P 等根据克伦特罗分子在分子印迹聚合物(MIP)修饰的固相基质复合电极(SBMCE)传感器上的电化学行为,通过示差脉冲伏安法检测牛肝脏中克伦特罗残留量。MIP - SBMCE 传感系统展示了很好的机械性能和电化学性质,是一个检测 β-受体激动剂残留量的有力工具。该方法特效性强,交叉反应低,但反应时间长,灵敏度低。

Traynor 等采用生物芯片技术,建立了一种由克伦特罗单克隆抗体组成的免疫生物传感器检测方法,只需 10min 就可检测一个样品。该方法对肝组织中克伦特罗的检测限为 0.11ng/g,对肝组织中 SAL 的检测限为 0.19ng/g,对肝组织中马布特罗的检测限可达到 0.02ng/g,同时还能检测塞曼特罗等其他 10 种 β_2-兴奋剂类药物,且检测限都低于 1.5ng/g。

5.3 应用实例

5.3.1 气相色谱质谱法测定动物源性食品中 β-受体激动剂残留

5.3.1.1 适用范围

该方法适用于动物源性食品中 10 种受体激动剂残留的气相色谱-质谱联用法测定。

当试样取 5.0g 时,该方法 10 种受体激动剂的检出限为 0.5μg/kg~1.0μg/kg,定量限为 1.0μg/kg~2.0μg/kg。

5.3.1.2 原理

本方法采用 β-葡萄糖苷酸酶/芳基硫酸酯酶解动物组织,然后通过固相萃取柱净化,用双三甲基硅基三氟乙酰胺(BSTFA)+1‰三甲基氯硅烷(TMCS)衍生后采用 GC/MS 测定动物组织中 10 种受体激动剂残留,同位素内标法定量。

5.3.1.3 试剂

除非另有说明,所有试剂均为分析纯。

(1)甲醇(色谱纯);

(2)盐酸;

(3)正己烷;

(4)乙酸乙酯(色谱纯);

(5)氨水;

(6)无水硫酸钠,于 450℃灼烧 4h,冷却后贮于干燥器中备用;

(7)特布他林、克伦特罗、沙丁胺醇、马布特罗、西马特罗、班布特罗、克伦潘特、苯氧丙酚胺、卡布特罗、莱克多巴胺标准品;

(8)D_9-克伦特罗、D_3-沙丁胺醇、D_5-莱克多巴胺内标;

(9)β-葡萄糖苷酸酶/芳基硫酸酯酶购自 Sigma;

(10)双三甲基硅基三氟乙酰胺(BSTFA)+1‰三甲基氯硅烷(TMCS);

(11)受体激动剂标准储备溶液:分别称取各种受体激动剂标准品 10mg 于 10mL 容量瓶中,用甲醇溶解并定容至刻度,存放在-18℃冰箱中备用,受体激动剂混合标准使用液用甲醇稀释至 0.1mg/L;

(12)D_9-克伦特罗、D_3-沙丁胺醇、D_5-莱克多巴胺(1.0mg/L)受体激动剂内标混合液,使用时用甲醇稀释储备液至 1.0mg/L 混合液。

5.3.1.4 仪器与耗材

(1)气相色谱质谱仪。

(2)漩涡混匀器。

(3)氮吹仪。

(4)具塞刻度试管:10mL。

(5)固相萃取仪。

(6)离心机:最低转速 8000r/min

(7)SLW 固相萃取柱:规格为 500mg/6mL(杭州福裕科技服务有限公司)。

5.3.1.5　操作步骤

1.样品采集、制备、保存

动物组织(包括肌肉、肝脏、肾脏、肺等)采集 200g～500g,取肌肉部分用组织捣碎机(或者榨汁机)绞碎,四分法取 50g～100g,放在具塞玻璃瓶或者食品袋中,贴上标签后,放在-18℃冰箱冻藏。

2.样品酶解

称取 5.0g 经绞碎均匀的动物组织于 50mL 离心管中,分别加 1.0mg/L 受体激动剂内标混合液 50μL,静置 10min,加入 0.2mol/L、pH5.2 的乙酸钠-醋酸缓冲液 15mL,用匀质机匀质 20s,加入 50μLβ 葡萄糖醛苷酶/芳基硫酸酯酶液,在 37℃水浴中水解 16h 后取出冷却,8000r/min 离心 10min,分出上层溶液,(注意如果液面有脂肪析出,可以用棉花过滤)用 2.0mol/L 盐酸溶液调节至 pH 为 2.0±0.1(pH 测定仪),然后 8000r/min 离心 10min,分出上清液待用。

3.样品净化

取 SLW(或者 SLS)固相萃取柱,先用甲醇 5mL、水 5mL、50mmol/L 盐酸 5mL 活化柱子,然后将 10mL 上清液加到柱子上过柱,再用 5mL 水淋洗除杂,真空泵抽干 5min,先用 5mL 甲醇洗脱,然后用 5％氨化乙酸乙酯 10mL 洗脱收集,在 50℃水浴中氮气吹干。

4.样品衍生

蒸发剩余物加 0.1mL 双三甲基硅基三氟乙酰胺(BSTFA)＋1％三甲基氯硅烷(TMCS),在 80℃的烘箱中加热衍生 1.0h,氮气吹干,加 0.2mL 甲苯溶解;另外分别取标准溶液,加 50μL 内标使用液,氮气吹干后与样品同时进行衍生化。取 1.0μL 甲苯溶液进行 GC-MS 分析。

5.样品分析

(1)色谱质谱参考条件

1)HP-5 MS 5％苯基甲基聚硅氧烷弹性石英毛细管柱(30m×0.25mm×0.25μm)或等同柱;

2)进样口温度:280℃;

3)柱温:初温 100℃,保持 3min,然后以 10℃/min 升至 280℃,保持 5min,300℃ postrun 5min;

4)载气:氦气,纯度≥99.999％,流速 1mL/min;

5)进样量:1μL～2μL;

6)电离方式:EI 源,70eV。

7)离子源温度:230℃;

8)进样方式:不分流进样;

9)溶剂延迟:11min。

(2)选择离子监测方式

监测离子见表5-6,标准总离子流图见图5-6,样品空白离子流图见图5-7。

表5-6　参考保留时间及监测离子

化合物	内标	保留时间/min	定量离子 m/z	定性离子 m/z	检测限/(μg/kg)	定量限/(μg/kg)
马布特罗	D₉-克伦特罗	11.39	86	277、296、367	1.0	2.0
特布他林	D₃-沙丁胺醇	13.77	356	86、426、370	0.5	1.0
D₉-克伦特罗		13.78	262	95		
卡布特罗	D₉-克伦特罗	13.78	325	86、282、308	1.0	2.0
克伦特罗	D₉-克伦特罗	13.83	262	86、243、277	1.0	2.0
西马特罗	D₉-克伦特罗	14.00	72	219、276、287	1.0	2.0
D₃-沙丁胺醇		14.51	372	86、443		
沙丁胺醇	D₃-沙丁胺醇	14.52	369	86、440、384	0.5	1.0
克仑潘特	D₉-克伦特罗	14.82	100	262、243、277	1.0	2.0
苯氧丙酚胺	D₅-莱克多巴胺	17.93	178	267、430、267	1.0	2.0
班布特罗	D₅-莱克多巴胺	18.98	354	86、282、354、	1.0	2.0
D₅-莱克多巴胺		20.26	255	507		
莱克多巴胺	D₅-莱克多巴胺	20.26	250	179、267、502	1.0	2.0

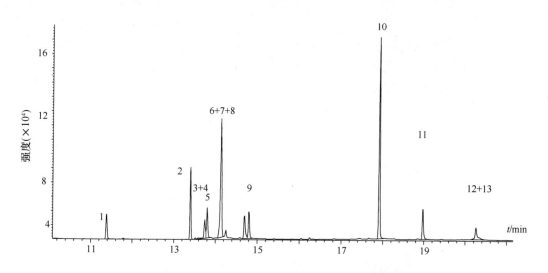

图5-6　受体激动剂标准及内标总离子流图

1—马布特罗;2—特布他林;3+4—D₉-克伦特罗+卡布特罗;5—克伦特罗;6+7+8—西马特罗+D₃-沙丁胺醇
+沙丁胺醇;9—克仑潘特;10—苯氧丙酚胺;11—班布特罗;12+13—D₅-莱克多巴胺+莱克多巴胺

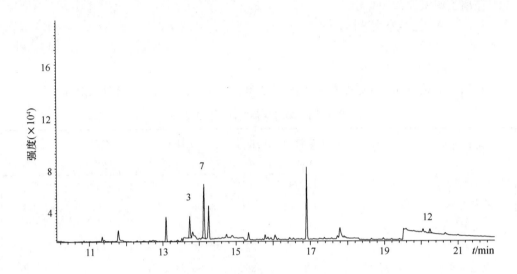

图 5-7　样品空白离子流图

3—D_9-克伦特罗;7—D_3-沙丁胺醇;12—D_5-莱克多巴胺

(3)样品测定

分别取 $100\mu L$、$150\mu L$、$200\mu L$、$250\mu L$、$500\mu L$ 混合标准使用液,加 $50\mu L$ 内标使用液,氮气吹干衍生后进行仪器分析,绘制标准曲线;然后进行样品测定,根据标准曲线计算样品中 10 种受体激动剂含量。根据受体激动剂保留时间及碎片离子进行定性、定量分析。

5.3.1.6　计算

试样中对应 10 种受体激动剂含量按式(5-1)计算,结果保留小数点后 1 位:

$$X=\frac{n}{m}\qquad\qquad(5-1)$$

式中　X——试样中对应 10 种受体激动剂含量,$\mu g/kg$;

　　　n——试样中中色谱峰与内标色谱峰的峰面积比值对应的受体激动剂的含量,ng;

　　　m——样品的取样量,g;

5.3.1.7　精密度

该方法的相对标准偏差为 $7.6\%\sim15.4\%$。

5.3.1.8　说明

(1)5%氨化乙酸乙酯要求现配现用,充分混匀。

(2)为了保证分析结果的准确,要求在分析每批样品时,进行样品加标 $5.0\mu g/kg$ 试验,计算添加回收率,多组分残留测定添加回收率应在 $60\%\sim120\%$ 范围之内。对于每批固相萃取柱应该用标准溶液进行回收实验,标准回收率在 80% 以上。

5.3.2　液相色谱-串联质谱法测定肝、肾和肉中 β-受体激动剂残留量

5.3.2.1　试剂与材料

(1)0.2mol/L 乙酸钠缓冲液:称取 13.6g 乙酸钠,溶解于 500mL 水中,用适量乙酸调

节 pH 至 5.2。

(2)0.1mol/L 高氯酸:移取 8.7mL 高氯酸,用水稀释至 1000mL。

(3)10mol/L 氢氧化钠溶液:称取 40g 氢氧化钠,用适量水溶解冷却后,用水稀释至 100mL。

(4)饱和氯化钠溶液。

(5)异丙醇-乙酸乙酯:(6:4,体积比)。

(6)甲酸溶液:2%。氨水甲醇溶液:5%。0.1%甲酸溶液-甲醇溶液:(95:5,体积比)。

(7)β-葡萄糖醛苷酶/芳基硫酸酯酶(β-glucuronidase/aryl sulfatase):10000U/mg。Oasis MCX 阳离子交换柱:60mg/3mL,使用前依次用 3mL 甲醇和 3mL 水活化。

(8)标准品:沙丁胺醇(CAS:18559-94-9)、特布他林半硫酸盐(CAS:23031-32-5)、塞曼特罗(CAS:54239-37-1)、塞布特罗(CAS:54239-37-1)、莱克多巴胺盐酸盐(CAS:90274-24-1)、克伦特罗盐酸盐(CAS:37148-27-9)、溴布特罗(CAS:41937-02-4)、苯氧丙酚胺盐酸盐(CAS:579-56-6)、马布特罗(CAS:54240-36-7)、马贲特罗(CAS:95656-68-1)、溴代克伦特罗(CAS:37153-52-9)标准品:纯度大于 98%。

5.3.2.2 操作步骤

1. 提取

称取 2g(精确到 0.01g)经捣碎的样品于 50mL 离心管中,加入 8mL 乙酸钠缓冲液,充分混匀,再加入 50μL β-葡萄糖醛苷酶/芳基硫酸酯酶,混匀后,37℃水浴水解 12h。

添加 10ng/mL 的内标工作液 100μL 于待测样品中。加盖置于水平振荡器振荡 15min,离心 10min(5000r/min),取 4mL 上清液加入 0.1mol/L 高氯酸溶液 5mL,混合均匀,用高氯酸调节 pH 到 1±0.3。5000r/min 离心 10min 后,将全部上清液(约 10mL)转移到 50mL 离心管中,用 10mol/L 的氢氧化钠溶液调节 pH 到 11。加入 10mL 饱和氯化钠溶液和 10mL 异丙醇-乙酸乙酯(6:4,体积比)混合溶液,充分提取,在 5000r/min 下离心 10min。转移全部有机相,在 40 ℃水浴下用氮气将其吹干。加入 5mL 乙酸钠缓冲液,超声混匀,使残渣充分溶解后备用。

2. 净化

将阳离子交换小柱连接到真空过柱装置。将上述残渣溶液上柱,依次用 2mL 水、2%甲酸 2mL 和 2mL 甲醇洗涤柱子并彻底抽干,最后用 5%氨水甲醇溶液 2mL 洗脱柱子上的待测成分。流速控制在 0.5mL/min。洗脱液在 40 ℃水浴下氮气吹干。准确加入 0.1%甲酸-甲醇溶液(95:5,体积比)200 μL,超声混匀。将溶液转移到 1.5mL 离心管中,15000r/min 离心 10min。上清液供液相色谱串联质谱测定。

3. 液相色谱-串联质谱仪参数

(1)液相色谱-串联质谱条件

1)色谱柱:Waters ATLANTICS C$_{18}$ 柱或等效柱,150mm×2.1mm,粒度 5μm;

2)流动相:A:0.1%甲酸,B:0.1%甲酸/乙腈,梯度淋洗见表 5-7。

表 5-7　梯度淋洗

时间/min	A%	B%	时间/min	A%	B%
0	96	4	22	5	95
2	96	4	25	5	95
8	20	80	25.5	96	4
21	77	23			

3)流速:0.2mL/min;

4)柱温:30℃;

5)进样量:20μL;

6)离子源:电喷雾(ESI),正离子模式;

7)扫描方式:多反应监测(MRM);

8)脱溶剂气、锥孔气、碰撞气均为高纯氮气或其他合适的高纯气体,使用前应调节各气体流量以使质谱灵敏度达到检测要求;

9)毛细管电压、锥孔电压、碰撞能量等电压值应优化至最优灵敏度;

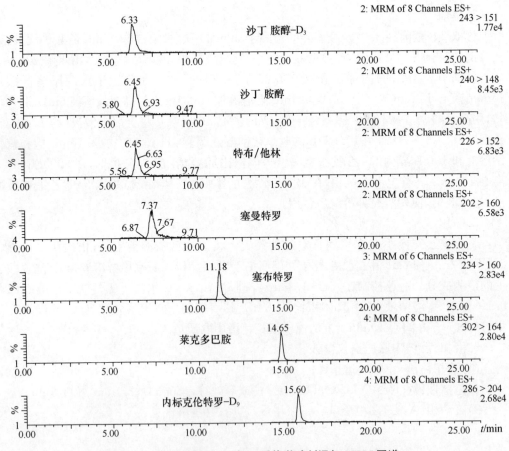

图 5-8　猪肝空白中 11 种 β-受体激动剂添加 MRM 图谱

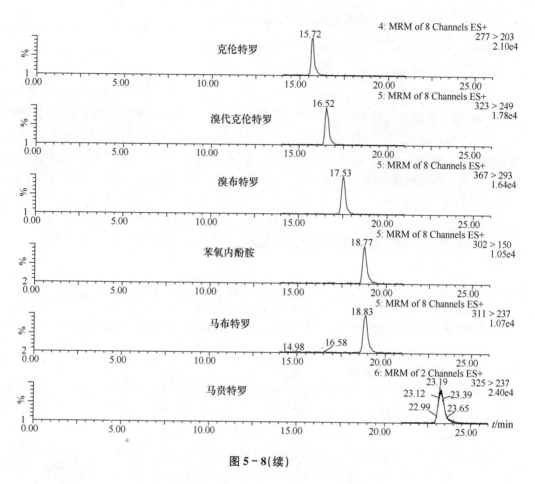

图 5-8(续)

10)监测离子:监测离子见表5-8。

表5-8 被测物的母离子和离子参数表

被测物	母离子 (m/z)	子离子 (m/z)	定量子离子 (m/z)	被测物	母离子 (m/z)	子离子 (m/z)	定量子离子 (m/z)
沙丁胺醇	240	148、222	148	特布他林	226	152、125	152
塞曼特罗	202	160、143	160	塞布特罗	234	160、143	160
莱克多巴胺	302	164、284	164	克伦特罗	277	203、259	203
溴代克伦特罗	323	249、168	249	溴布特罗	367	293、349	293
苯氧丙酚胺	302	150、284	150	马布特罗	311	237、293	237
马贲特罗	325	237、217	237	克伦特罗-D_9	286	204	204
沙丁胺醇-D_3	243	151	151				

5.3.3　肉及肉制品中 *β*-兴奋剂的测定酶联免疫方法

5.3.3.1　适用范围

该方法适用于肉及肉制品中 *β*-兴奋剂的测定。

5.3.3.2　原理

试剂盒提供的微孔板上的微孔预包被了 *β*-兴奋剂抗体。标准品溶液中的 *β*-兴奋剂即抗原和样品中的抗原分别与酶标记结合物（酶标记抗原）同时竞争包被抗体上的有限结合位点，形成抗体/抗原、抗体/酶标记抗原复合物。室温孵育，使竞争反应完全。洗涤酶标板，除去游离的反应物。加入底物，在室温下，酶标记结合物上的辣根过氧化物酶催化底物发生显色反应，孵育一定时间使颜色发生最大变化。加入终止液使反应终止，同时反应物颜色由蓝转黄。颜色的深度与标准品/样品中的 *β*-兴奋剂含量成反比，使用酶标仪在 450 nm 波长下读取相应的吸光度值。构建标准曲线，计算样品中 *β*-兴奋剂浓度。

5.3.3.3　试剂

1. *β*-兴奋剂检测试剂盒

（1）微孔板。

（2）稀释/洗涤缓冲液（浓缩）：用 970mL 双蒸水稀释一整瓶洗涤缓冲液后方可使用。稀释后，2℃～8℃可保存 30d。

（3）酶标记结合物稀释液。

（4）酶标记结合物（浓缩）：试剂盒以浓缩液形式提供酶标记结合物，必须用试剂盒提供的酶标记结合物稀释液稀释至工作液浓度后方可使用。需要多少制备多少，现用现配。具体稀释方法请参照试剂盒提供的说明书"CONJUGATE DILUTION"。建议按 1∶200 稀释，如将 20*μ*L 酶标记结合物浓缩物加至 4mL 酶标记结合物稀释液中（满足 32 孔检测）。稀释后的酶标记结合物应立即使用，剩余的酶标记结合物（浓缩）应在 2℃～8℃避光下保存。

（5）底物。

（6）标准品。

（7）终止液。

（8）高标 100ng/mL。

2. 乙酸乙酯

3. 盐酸（1mol/L）

4. 氢氧化钠（1mol/L）

5.3.3.4　仪器与耗材

（1）装载 450nm 滤光片的酶标仪，推荐同时装载 630nm 参考滤光片；

（2）37℃孵育器；

（3）移液器及吸头：10*μ*L～125*μ*L；

（4）密封膜或微孔板密封盖；

（5）离心机。

5.3.3.5 操作步骤

1.样品制备

称取 1g±0.1g 均质后的组织样品于带盖的离心管中,加入 5mL 乙酸乙酯,然后以 5000r/min 以上的速度涡旋 30s,注意防止乙酸乙酯飞溅,7000r/min 的速度离心 2min,注意盖上盖子防止乙酸乙酯挥发,吸取上层有机溶剂于离心管中,在有机溶剂中加入 0.10mol/L 的盐酸溶液 2mL,旋涡 30s,5000r/min 的速度离心 2min,吸取 2mL 下层溶液。用 2.5mol/L 氢氧化钠溶液调节 pH 至为 7。调整后的液体即可上板检测。

2.测定

(1)将足够标准品、样品所用数量的孔条插入微孔架,标准品和样品做两个平行实验,记录标准品和样品的位置。

(2)加入 25μL 的标准品或处理好的样品到各自的微孔中,标准品和样品做两个平行实验,然后加入 100μL 酶标记结合物到每个微孔。

(3)用密封膜或微孔板密封盖将微孔板密封,在桌面做圆周运动将内容物混匀,然后将其置于室温下(19℃~25℃)黑暗孵育 1h。

(4)翻转轻拍微孔板,将微孔内液体倒出。在 15min 内用稀释的洗涤/缓冲液洗涤酶标板 6 次(洗涤中要确保所有的孔均注满洗涤缓冲液),最后一次洗涤完成后,将酶标板翻转置于吸水纸巾上并轻拍以去除残液,直至彻底干燥。

(5)干燥后,立即用 8 通道移液器向每一个微孔移取 125μL 底物溶液。完成后,从一端至另一端轻拍微孔板,19℃~25℃黑暗孵育 20min±2min。

(6)每个孔加入 100μL 终止液终止反应,反应物的颜色会由蓝色转为黄色。

(7)于 10min 内,用 450nm 的酶标仪测定吸光度值。如果有必要,可以采用 630nm 参考波长。

5.3.3.6 计算

分别计算标准品和样品的平均吸光值。以吸光度值为纵坐标,以标准品浓度的对数值(lg)为横坐标构建标准曲线。

从标准曲线上读取样品的浓度,由于样品制备过程中被不同程度地稀释,因此从标准曲线得出的浓度需乘以稀释系数 2 才为样品实际浓度。

5.3.3.7 说明

本产品仅用于体外诊断,不要用口移取溶液。

洗涤缓冲液中含有防腐剂,请勿食用或与皮肤、黏膜接触。

温度低于 20℃或试剂及标准品没有回到室温(15℃~25℃)会导致所有标准的值偏低。

洗板过程中如果出现板孔干燥的情况,则会出现标准曲线不成线性,重复性不好的现象,所以洗板排干后应立即进行下一步操作。

标准物质和显色液对光敏感,最好避免直接暴露在光线下。

混合要均匀,洗板要彻底(包括加样品和标准液的时候都必须充分混合均匀)。

反应停止液为强酸性物质,避免接触皮肤。

不要使用过了有效期的试剂盒,也不要稀释或搀杂使用不同生产厂家的试剂盒这样会引起灵敏度降低。

参考文献

[1] Hogendoorn EA,Van Zoonen P,Polettini A,et al. Hyphenation of coupled column liquid chromatography and thermospray tandem massspect rometry for the rapid determination of β_2 agonist residues in bovine urine using direct large volume sample injection[J]. J Mass Spect Rom,1996,31(4): 418 – 426.

[2] Haasnoot W,Stouten P,Lommen A. Determination of fenoterol and rectopamine in urine by enzyme immunoassay[J]. Analyst,1994,119(12): 2675 – 2680.

[3] 杨大进,李宁.2013 年国家食品污染和有害因素风险监测工作手册[M].北京:中国质检出版社,2012.

第6章 食品中三聚氰胺及其类似物的检测技术与应用

三聚氰胺(英文名 Melamine,MEL,CAS:108－78－1),简称三胺,为纯白色单斜晶体。从化学性质上看,三聚氰胺呈弱碱性($pK_b=8$),在强酸或强碱溶液中,三聚氰胺发生水解,胺基逐步被羟基取代,生成三聚氰酸二酰胺(Ammeline,AMN,CAS:645－92－1,$C_3H_5N_5O$)、三聚氰酸一酰胺(Ammelide,AMD,CAS:645－93－2,$C_3H_4N_4O_2$)和三聚氰酸(Cyanuric acid,CYA,CAS:108－80－5,$C_3H_3N_3O_3$),如图6－1所示。三聚氰酸一酰胺、三聚氰酸二酰胺和三聚氰酸是三聚氰胺生产过程中的副产物,也是微生物体内三聚氰胺的代谢产物。

图6－1 三聚氰胺加碱的水解产物

《国际化学品安全手册》中指出,三聚氰胺具有轻微毒性,长期或反复大量摄入可能导致膀胱结石、肾结石,所以不允许将三聚氰胺添加到食品中。我国在2008年三鹿奶粉事件后将三聚氰胺列为非法添加物。研究表明,作为一种化工原料三聚氰胺在环境中存在时也可能微量带入食品中,我国也制定了婴幼儿配方食品中三聚氰胺的限量值为1mg/kg,其他食品中三聚氰胺的限量值为2.5mg/kg。三聚氰胺的生产原料双氰胺也是有毒物质,其对身体的危害类似于三聚氰胺,2013年1月新西兰奶粉被检测出含有低量的双氰胺。

6.1 样品前处理技术

常规的食品中化学成分的分析流程一般包括:样品采集、样品前处理(萃取分离、富集、净化和浓缩等)、分析与检测、数据处理和数据评价。样品前处理是整个分析过程中的重要环节,直接影响检测的效率和准确度,因此越来越受到重视。采用合适的方法对样品进行前处理,可以减小对方法检测限的影响。三聚氰胺及其类似物的检测也不例外。具体方法均依据三聚氰胺及其类似物的化学性质开展。

6.1.1 提取方法

用物理或化学的手段破坏待测组分与样品成分间的结合力,将待测组分从样品中释放出来并转移至易于分析的溶液状态,这种结合力可以是分子间作用力或共价键组分的化学键。提取方法的设计应考虑样本基质的种类、待测物的溶解性和提取溶剂,并兼顾后续可能采用的净化方法。提取过程应首先保证最大回收率,其次是减少样品基质的共萃取物。

现有的提取三聚氰胺溶液体系有酸性溶液(如:盐酸、三氯乙酸),碱性溶液(如:二乙胺水溶液),有机溶剂(如:甲醇、乙腈)以及混合体系(如甲醇-水、乙腈-水,或加盐酸、三氯乙酸等),这都是与需要提取的组分种类和特性有关的。单纯从三聚氰胺来看,根据美国国家药学图书馆(United States National Library of Medicine)的数据,其 pKa=5,因此,在 pH≤3(pH 至少低于三聚氰胺 pKa 两个 pH 单位)条件下更容易将三聚氰胺萃取至水溶液中。因此美国 FDA 和香港的部分方法中均加入 1mol/L 盐酸以调整其酸度,GB/T 22388—2008《原料乳与乳制品中三聚氰胺检测方法》中用 1‰三氯乙酸也可以达到相当的效果,同时三氯乙酸具有更好的除蛋白作用。为增加去除蛋白的能力,在提取溶液中加入一定比例的乙腈,但不至于影响分析物在固相萃取柱上的保留。在气相色谱-质谱法中加入乙酸盐,一方面可以增强除蛋白效果,另一方面可与三氯乙酸形成缓冲溶液,以减少 pH 的波动。在提取过程中加酸还有一个作用就是利用三聚氰胺在酸性条件下呈阳离子的状态,使之更有利于固相萃取净化时采用阳离子型交换柱吸附。

由于三聚氰胺及其类似物都是极性小分子,因此提取通常使用极性溶剂。提取液通常对三聚氰胺及其类似物并不能进行特异性提取,如酸性溶剂萃取分析方法中不仅提取三聚氰胺,还可以提取三聚氰酸。当同时提取三聚氰胺及其类似物时,为了避免三聚氰胺和三聚氰酸的氨基与羟基之间发生聚合反应,形成不溶解的水合物,三聚氰胺及其类似物测定普遍在酸性或碱性溶液条件下,由水相和乙腈等组成混合提取剂,水相主要包括三氯乙酸溶液、乙酸铅溶液和二乙胺溶液等。2007 年,Puschner 等报道了二乙胺-乙腈-水能有效溶解三聚氰胺和三聚氰酸,随后 Filigenzi、Litzau、Xia Jingen 等的报道中均用二乙胺-乙腈-水溶解提取三聚氰胺及三聚氰酸。由于三聚氰胺与三聚氰酸是造成动物肾功能衰竭的重要原因,因此当样品为动物内脏时,三聚氰胺与三聚氰酸通常是同时检测的相关分析物。相对不溶的三聚氰胺与三聚氰酸的复合物,三聚氰酸二酰胺和三聚氰酸一酰胺溶解度受 pH 影响较大。另据报道,通过调节 pH(pH11~12)可以使样品及标准溶液中三聚氰酸二酰胺和三聚氰酸一酰胺溶解。然而,其他研究指出,在某些 pH 时,三聚氰胺、三聚氰酸一酰胺和三聚氰酸二酰胺会发生水解。

6.1.2 净化方法

净化是将待测组分与杂质分离的过程。提取过程一般可以除去 99%以上的样品基质,这些不到 1%的共萃取物是主要的干扰杂质,会干扰光谱检测、降低柱效、污染色谱柱和检测器等。有时这些杂质可能不直接干扰检测,但大量的杂质会干扰色谱分离过程,导致待测物峰形异常和保留值变异增加;有些杂质会影响衍生化反应。为了保证测定的正常进行,必须在净化过程中除去这些杂质。三聚氰胺及其类似物在检测过程中最常用的净化方法是固相萃取法。阳离子交换和反相色谱小柱(Watersoasis MCX 和 PHenomenex strata X)常用于三聚氰胺的净化,三聚氰酸常使用阴离子交换吸附混合模式的小柱(如 Waters Oasis MAX)。此外有研究报道,三聚氰酸在石墨的非多孔碳吸附剂上的保留比混合模式 C_{18}-阳离子交换吸附剂强。

对于仅分析三聚氰胺而言,因三聚氰胺属于弱碱,在酸性溶液中呈阳离子状态,用阳离子交换固相萃取柱进行净化,可以去除中性和酸性杂质,净化效果好。GB/T 22388—2008 选用的 OASIS MCX 阳离子功能团为苯磺酸基,具有较强的阳离子交换功能,在任何 pH 条件下均为带负电荷的阴离子。因此,只要控制样品溶液的 pH,使三聚氰胺呈阳离子状态,就能够被苯磺酸基通过离子交换的方式吸附。值得一提的是,固相萃取的淋洗溶液和洗脱溶液的选择及顺序对检测也有影响,淋洗时采用的是先进行酸性水溶液淋洗,然后是甲醇淋洗。从理论上说,这种淋洗方式最好。因为酸性条件有利于三聚氰胺与苯磺酸基结合,因而,甲醇可以在不损失三聚氰胺的前提下最大限度地对保留在萃取柱上的杂质进行淋洗。如果先用水淋洗,然后是甲醇淋洗。由于水淋洗使环境的 pH 由酸性变为中性,可能会导致部分三聚氰胺在淋洗时损失。洗脱前对萃取柱进行适当的干燥处理有利于除去萃取柱中残留的水分,便于三聚氰胺的洗脱。

6.2　分析方法

三聚氰胺本身的毒性较低,而三聚氰胺与三聚氰酸同时摄入体内,就会产生比较严重的后果。二者能够依靠分子结构上的羟基与氨基之间形成水合键,生成不溶于水的三聚氰胺氰尿酸盐,能在肾小管中沉淀从而形成肾结石。因此,同时检测食品中三聚氰胺及其类似物比单纯检测三聚氰胺更有实际意义。目前国内食品中三聚氰胺检测标准已经建立,但有关三聚氰胺及其类似物同时检测的研究较少。目前较常见的以三聚氰胺、三聚氰酸、三聚氰酸一酰胺、三聚氰酸二酰胺为目标物,检测方法主要包括高效液相色谱法、气相色谱-质谱法和液相色谱-串联质谱法,毛细管电泳法、酶联免疫法、近红外线吸收检测法等。其中,气相色谱-质谱法、液相色谱-串联质谱法可以在定量的同时对样品进行定性,因此准确度高,误判的可能性小;气相色谱-质谱联用法需要衍生化处理,但是灵敏度高,方法稳定;液相色谱-串联质谱法不需衍生,但是基体干扰较为严重;试剂盒法操作简单,但灵敏度不高;毛细管电泳也可应用到食品中三聚氰胺的检测,根据其良好的分离特性,也是一种不错的方法;而近红外检测法能在食品生产中进行在线检测。

6.2.1　高效液相色谱法

由于三聚氰胺及其类似物的极性小、挥发性差,常使用高效液相色谱法(HPLC)进行分离检测。反相(C_8 或 C_{18})HPLC 柱常用于三聚氰胺及其类似物的分析,但因为这些化合物中含有氨基,具有较强的极性和亲水性,使得在反相色谱柱上的保留时间较短且分离度小。有些研究在反相色谱柱上使用离子对试剂,以方便分离。这可能并不是理想的解决方案,因为有实验结果表明离子对试剂的使用可能会减少目标化合物的紫外吸收。为了改善三聚氰胺及其类似物的色谱保留行为,许多研究选择离子色谱柱、氨基柱、氰基柱和亲水柱等功能性色谱柱进行分离。Ehline 等报道了串联多个色谱柱,以改善三聚氰胺和类似物的分离。Varelis 等报道了惰性二氧化硅-聚乙烯亚胺比二氧化硅 C_{18} 亲水(HILIC)色谱柱能更好地分离三聚氰胺。

在高效液相色谱法中,由于三聚氰胺及其类似物的极性差异较大,包含了酸性和碱性基团,较难用单一的固相萃取小柱净化,且乳粉及其制品的样品基质较植物成分复杂,给色谱分离带来困难,易产生假阳性误判。Muniz‑Valencia 等报道了 LC‑DAD 对大米中的三聚氰胺及其衍生物进行检测,8min 内可实现 4 种物质的基线分离。

6.2.2　气相色谱-质谱法

气相色谱-质谱联用技术要求待测组分沸点低、挥发性好。三聚氰胺及其类似物分子量小且挥发性较差,因此需衍生后才适于气相色谱-质谱法(GC‑MS)检测。仅有为数不多的研究报道了气质联用的方法分析食品中三聚氰胺及其类似物,通常使用的衍生化方法是采用三甲基硅进行甲基化衍生。美国食品药物管理局(FDA)首先提出了 GC‑MS 同时检测乳品、宠物食品等样品中的三聚氰胺、三聚氰酸一酰胺、三聚氰酸二酰胺和三聚氰酸的方法,样品经乙二胺-水-乙腈(10∶40∶50,体积比)提取,三甲基硅衍生后,利用 5% 苯基 95% 二甲基聚硅氧烷毛细管柱分离,采用质谱进行检测,15min 内可实现 4 种物质的基线分离。GC‑MS 方法也被用于三聚氰胺及其类似物的筛选。Miao Hong 等在 FDA 方法基础上开发了牛乳及乳制品中三聚氰胺、三聚氰酸一酰胺、三聚氰酸二酰胺和三聚氰酸的 GC‑MS‑MS 检测方法,提出衍生化过程中溶剂效应的影响显著,体积比为 1∶1 的吡啶-乙腈溶液作为衍生化溶剂时其 GC‑MS‑MS 响应值是单独使用吡啶或乙腈的 3 倍,而只使用吡啶时三聚氰酸衍生物的响应会受抑制。此外程序升温的最终温度从 207℃ 提高至 300℃ 后,运行时间从 2min 延长至 10min,可消除 2 次进样带来的背景滞留干扰。同时二级质谱 MS‑MS 也带来了优于一级质谱 MS 的灵敏度,使得检测限提高了一个数量级以上。

6.2.3　液相色谱-串联质谱法

液相色谱-串联质谱法与气质联用法和液相色谱法相比,具有高灵敏度和高选择性等特点。液质联用法不需要进行衍生化,简化了样品处理的步骤。检测过程无须添加离子对试剂,三聚氰胺及其类似物就可得到良好的保留与分离,避免了配制离子对流动相的复杂过程,延长了色谱柱的使用寿命。

在液相色谱质谱联用方法中需将样品过固相萃取柱富集净化后,利用电喷雾串联质谱进行检测,阳离子型三聚氰胺采用了 ESI 正离子模式,阴离子型三聚氰酸采用了 ESI 负离子模式,两性化合物三聚氰酸一酰胺与三聚氰酸二酰胺在 ESI 负离子模式下[M+H]+响应强度最高。通常三聚氰胺及其类似物在带有正负离子模式的 HPLC‑MS‑MS 上运行,或在两个不同的 HPLC‑MS 上运行。

串联质谱分析方法要求对每个分析物至少有 2 个监控离子,从而使这两个转变的反应比率可以作为计算另一种分析物的识别标准。Sancho 等指出,在三聚氰胺检测中存在共洗脱污染,使得该污染物与三聚氰胺共有一个转变峰。因此至少需要 2 个监测离子,才能确保污染物能被正确识别。三聚氰胺的监测母离子对往往是 127→85 和 127→68,对应于从 [M+H]⁺ 失去一个氰胺生成 2,4-二氨基-1,3-二氮杂环丁二烯阳离子,再失去一个氨基形成 m/z 为 68 的碎片离子,三聚氰酸的裂解类似于三聚氰胺。

近年来,其他质谱分析方法如飞行时间(TOF)质谱对三聚氰胺的分析也有报道,与三重四级质谱相比,TOF 具有更高的选择性,且对未知物的鉴定更可靠。另外,质谱仪的串联技术,如四极杆飞行时间(QTOF)质谱,可对子离子进行全扫描检测并能够精确测量母离子/子离子的相对分子质量。Teresa 等报道了用即时直接分析飞行时间质谱(AccuTOF™ DART™)对宠物食品中的三聚氰胺进行四维确证,样品经氘(D)标记后无需前处理,可给出精确至小数点后 3 位的质谱信息(三聚氰胺:127.073±3.1)。

基质辅助激光解析电离飞行时间质谱(matrix-assisted laser desorption ionization-time-of-flight massspectrometry,MALDI-TOFMS)是将固体基质与待测物混合,然后在 N₂ 激光照射下吸收辐射能量,产生分子离子和与结构有关的结构碎片,适合于不宜气化的大分子物质,可以减少物质分子过分破碎。常用的基质有 α-氰基-4 羟基肉桂酸(CHCA)、芥子酸(SA)和 2,5-二羟基苯甲酸(DHB)等。MALDI-TOF-MS 也开发于检测面粉(小麦、大米、玉米)中三聚氰胺、三聚氰酸一酰胺、三聚氰酸二酰胺和三聚氰酸 4 种物质,以芥子酸为辅助介质在正离子 MALDI 模式下检测三聚氰胺、三聚氰酸一酰胺及三聚氰酸二酰胺,负离子 MALDI 模式下检测三聚氰酸,方法也适用于其他生物样本的初筛,其质谱精度达到小数点后一位。

超高效液相色谱(UPLC)是色谱家族中的新成员,其小颗粒高压技术可极大缩短分离时间并赋予分离系统更强大的性能,如更高的柱效、更小的死体积、更好的分离度等,其与质谱联用用以开发快速灵敏的分析技术已成为热点,与传统的 LC 相比,UPLC 通过改善峰形、提高分离度及灵敏度以降低基体干扰。2009 年,Benvenuti 等开发用 UPLC-MS-MS 及 UPLC-PDA 同时检测宠物食品中三聚氰胺、三聚氰酸二酰胺、三聚氰酸 3 种物质的方法,以 2% 氨水为提取溶剂,仅用 2min 就实现了分离。但未对三聚氰酸一酰胺进行同时研究,这与氨水条件下三聚氰酸一酰胺不稳定有一定关系。若使用 UPLC-MS-MS 对 4 种物质同时检测,提取试剂的选择是需优化的关键步骤。

6.2.4　毛细管电泳法

毛细管电泳兼有电泳和色谱的特点,即操作简便、分析快速、稳定可靠且经济环保、分析成本低、使用的缓冲溶液全部为水相、不需要特殊的色谱柱使用普通的毛细管、毛细管和缓冲液的价格低、进样量小、消耗的缓冲液少(只需 1mL)、比 HPLC 经济、环保、分离效率高,完成一次操作不超过 20min,但灵敏度比 HPLC 低。三聚氰胺与其类似物均属于极性物质,在水中易电离,适于毛细管电泳等基于电分离原理的分析系统。Wang Xiaoyu 等报道了在线富集场放大堆积技术同时检测食品接触材料中芳香胺类物质。采用

K^+ 为前驱离子,$Tris^+$ 为终端离子,检测限低至 $2.0 \times 10^{-8}\, mol/L$,10min 完成分离,适用于奶粉样品及食品接触材料中迁移出的芳香胺物质的检测。Tsai 等发展毛细管电泳在线富集快速检测婴幼儿乳粉的三聚氰胺,报道对比了堆积和扫集富集技术在三聚氰胺检测方面的效率。场放大样品堆积技术(FASS)和扫集技术在检测三聚氰胺的极限标准分别是 0.5ng/mL、9.2ng/mL。虽然 FASS 技术比扫集技术体现出更出色的富集效率,但前者的基体效应却非常大。基体效应是通过对比三聚氰胺的标准品和加入婴儿配方乳萃取后的增强因子(EF)来评估的。在 FASS 体系中,增强因子的变化体现在从 429.86 ± 9.81 降到低于 133.31 水平时有显著的谱峰变形,但是增强因子在扫集系统中是保持不变的。

6.2.5 近红外线吸收检测法

近红外技术是 20 世纪 70 年代后发展起来的一种新的快速定性定量分析技术,近红外光谱包含丰富的物质信息,其谱图与物质本身的组成密切相关,通过对光谱特征的分析,可以获得有关物质结构与组成的信息,其主要特点是无需复杂的前处理即可通过对光谱信息的分析提取出物质的特征信息,因此特别适合用于快速鉴别物质的品质,已广泛地应用于农业、化工和食品行业中。三聚氰胺呈稳定的三角架结构,三个角的碳原子分别连接两个 N 原子和一个 NH_2。C—N 键的谱峰很难识别,而 NH_2 的波动却是正好处于近红外区域,理论上可以据此对三聚氰胺进行近红外分析。董一威等利用近红外光谱快速检测牛奶中三聚氰胺,结果表明该法可以初步判断牛奶中是否含有三聚氰胺,为后续的定量检测做初步的筛查,可大大提高检测效率。徐云等利用近红外光谱检测牛奶中的三聚氰胺,结果表明近红外光谱分析是一种快速、方便且环保的检测牛奶中的三聚氰胺的新方法。

6.2.6 酶联免疫吸附法

该法是以 ELISA 反应为原理制备的一种快速检测三聚氰胺的工具。利用萃取液通过均质及振荡的方式提取样品中的三聚氰胺进行免疫测定。将样品中游离的三聚氰胺与酶标Ⅱ抗反应,洗掉游离的酶标物,再通过酶的专一性显色,根据显色的深浅来判断样品中三聚氰胺的含量。根据竞争性原理,样品中游离的三聚氰胺少,则酶标Ⅱ抗结合多,显色就深,相反,则显色浅。结果可以通过在 450nm 处测定吸收值计算,颜色变化的程度反映样品中三聚氰胺的含量,在一定浓度范围内吸光度的高低与样品中三聚氰胺的含量成反比。

6.2.7 拉曼光谱法

拉曼光谱法是以拉曼效应为基础的分子结构表征技术,其信号来源于分子振动和转动,是分子极化率变化诱导产生的,其谱线强度取决于相应的简正振动过程中极化率变化的大小,用来鉴定分子中存在的官能团。陈安宇等采用增强拉曼检测技术对牛奶中三聚氰胺的含量进行检测,结果显示,在 785nm 激光激发下 $710cm^{-1}$ 处有清晰、强烈的拉曼信号,其来自三聚氰胺分子的对称骨架伸缩振动相对稳定存在,可作为三聚氰胺的鉴定峰。该方法的优点是:样品前处理简单,检测时间短,检测成本低,设备操作相对简捷,适用于现场快速检测;方法快速、准确、灵敏度高,利用便携式拉曼检测仪。但是商业化的底物价格昂贵,且重复使用时背景噪声较高,所以,很多研究着重去开发更适用、更经济的底物。研究表明,在表面增强拉曼光谱试验中采用新型纳米底物可增强拉曼信号。如 Lin 等以金纳米颗粒为底物采用表面增强拉曼光谱分析三聚氰胺及其类似物的振动特征光谱。结果表明,以金纳米颗粒为底物时三聚氰胺的拉曼信号可放大约 30000 倍。采用最小二乘法分析 676cm^{-1} 处的特征峰的拉曼强度和三聚氰胺浓度的对数值之间的相关性,该法可实现对三聚氰胺及其类似物的快速和定量分析,其检测限约为 3.3×10^{-8}(33ppb)。

上述的检测方法,基本能满足实验室对三聚氰胺及其类似物日常检测的需要,但随着分析方法和技术的不断完善和深入,人们将要求快速与简便并存,且能达到更高准确度和灵敏度的方法。因此,对检测方法的研究和开发具有重大意义。

6.3　应用实例

6.3.1　气相色谱−质谱法测定植物源食品中三聚氰胺、三聚氰酸一酰胺、三聚氰酸二酰胺和三聚氰酸

该方法源自 GB/T 22288—2008《植物源产品中三聚氰胺、三聚氰酸一酰胺、三聚氰酸二酰胺和三聚氰酸的测定　气相色谱−质谱法》。

6.3.1.1　范围

该方法适用于小麦粉、玉米粉、大米粉中三聚氰胺、三聚氰酸一酰胺、三聚氰酸二酰胺和三聚氰酸的测定。

6.3.1.2　原理

试样用溶剂提取,提取液经氮吹仪浓缩后用硅烷化试剂衍生,使用 GC-MS 在选择监测离子模式下对三聚氰胺、三聚氰酸一酰胺、三聚氰酸二酰胺和三聚氰酸进行检测和确证,外标法定量。

6.3.1.3　试剂和材料

除另有说明外,所用试剂均为优级纯,水为 GB/T 6682 规定的一级水。

二乙胺;乙腈(色谱纯);吡啶(纯度≥99%);硅烷化试剂[含有 1%三甲基一氯硅烷(TMCS)的 N,O-双三甲基硅基三氟乙酰胺(BSTFA)];提取溶剂[二乙胺-水-乙腈(10:40:50,体积比)];三聚氰胺(纯度≥99.0%);三聚氰酸二酰胺(纯度≥99.0%);三聚氰酸一酰胺(纯度≥99.5%);三聚氰酸(纯度≥99.0%)。

6.3.1.4　仪器

气相色谱−质谱联用仪[配有电子轰击(EI)源];分析天平(分度值 0.1mg 和 0.001g);超声波清洗器;氮吹仪;离心机;涡旋混合器;样品粉碎机(配 40 目样品筛);恒温培养箱。

6.3.1.5　测定步骤

1.提取

称取试样 0.5g(精确到 0.001g)于 50mL 具塞离心管中,加入 20mL 提取溶剂

(6.3.1.3)涡旋 1min,超声提取 30min。然后于 4000r/min 下离心 5min,取 20μL 上层清液于 10mL 尖底具塞玻璃比色管中,在 70℃下经氮气吹干。

2.衍生化

向吹干后的比色管中加入 300μL 吡啶和 200μL 硅烷化试剂,超声 1min,涡旋 1min 后于 70℃下衍生 45min,衍生化溶液供气相色谱-质谱测定。

3.测定

(1)气相色谱-质谱条件

1)色谱柱:HP-5MS 毛细管柱(30m×0.25mm×0.25μm,5%-苯基-甲基聚硅氧烷)或相当者;

2)程序升温:初始温度为 70℃,保持 1min;先以 15℃/min 的速率升至 250℃;再以 30℃/min 的速率升至 300℃并保持 5min;

3)进样口温度:280℃;

4)色谱/质谱接口温度:280℃;

5)载气:氦气;

6)流速:1.0mL/min;

7)电离方式:EI;

8)电离能量:70eV;

9)离子源温度:230℃;

10)四级杆温度:150℃;

11)监测方式:选择离子监测(SIM)方式;

12)进样方式:不分流方式,溶剂延迟 6min;

13)进样量:1μL;

14)待测物保留时间、监测离子及相对丰度参见表 6-1。

表 6-1　各待测物保留时间、选择监测离子及相对丰度

组分	开始监测时间/min	保留时间/min	定量离子(相对丰度)/%	定性离子(相对丰度)/%		
三聚氰酸	6.0	9.9	345(100)	346(28)	347(13)	330(32)
三聚氰酸二酰胺	10.4	10.7	344(100)	345(26)	346(13)	329(49)
三聚氰酸一酰胺	11.2	11.4	328(100)	329(28)	343(75)	344(20)
三聚氰胺	11.7	11.9	327(100)	328(31)	342(57)	343(18)

(2)标准工作曲线

将混合标准中间溶液逐级稀释至 20ng/mL,40ng/mL,100ng/mL,200ng/mL,400ng/mL 的混合标准工作溶液,分别移取各浓度混合标准溶液 0.5mL,于 70℃经氮气吹干后,按照 6.3.1.5 中的 2 进行衍生化,供气相色谱-质谱分析测定。以标准工作溶液浓度为横坐标,色谱峰面积为纵坐标,绘制标准工作曲线。

（3）定性测定

在 6.3.1.5 中 3 的仪器条件下，如果样品中三聚氰胺、三聚氰酸一酰胺、三聚氰酸二酰胺和三聚氰酸的选择离子质量色谱图的保留时间与标准工作液相同，在扣除背景后的样品质谱图中，所选离子均出现，并且所选择离子的丰度比与标准品对应离子的丰度比在允许范围内（所选范围见表 6 - 2），则可判定样品中存在对应的待测物。相关标准物质谱图参见图 6 - 2～图 6 - 6。

表 6 - 2　定性确证时相对离子丰度的最大允许相对偏差

相对离子丰度/%	>50	>20～50	>10～20	≤10
允许的相对偏差/%	±10	±15	±20	±50

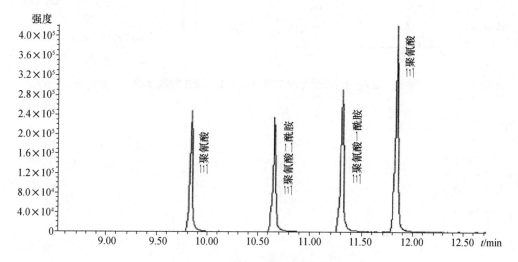

图 6 - 2　标准物质衍生物总离子流色谱图

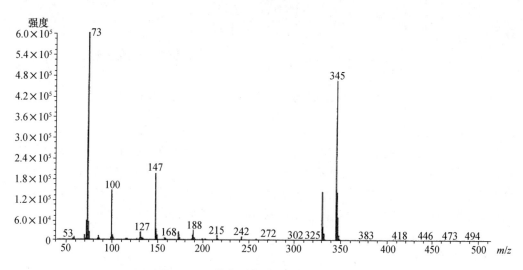

图 6 - 3　三聚氰酸标准物质衍生物质谱图

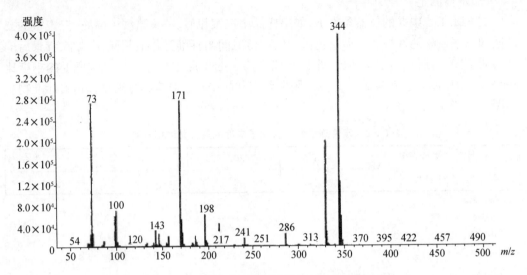

图 6 - 4　三聚氰酸二酰胺标准物质衍生物质谱图

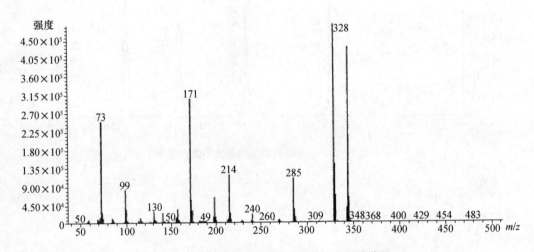

图 6 - 5　三聚氰酸一酰胺标准物质衍生物质谱图

（4）定量测定

根据样液中被测物的含量情况，选定浓度相近的混合标准工作溶液。标准工作溶液和样液中被测物的浓度均应在标准曲线线性范围内。如果样液中被测物的浓度超出标准曲线线性范围，应按比例提高提取溶剂的体积。在 6.3.1.5 中 3 的仪器条件下，三聚氰酸、三聚氰酸一酰胺、三聚氰酸二酰胺和三聚氰胺的保留时间依次为 9.9min，10.7min，11.4min 和 11.9min。

（5）空白实验

除不称取试样外，均按上述分析步骤进行。

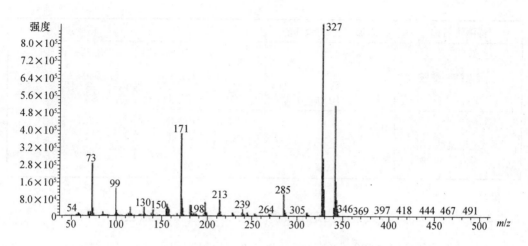

图6-6　三聚氰胺标准物质衍生物质谱图

6.3.1.6　结果计算

试样中待测物的含量按式(6-1)计算：

$$X_i = \frac{(C_i - C_0) \times V}{m \times 1000} \times S \qquad (6-1)$$

式中　X_i——试样中待测物含量,mg/kg;

　　　　C_i——从标准工作曲线得到的样液中待测物的含量,ng/mL;

　　　　C_0——从标准工作曲线得到的空白实验中待测物的含量,ng/mL;

　　　　V——样品溶液最终定容体积,mL;

　　　　S——稀释倍数;

　　　　m——所称样品的质量,g。

6.3.1.7　测定低限

该方法中三聚氰胺、三聚氰酸一酰胺、三聚氰酸二酰胺和三聚氰酸的测定低限均为2.0mg/kg。

6.3.1.8　回收率与精密度

回收率及精密度数据参见表6-3。

表6-3　回收率及精密度数据

待测物名称	添加浓度/(mg/kg)	回收率/%	精密度/%
三聚氰酸	2.0	80.05~111.65	9.00~14.34
	4.0	80.41~112.53	8.41~10.14
	10.0	81.08~112.08	8.36~9.90
三聚氰酸二酰胺	2.0	81.50~108.65	5.14~9.46
	4.0	83.18~106.05	3.64~7.86
	10.0	79.88~106.23	7.68~8.84

续表

待测物名称	添加浓度/(mg/kg)	回收率/%	精密度/%
三聚氰酸一酰胺	2.0	80.15～111.80	8.59～12.16
	4.0	83.13～111.95	5.04～8.68
	10.0	80.00～107.41	7.76～8.99
三聚氰胺	2.0	75.75～102.80	7.81～9.33
	4.0	73.10～96.10	4.54～9.27
	10.0	73.29～97.21	6.16～9.02

6.3.2　液相色谱-质谱/质谱法测定出口食品中三聚氰胺和三聚氰酸

本方法源自 SN/T 3032—2011《出口食品中三聚氰胺和三聚氰酸检测方法　液相色谱-质谱/质谱法》。

6.3.2.1　范围

适用于鸡蛋、猪肉、猪肝、猪肾、肠衣、虾、蜂蜜、豆奶、豆粉、蛋白粉、液态奶、奶粉、炼乳、奶酪、奶油、冰淇淋、奶糖、饼干中三聚氰胺和三聚氰酸残留量的定量测定和验证。

6.3.2.2　原理

试样中三聚氰胺和三聚氰酸残留量采用乙腈和水提取,盐酸调节 pH 至 2.0～3.0 后,乙腈饱和正己烷脱脂,提取液经离子交换和硅胶复合固相萃取柱净化,液相色谱-质谱/质谱检测和确证,内标法定量。

6.3.2.3　试剂与材料

除非另有规定,均使用分析纯试剂,水为去离子水。

乙腈(液相色谱级);甲醇(液相色谱级);正己烷(液相色谱级);甲酸(液相色谱级);甲酸铵;盐;氨水;二乙胺;乙腈-水(7∶3,体积比);乙腈-水(5∶5,体积比);1mol/L 盐酸;5%氨水甲醇;100mmol/L 甲酸铵-乙腈(1∶9,体积比);含 0.1%甲酸的乙腈;标准物质(三聚氰胺、三聚氰胺同位素内标、三聚氰酸、三聚氰酸同位素内标,纯度均大于98%);微孔滤膜(0.22μm,有机系);Anpelclean MCT 柱。

6.3.2.4　仪器和设备

液相色谱-质谱/质谱仪[配有电喷雾离子源(ESI)];分析天平(分度值 0.0001g 和 0.01g);均质器;涡旋混匀器;超声波水浴;冷冻离心机(10 000r/min);固相萃取装置;氮吹仪。

6.3.2.5　测定步骤

1.提取

(1)猪肉、虾、肠衣、猪肝、猪肾、鸡蛋

称取均质试样2g(精确至0.01g),置于50mL 塑料离心管中,分别加入200μL 的三聚氰胺同位素内标溶液和400μL 的三聚氰酸同位素内标溶液,鸡蛋试样中添加1mL 去离子水和7mL 乙腈,其余试样中加入10mL 乙腈-水(3∶7,体积比)旋混合30s,再加入一定量 1mol/L 盐酸溶液调节 pH 至 2.0～3.0,涡旋混合 2min,超声 15min。4℃ 下 8000r/min 离心 5min,取上清液于 50mL 塑料离心管中,加入 5mL 乙腈饱和正己烷,涡旋混合 2min,4℃ 下 8000r/min 离心 5min,去正己烷层,样液过滤纸[滤纸预先用乙腈-水(5:5,体积比)润湿]后取 2mL 于 15mL 玻璃试管中,加入 0.8mL 去离子水,用乙腈-水(5:5,体积比)稀释至 5mL,待净化。

(2)蜂蜜

称取均质试样 1g(精确至 0.01g),置于 50mL 塑料离心管中,分别加入 100μL 的三聚氰胺同位素内标溶液和 200μL 的三聚氰酸同位素内标溶液,加入 8mL 乙腈-水(5:5,体积比)涡旋混合 30s,再加入一定量 1mol/L 盐酸溶液调节 pH 至 2.0～3.0,涡旋混合 2min,超声 15min。8000r/min 离心 5min,上清液过滤纸[滤纸预先用乙腈-水(5:5,体积比)润湿]于 15mL 玻璃试管,用乙腈-水(5:5,体积比)稀释至 8mL 左右,待净化。

(3)液态奶、炼乳、冰淇淋、豆奶

称取均质试样 2g(精确至 0.01g),置于 50mL 塑料离心管中,加入 2mL 去离子水,200μL 的三聚氰胺同位素内标溶液和 400μL 的三聚氰酸同位素内标溶液,加入 4mL 乙腈,涡旋混合 30s,再加入一定量 1mol/L 盐酸溶液调节 pH 至 2.0～3.0,涡旋混合 2min,超声 15min,4℃ 下 8000r/min 离心 5min,上清液过滤纸[滤纸预先用乙腈-水(5:5,体积比)润湿]于 15mL 玻璃试管,用乙腈-水(5:5,体积比)稀释至 8mL 左右,待净化。

(4)奶油、奶酪、奶糖、饼干、奶粉、豆粉、蛋白粉

称取均质试样 1g(精确至 0.01g),置于 50mL 塑料离心管中,分别加入 100μL 的三聚氰胺同位素内标溶液和 200μL 的三聚氰酸同位素内标溶液,用 3mL 去离子水溶解,加入 7mL 乙腈,涡旋混合 30s,再加入一定量 1mol/L 盐酸溶液调节 pH 至 2.0～3.0,涡旋混合 2min,超声 15min,4℃ 下 8000r/min 离心 5min。奶油、奶酪、饼干试样用 5mL 乙腈饱和正己烷脱脂,上清液过滤纸[滤纸预先用乙腈-水(5:5,体积比)润湿]后取 2mL 于 15mL 玻璃试管中,加入 0.8mL 去离子水,用乙腈-水(5:5,体积比)稀释至 5mL 左右,待净化。

2.净化

MCT 固相萃取柱依次用 3mL 甲醇、3mL 乙腈-水(5:5,体积比)过柱活化,保持柱体湿润。将 6.3.2.5 的 1 中所得样液转入 MCT 柱中,流速不能超过 1 滴/s,用 2mL 乙腈-水(5:5,体积比)润洗 15mL 玻璃试管并过柱,在低真空条件下抽干小柱,依次用 2mL 甲醇、4mL 5%氨水甲醇溶液洗脱柱上待分析组分,收集洗脱液,在不低于 40℃ 条件下氮吹至干,加入 1.0mL 流动相震荡溶解残渣,过 0.22μm 有机型滤膜后,液相色谱-质谱/质谱仪进行测定。

3.测定

(1)高效液相色谱条件

1)色谱柱:HILIC 柱(150mm×2.1mm,5μm),或相当者。

2)流动相:A:100mmol/L 甲酸铵-乙腈(1:9,体积比)pH3.2;B:含 0.1%甲酸的乙腈,梯度洗脱程序见表 6-4。

表 6 - 4　流动相及梯度洗脱程序

时间/min	100mmol/L 甲酸铵-乙腈(1∶9,体积比) pH3.2(流动相 A)	含 0.1%甲酸的乙腈 (流动相 B)
0	0	100
2.5	0	100
4	100	0
8	100	0
8.5	0	100
12	0	100

3)流速:0.4mL/min。

4)进样量:10μL。

5)柱温:室温。

(2)质谱条件

1)离子源:电喷雾 ESI,正。

2)扫描方式:多反应监测 MRM。

3)雾化气(GSI)、气帘气(CUR)、辅助气(GS2)、碰撞气(CAD)均为高纯氮气或其他合适气体;使用前应调节各气体流量以及离子源温度(TEM)使质谱灵敏度达到检测要求,详细条件为:

①质谱仪参数:电喷雾电压(IS):正模式 5500V;负模式- 4500V;

②碰撞气压力(CAD):Medium;

③雾化器压力(GS1):517kPa(75psi);

④气帘气压力(CUR):172kPa(25psi);

⑤辅助气压力(GS2):414kPa(60psi);

⑥离子源温度(TEM):550℃;

⑦监测离子对、碰撞电压(CE)、去簇电压(DP)、碰撞室入口电压(EP)、碰撞室出口电压(CXP)如表 6-5 所示。

表 6 - 5　定性、定量离子对以及 CE、DP、EP、CXP

化合物	母离子	监测模式	子离子	CE	DP	EP	CXP
三聚氰胺	127.1		85.5①	27	71	8	14
$^{15}N_3$-三聚氰胺内标	130.1	正模式	68.4	43	71	11	10
			87.4	27	61	8	14
三聚氰酸	127.9		42.0①	- 14	- 50	- 10	- 1
$^{13}C_3$-三聚氰酸内标	130.9	负模式	85.0	- 18	- 50	- 10	- 1
			43.0	- 30	- 45	- 10	- 1

①定量离子对。

4. 定量测定

根据试样中被测物的含量情况,选取响应值适宜的标准工作液进行色谱分析,标准工作曲线液应有 5 个浓度水平,应包括零点。标准工作液和待测液中两种药物的响应值应在仪器线性响应范围内。如果样品中待测物含量超过线性范围,应用流动相稀释到合适的浓度后分析。在上述色谱条件下的三聚氰酸、三聚氰胺的参考保留时间分别为 1.50min、6.61min,三聚氰酸、三聚氰胺标准溶液的多反应监测(MRM)色谱图参见图 6-7。

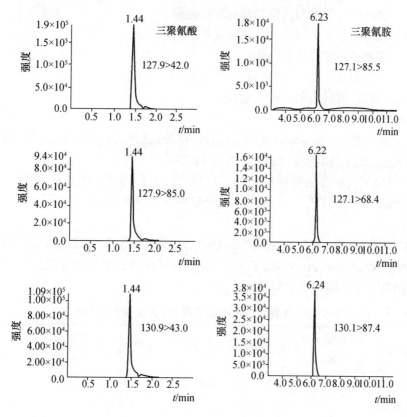

图 6-7　三聚氰酸(200ng/mL)和三聚氰胺(100ng/mL)标准溶液的多反应监测(MRM)色谱图

5. 定性测定

按照液相色谱-质谱/质谱条件测定试样和标准工作溶液,如果试样中待测物质的保留时间与标准一致,保留时间偏差在 5% 之内;定性离子对的相对丰度,是用相对于最强离子丰度的强度百分比表示,应当与浓度相当标准工作溶液的相对丰度一致,相对丰度允许偏差不超过表 6-6 规定的范围,则可判断试样中存在对应的待测物。

表 6-6　定性确证时相对离子丰度的最大允许偏差

相对离子丰度/%	>50	>20~50	>10~20	≤10
允许的最大偏差/%	±20	±25	±30	±50

6. 空白试验

除不加试样外,均按上述操作步骤进行。

6.3.2.6 结果计算

用色谱数据处理机或按式(6-2)计算试样中药物的残留含量,计算结果需扣除空白值:

$$X_i = \frac{R_i \times c_i \times V}{R_s \times m} \times \frac{1000}{1000} \tag{6-2}$$

式中　X_i——试样中三聚氰胺和三聚氰酸残留量,$\mu g/kg$;

　　　R_i——样液中分析物与内标物峰面积的比值;

　　　c_i——从标准曲线上得到的药物残留量的溶液浓度,ng/mL;

　　　V——样液最终定容体积,mL;

　　　R_s——标准曲线中分析物与内标物峰面积的比值;

　　　m——最终样液代表的试样质量,g。

6.3.2.7 测定低限(LOQ)

该方法的测定低限:液态奶以及鸡蛋、猪肉、猪肝、猪肾、肠衣、蜂蜜、虾等动物源性食品中三聚氰胺为 $25\mu g/kg$,三聚氰酸为 $50\mu g/kg$。

豆奶、豆粉、蛋白粉等植物源性食品,以及奶粉、炼乳、奶酪、冰淇淋、奶糖、饼干等乳制品与含乳制品中三聚氰胺为 $50\mu g/kg$,三聚氰酸为 $100\mu g/kg$。

6.3.2.8 回收率

采用本方法对鸡蛋、猪肉、猪肝、猪肾、肠衣、虾、蜂蜜、豆奶、豆粉、蛋白粉、液态奶、奶粉、炼乳、奶酪、奶油、冰淇淋、奶糖、饼干 18 种食品基质进行添加回收试验,两种待测物在 18 种食品基质中的回收率资料参见表 6-7。

表 6-7　食品中三聚氰胺、三聚氰酸添加回收率范围

基质	化合物	添加水平/($\mu g/kg$)	回收率/%	基质	化合物	添加水平/($\mu g/kg$)	回收率/%
鸡蛋	三聚氰胺	25	92.0~107.6	虾肉	三聚氰胺	25	104.8~129.2
		50	95.6~109.6			50	93.0~122.0
		100	94.0~123.0			100	111.1~127.9
	三聚氰酸	50	73.8~101.8		三聚氰酸	50	81.8~115.6
		100	80.1~110.0			100	74.3~116.0
		200	104.0~117.5			200	106.0~127.0
猪肉	三聚氰胺	25	83.2~120.0	蜂蜜	三聚氰胺	25	78.8~1000.8
		50	75.2~100.8			50	97.2~124.6
		100	93.5~119.5			100	99.6~105.0
	三聚氰酸	50	80.5~106.9		三聚氰酸	50	115.2~128.6
		100	73.5~85.5			100	112.0~128.0
		200	92.0~99.0			200	103.0~120.0

续表

基质	化合物	添加水平/ (µg/kg)	回收率/%	基质	化合物	添加水平/ (µg/kg)	回收率/%
猪肝	三聚氰胺	25	104.6~123.2	猪肾	三聚氰胺	25	81.0~124.4
		50	108.6~123.8			50	82.4~111.4
		100	90.2~103.0			100	88.7~105.7
	三聚氰酸	50	76.6~91.8		三聚氰酸	50	97.9~117.5
		100	89.9~122.9			100	108.9~128.9
		200	82.0~90.5			200	90.9~112.9
肠衣	三聚氰胺	25	89.2~129.6	液态奶	三聚氰胺	25	99.6~124.8
		50	96.4~128.4			1000	75.5~124.4
		100	79.8~92.8			2500	72.6~93.4
	三聚氰酸	50	71.4~104.2		三聚氰酸	50	79.4~126.8
		100	78.6~107.1			250	82.4~123.2
		200	92.1~119.6			2500	96.7~108.3
奶粉	三聚氰胺	50	70.0~94.0	饼干	三聚氰胺	50	72.8~88.4
		1000	70.1~74.4			1000	98.5~123.1
		2500	70.3~83.2			2500	91.4~98.6
	三聚氰酸	100	77.4~91.0		三聚氰酸	100	82.3~98.4
		250	73.2~86.0			250	88.9~103.2
		2500	70.8~84.8			2500	80.8~90.0
冰淇淋	三聚氰胺	50	106.1~126.9	炼乳	三聚氰胺	50	82.2~120.4
		1000	106.7~128.6			1000	88.0~125.0
		2500	89.7~113.7			2500	101.2~115.2
	三聚氰酸	100	77.7~101.5		三聚氰酸	100	75.8~127.0
		250	92.2~108.0			250	76.0~111.2
		2500	95.6~107.6			2500	81.2~92.4
奶油	三聚氰胺	50	84.8~93.4	奶酪	三聚氰胺	50	89.2~127.6
		1000	97.9~102.2			1000	75.3~107.4
		2500	96.7~101.9			2500	80.5~95.7
	三聚氰酸	100	73.8~78.3		三聚氰酸	100	77.7~107.3
		250	93.5~103.9			250	73.7~88.5
		2500	87.8~99.8			2500	72.6~81.0

基质	化合物	添加水平/(μg/kg)	回收率/%	基质	化合物	添加水平/(μg/kg)	回收率/%
奶糖	三聚氰胺	50	76.4～86.4	蛋白粉	三聚氰胺	50	70.6～123.4
		1000	107.6～114.5			1000	91.5～121.0
		2500	98.1～104.6			2500	93.5～103.5
	三聚氰酸	100	86.7～110.5		三聚氰酸	100	73.6～123.7
		250	73.6～79.3			250	71.9～104.1
		2500	96.1～108.5			2500	107.8～129.8
豆粉	三聚氰胺	50	70.4～128.4	豆奶	三聚氰胺	50	73.6～128.4
		1000	83.1～87.0			1000	79.8～83.2
		2500	76.0～84.8			2500	78.4～86.0
	三聚氰酸	100	72.1～85.5		三聚氰酸	100	70.0～92.5
		250	74.8～90.4			250	99.4～117.0
		2500	70.8～75.6			2500	86.7～94.6

6.3.3 酶联免疫吸附法测定生鲜乳中的三聚氰胺

本方法源自DB34/T 1374—2011《生鲜乳中三聚氰胺的测定-酶联免疫吸附法》。

6.3.3.1 范围

该标准规定了生鲜乳中三聚氰胺检测的酶联免疫吸附测定方法。

该标准适用于生鲜乳中三聚氰胺的常规快速测定,阳性样品需用气相色谱-质谱法(GC/MS)或液相色谱质谱法(LC/MS－MS)确证。

6.3.3.2 原理

该方法是酶联免疫法中的竞争性测定法,其主要原理是:样品中游离的三聚氰胺与酶标板上固定的三聚氰胺抗原竞争特异性抗体,通过酶标Ⅱ抗的反应,洗掉游离的酶标物,再通过酶的专一性显色剂显色,根据显色的深浅来判断样品中三聚氰胺的含量。根据竞争性原理,样品中游离的三聚氰胺少,则酶标Ⅱ抗结合多,显色就深,相反,则显色浅。结果可以通过在450nm处测定吸收值计算,颜色变化的程度反映样品中三聚氰胺的含量,在一定浓度范围内吸光度的高低与样品中三聚氰胺的含量成反比。

6.3.3.3 试剂和材料

除非另有说明,本法所用试剂均为分析纯,水为符合 GB/T 6682 规定的二级水。

竞争酶标免疫法三聚氰胺试剂盒,2℃～8℃冰箱中保存;微孔板(包被有三聚氰胺抗原);三聚氰胺标准溶液(0ng/mL、10ng/mL、30ng/mL、90ng/mL、270ng/mL、810ng/mL);三聚氰胺酶标Ⅱ抗工作液;三聚氰胺抗体工作液;浓缩样本稀释液;浓缩洗涤液;底物 A 液;底物 B 液;终止液;洗涤液(用水 20 倍稀释厂商提供的浓缩洗涤液);样本稀释液(用水

4 倍稀释厂商提供的浓缩样本稀释液)。

6.3.3.4 仪器

酶标仪(配备 450nm 滤光片);分析天平(分度值 0.00001g,分度值 0.001g);振荡器;恒温干燥箱;微量加样器及配套吸头(单道 20μL,50μL,100μL,1000μL,多道 50μL~300μL)。

6.3.3.5 测定步骤

1. 样品处理

取生鲜乳样品 100μL,加入 900μL 样本稀释液,充分混匀,取 50μL 用于检测。

2. 测试程序

(1)测定在室温 20℃~25℃条件下操作,测定之前将试剂盒以及所有试剂在室温(20℃~25℃)下放置 1h~2h。

(2)将足够标准和样品所用数量的孔条插入微孔架,标准和样品做两个平行实验,记录下标准和样品的位置。

(3)分别在各孔中加 50μL 的标准品溶液或样品溶液。

(4)分别在各孔中加 50μL 的抗体工作液。

(5)盖好盖板膜,轻轻晃动反应板数秒,(25±2)℃反应 30min。

(6)倾出微孔中的液体,加 250μL 洗涤工作液,轻轻振荡 30s,倾出微孔中的洗涤液,在吸水纸上拍打,彻底清除微孔中的残留液和气泡,重复上述操作 3 遍。

(7)立即在每孔中加入 100μL 酶标Ⅱ抗工作液。

(8)盖好盖板膜,轻轻晃动反应板数秒,(25±2)℃反应 30min。

(9)倾出微孔中的液体,加 250μL 洗涤工作液,轻轻振荡 30s,倾出微孔中的洗涤液,在吸水纸上拍打,彻底清除微孔中的残留液和气泡,重复上述操作 3 遍。

(10)立即在每孔中加入 100μLAB 混合液(用前 5min 内按体积比 1:1 配制),轻轻晃动反应板数秒,(25±2)℃避光反应(10~15)min。

(11)每孔加 50μL 终止液(推荐使用多通道加样器),轻轻振荡混匀,10min 内在 450nm 下检测吸光度。

6.3.3.6 结果判定和表述

按式(6-3)计算吸光度值:

$$吸光度值 = \frac{B}{B_0} \times 100\% \tag{6-3}$$

式中 B——为标准溶液或供试样品的平均吸光度值;

B_0——为零标准的标准溶液平均吸光度值。

用专业计算机软件求出供试样品中三聚氰胺的浓度,乘以稀释系数即得检测结果。或计算出的标准相对吸光度值绘成为一个对应浓度(ng/mL)的半对数坐标系统曲线图,校正曲线在 10ng/mL~810ng/mL 范围内应当成为线性。相对应每一个样品的浓度(ng/mL)可以从校正曲线上读出。

6.3.3.7 检测方法灵敏度、准确度、精密度

1. 灵敏度

该方法在生鲜乳中的检测限为 100ng/mL。

2.准确度

该方法在 200ng/mL 添加浓度水平上的回收率为 70%～120%。

3.精密度

该方法的批内变异系数 CV%≤10%,批间变异系数 CV%≤15%。

6.3.4 高效液相色谱-串联质谱法测定食品中的尿素、缩二脲与双氰胺

王祖翔等人采用高效液相色谱-串联质谱技术,依据其高灵敏度和选择性,建立了同时测定食品中尿素、缩二脲和双氰胺的方法。该方法前处理简单,适用于基体复杂的食品。

6.3.4.1 试剂与仪器

尿素、缩二脲、双氰胺(分析纯);乙腈(色谱纯,德国 Merck 公司);甲酸(分析纯,南京化学试剂有限公司);实验用水为超纯水。TSQ Quantum Access 高效液相色谱-质谱联用仪(美国 Thermo 公司);AL204 电子天平(瑞士 MettlerToledo 公司);XW－80A 涡旋振荡器(上海医大仪器厂);LV 氮吹仪(美国 Caliper 公司);纯水仪(上海优普纯水仪器设备有限公司)SB－1000YDTD 超声波清洗机(宁波新芝生物科技股份有限公司);H2050R 台式高速冷冻离心机(湖南湘仪离心机有限公司)。

6.3.4.2 仪器条件

(1)色谱条件

色谱柱:MERK ZIC HILIC 柱(2.1mm×150mm,粒径 5μm);进样量:10μL;流动相:A 为 0.2mmol/L 乙酸铵(pH4.0);B 为乙腈;梯度洗脱程序:0.0min～3.5min,30%A;3.5min～4.0min,30%～90%A;4.0min～8.0min,90%A;8.0min～8.5min,90%～30%A;8.5min～10.0min,30%A。

(2)质谱条件

电喷雾电离 ESI 正离子模式,电喷雾电压:4000V,鞘气压力:206.85kPa(30psi),辅助气压力:34.48kPa(5psi),加热毛细管温度:300℃,扫描模式:MRM,质谱分析参数见表 6－8。

表 6－8 尿素、缩二脲和双氰胺的定性、定量离子对、出峰时间及碰撞能量

分析物	定量离子 (m/z)	定性离子 (m/z)	出峰时间/ min	碰撞能量/ eV
尿素	61.2	44.6[1],—[2]	2.70	19,—[2]
缩二脲	85.2	43.6,68.4[1]	2.51	15,18
双氰胺	104.2	44.6,61.4[1]	2.50	36,12

[1]定量。
[2]未检出。

6.3.4.3 混合标准溶液的配制

分别称取尿素、缩二脲和双氰胺各 50mg,用水定容至 100mL,得 500mg/L 标准储备液;

再用80%乙腈溶液稀释得到0.10mg/L、1.00mg/L、5.00mg/L、10.00mg/L、15.00mg/L、20.00mg/L的混合标准溶液。

6.3.4.4 样品处理

称取试样0.5g～1.0g于10mL具塞离心管中，加入3.0mL温水（60℃）超声、涡旋，再加入7.0mL乙腈涡旋，以6000r/min转速于−10℃冷冻离心20min，吸取清液5.0mL，氮气吹干，用1.0mL70%乙腈溶液复溶，过0.45μm有机相滤膜，备用。

6.3.4.5 样品测定

试样经6.3.4.4前处理后，按6.3.4.2仪器条件测定，待测样液中尿素、缩二脲、双氰胺定量离子对的响应值应在标准曲线线性范围内，外标法定量；色谱峰保留时间和定性离子对的相对丰度应与标准物质一致，用于定性。

选择乳粉、豆浆和皮蛋作为代表性的高蛋白含量食品进行检测，并进行相对标准偏差和加标回收率实验。

6.3.4.6 线性关系与检出限

在优化的色谱和质谱条件下，将尿素、缩二脲和双氰胺的标准品配成一系列不同浓度的标准溶液，按要求进样分析，采用MRM多离子监控扫描模式并采集信号。以目标化合物的质量浓度（X，mg/L）与其定量离子对的峰面积（Y）绘制标准曲线，采用外标法定量。尿素、缩二脲和双氰胺在0.1mg/L～20.0mg/L范围内线性关系良好，LOD（$S/N=3$）为0.01mg/L～0.05mg/L，LOQ（$S/N=10$）为0.03mg/L～0.10mg/L，结果见表6−9。

表6−9 方法的线性范围、标准曲线、检出限和定量下限

分析物	线性范围/（mg·L⁻¹）	标准曲线	R^2	检出限/（mg·L⁻¹）	定量下限/（mg·L⁻¹）
尿素	0.1~20.0	$Y=3.08\times10^5+3.33\times10^5X$	0.9986	0.03	0.08
缩二脲	0.1~20.0	$Y=1.96\times10^4+3.36\times10^4X$	0.9990	0.05	0.10
双氰脲	0.1~20.0	$Y=5.10\times10^5+1.67\times10^6X$	0.9993	0.01	0.03

6.3.5 高效液相色谱−质谱/质谱法检测蛋白食品中的掺假物

2012年，Shaun MacMahon等建立了UPLC−MS−MS同时检测面筋、大豆蛋白等蛋白食品中灭蝇胺、尿素、脒基脲、双氰胺、双缩脲、三缩脲和三聚氰胺7种违法添加物的分析方法。

6.3.5.1 范围

本方法适用于面筋、大豆蛋白、脱脂奶、脱脂奶粉、小麦粉、玉米蛋白粉中灭蝇胺、尿素、脒基脲、双氰胺、双缩脲、三缩脲和三聚氰胺的定量测定和验证。

6.3.5.2 原理

试样用2%甲酸水溶液提取，用LC−MS/MS在MRM模式下对灭蝇胺、尿素、脒基

脲、双氰胺、双缩脲、三缩脲和三聚氰胺进行检测和确证,外标法定量。

6.3.5.3 试剂和材料

除另有说明外,所用试剂均为优级纯,水为 GB/T 6682 规定的一级水。

乙腈(液相色谱级);甲酸、甲酸铵(高效液相色谱级);聚丙烯离心管;微量离心管;一次性注射器;聚四氟乙烯滤膜;标准物质(三聚氰胺、尿素、胍基脲、双氰胺、双缩脲、三缩脲、灭蝇胺)纯度均大于 98%。

6.3.5.4 仪器和设备

液相色谱-质谱/质谱仪(配有电喷雾离子源(ESI));分析天平(分度值 0.0001g 和 0.01g);涡旋混匀器;超声波水浴;冷冻离心机(10 000r/min)。

6.3.5.5 测定步骤

1. 提取

称取试样 2.0 g(精确至 0.01g),置于 50mL 塑料离心管中(非奶样品称量前加适量水稀释,加水比例约为 1:10),加入 18mL 2% 甲酸溶液,涡旋混合 60s,超声 30min 后再涡旋混合 60s。于 4500r/min 离心 20min,取 50 μL 上清液于 1.5mL 离心管中,加入 950 μL 乙腈,涡旋混合 60s,然后于 4500r/min 离心 10min,上清液过 0.20 μm 滤膜后,供液相色谱-质谱/质谱仪进行测定。

2. 测定

(1)高效液相色谱条件

1)色谱柱:SeQuant ZIC - HILIC PEEK HPLC 柱(150mm×2.1mm,5μm),或相当者。

2)流动相:A:乙腈+10mmol/L 甲酸铵水溶液(含 0.1% 甲酸)(体积比为 95:5);B:乙腈+10mmol/L 甲酸铵水溶液(含 0.1% 甲酸)(体积比为 50:50),

梯度洗脱程序见表 6-10。

表 6-10 流速及梯度洗脱程序

时间/min	流速/(μL/min)	流动相 A	流动相 B
0	400	100	0
5.0	400	25	75
12.8	400	25	75
15.8	400	100	0
16.0	600	100	0
24.9	400	100	0
25.0	400	100	0

(2)质谱条件

1)离子源:电喷雾 ESI,正;

2)扫描方式:多反应监测 MRM;

3)电喷雾电压(IS):正模式 5000V;

4)离子源温度(TEM):550℃;

5)碰撞气压力(CAD):Medium;

6)雾化器压力(GS1):50psi;

7)气帘气压力(CUR):20psi;

8)辅助气压力(GS2):60psi;

9)监测离子对、碰撞电压(CE)、去簇电压(DP)、碰撞室入口电压(EP)等详细条件参见表 6-11。

表 6-11　API 4000 QTRAP 四级杆质谱仪参数

化合物	母离子	子离子	DP/V	CE/V	EP/V	丰度比/%	RT/min
双氰胺 (DC)	85.0	68.0	36	25	10	100	3.6
		43.1	36	25	6	25	
尿素 (Urea)	61.0	44.0	46	25	6	100	4.0
双缩脲 (BU)	104.1	61.0	40	16	10	100	3.9
		44.0	40	43	6	20	
三缩脲 (TU)	147.1	130.1	29	13	22	100	4.5
		104.1	29	13	18	60	
		61.1	29	23	14	20	
灭蝇胺 (CY)	167.1	85.1	66	27	14	100	4.7
		125	66	25	22	55	
		68.0	66	49	12	60	
脒基脲 (AU)	103.1	60.1	36	17	10	100	11.7
		43.1	36	37	6	25	
三聚氰胺 (MEL)	127.0	85.0	61	29	12	100	9.9
		68.0	61	43	10	30	

3.定量测定

根据样液中被测物的含量情况,选定浓度相近的混合标准工作溶液。标准工作溶液和样液中被测物的浓度均应在标准曲线线性范围内。如果样液中被测物的浓度超出标准曲线线性范围,应按比例提高提取溶剂的体积。在设定仪器条件下,灭蝇胺、尿素、脒基脲、双氰胺、双缩脲、三缩脲和三聚氰胺的保留时间参见表 6-11。

4.定性测定

按照液相色谱-质谱/质谱条件测定试样和标准工作溶液,如果试样中待测物质的保留时间与标准一致,保留时间偏差在 5% 之内;定性离子对的相对丰度是用相对于最强离子丰度的强度百分比表示的,应当与浓度相当的标准工作溶液的相对丰度一致,相对丰度允许偏差不超过表 6-12 规定的范围,则可判断试样中存在对应的待测物。

表 6-12　定性确证时相对离子丰度的最大允许偏差

相对离子丰度/%	>50	>20~50	>10~20	≤10
允许的最大偏差/%	±20	±25	±30	±50

5.空白试验

除不加试样外,均按上述操作步骤进行。

6.3.5.6　结果计算

试样中待测物的质量分数按式(6-4)计算:

$$X_i = \frac{(c_i - c_0) \times V}{m \times 1000} \times S \qquad (6-4)$$

式中　X_i——试样中待测物的质量分数,mg/kg;

　　　c_i——从标准工作曲线得到的样液中待测物的质量浓度,ng/mL;

　　　c_0——从标准工作曲线得到的空白实验中待测物的质量浓度,ng/mL;

　　　V——样品溶液最终定容体积,mL;

　　　S——稀释倍数;

　　　m——所称样品的质量,g。

6.3.5.7　方法的测定低限和回收率

1.测定低限

本方法的测定低限(LOQ)和定量下限(LOD)参见表 6-13。

表 6-13　小麦粉和脱脂奶中含氮化合物的检出限和定量下限

分析物	小麦粉		脱脂奶	
	LOD(ppb)	LOQ(ppb)	LOD(ppb)	LOQ(ppb)
灭蝇胺	5.4	18	60	180
三缩脲	5.4	18	60	180
双缩脲	18	54	80	240
双氰胺	5.4	18	20	60
三聚氰胺	54	162	160	480
脒基脲	18	54	80	240
尿素	1.4ppm	4.32ppm	9.60ppm	28.80ppm

注:1ppb=1μg/L,1ppm=1mg/L。

2.回收率和精密度

采用本方法对面筋、玉米蛋白粉、脱脂奶粉、脱脂奶、大豆蛋白、小麦粉 6 种食品基质进行添加回收试验,7 种待测物在 6 种食品基质中的回收率和精密度参见表 6-14。

表 6-14　样品中含氮化合物的加标回收率与相对标准偏差（n=6）

基质	化合物	添加浓度/(mg/kg)	回收率/%	RSD/%
面筋	灭蝇胺	1	95.2	7.8
		5	100.3	6.0
	三缩脲	1	87.9	7.8
		5	101.7	8.3
	双缩脲	1	96.7	8.4
		5	103.2	8.8
	双氰胺	1	93.5	7.1
		5	107.0	9.5
	脒基脲	1	97.7	7.4
		5	104.1	10.5
	尿素	20	94.7	15.1
		50	103.7	8.1
大豆蛋白	灭蝇胺	1	81.8	5.6
		5	100.1	5.9
	三缩脲	1	91.5	2.5
		5	99.0	3.1
	双缩脲	1	81.8	2.5
		5	99.1	2.5
	双氰胺	1	81.8	4.3
		5	98.3	4.8
	脒基脲	1	84.5	5.1
		5	102.0	6.9
	尿素	20	102.9	5.8
		50	100.4	3.4
脱脂奶	灭蝇胺	1	79.5	13.4
		5	100.3	5.8
	三缩脲	1	76.5	6.7
		5	103.4	4.7
	双缩脲	1	82.5	9.0
		5	101.9	5.4
	双氰胺	1	82.4	6.9
		5	100.6	5.1
	脒基脲	1	79.6	10.9
		5	95.9	2.4
	尿素	200	92.8	12.0
		500	103.6	6.3

续表

基质	化合物	添加浓度/(mg/kg)	回收率/%	RSD/%
脱脂奶粉	灭蝇胺	1	82.4	13.5
		5	89.3	10.9
	三缩脲	1	102.1	5.9
		5	102.9	9.2
	双缩脲	1	97.4	12.4
		5	106.2	5.9
	双氰胺	1	93.5	5.9
		5	101.2	5.3
	脒基脲	1	88.1	7.2
		5	96.6	9.4
	尿素	200	110.9	11.7
		500	104.3	6.8
小麦粉	灭蝇胺	1	105.2	7.5
		5	109.7	2.4
	三缩脲	1	100.9	7.8
		5	106.3	4.0
	双缩脲	1	94.5	9.8
		5	102.8	4.8
	双氰胺	1	109.6	6.9
		5	105.7	1.7
	脒基脲	1	85.6	9.6
		5	102.2	5.8
	尿素	20	100.9	10.4
		50	108.4	6.4
玉米蛋白粉	灭蝇胺	1	104.7	5.9
		5	102.4	4.9
	三缩脲	1	96.8	4.4
		5	103.2	4.4
	双缩脲	1	97.3	4.7
		5	102.2	4.8
	双氰胺	1	101.2	5.0
		5	101.7	4.7
	脒基脲	1	86.0	7.1
		5	98.1	6.4
	尿素	20	106.9	13.5
		50	100.8	3.6

参考文献

[1] Jutzi K,Cook A M,Huertter R. The degradative pathway of the S - triazine melamine. The steps to ring cleavage[J]. Biochemistry Journal,1982,208(3)：679 - 684.

[2] Shelton D R,Karns J S,Mccarty G W,et al. Metabolism of melamine by klebsiellaterragena [J]. Applied Environmental Microbiology,1997,63(7)：2832 - 2835.

[3] 胡虎,盛宏强,马晓琼,等. 三聚氰胺及其同系物三聚氰酸的生物学效应和毒理学研究进展[N]. 浙江大学学报：医学版,2008,37(6)：544 - 550.

[4] 魏瑞成,黄思瑜,侯翔,等. 鸡蛋中三聚氰胺残留的检测[N]. 江苏农业学报,2008,24(6)：936 - 939.

[5] Nochetto C,Heller D. Determination and confirmation of melamine and cyanuric acid in animal feed and ingredients by liquid chromatography tandem mass spectrometry (LC - MS/MS) united states food and drug administration[J]. Center For Veterinary Medicine,Laurel：MD. SOP,2008,510(106)：1 - 26.

[6] Turnipseed S B,Casey C,Nochetto C,et al. Determination of melamine and cyanuric acid residues in infant formula using LCMS/MS[J]. Lab Inform Bull,2008,24：1 - 13.

[7] Puschner B,Poppenga R H,Lowenstine L J,et al. Assessment of melamine and cyanuric acid toxicity in cats[J]. Vet Diagn Invest,2007,19(6)：616 - 624.

[8] Filigenzi M S,Puschner B,Astonl S,et al. Diagnostic determination of melamine and related compounds in kidney tissue by liquid chromatography/tandem mass spectrometry[J]. Agric Food Chem,2008,56(17)：7593 - 7599.

[9] Litzau J J,Mercer G E,Mulligan K J. GC - MS screen for the presence of melamine,ammeline, ammelide,and cyanuric acid[R]. Lab Inform Bull,2008. www. cfsan. fda. gov/～frf/lib4423. html.

[10] Xia Jingen,Zhou Naiyuan,Zhou Cong,et al. Simultaneous determination of melamine and related compounds by hydrophilic interaction liquid chromatography electrospray mass spectrometry[J]. Sep Sci,2010,33(17)：2688 - 2697.

[11] He Lili,Liu Yang,Lin Mengshi,et al. A new approach to measure melamine,cyanuric acid,and melamine cyanurate using surface enhanced raman spectroscopy coupled with gold nanosubstrates[J]. Sens Instr Food Qual,2008,2(1)：66 - 71.

[12] Reims Chuessel R,Gieseker C M,Miller R A,et al. Evaluation of the renal effects of experimental feeding of melamine and cyanuric acid to fish and pigs[J]. Vet Res,2008,69(9)：1217 - 1228.

[13] Ehling S,Tefera S,Ho I P. High - performance liquid chromatographic method for the simultaneous detection of the adulteration of cereal flours with melamine and related triazine byproducts ammeline,ammelide,and cyanuric acid[J]. Food Addit Contam,2007,24(12)：1319 - 1325.

[14] Muniz - valencia R,Ceballos M S,Rosales M D,et al. Method development and validation for melamine and its derivatives in rice concentrates by liquid chromatography. application to animal feed samples[J]. Anal Bioanal Chem,2008,392(3)：523 - 531.

[15] 刘永涛,杨红,艾晓辉. 高效液相色谱法检测水产品中三聚氰胺的残留量[J]. 分析试验室, 2009,28(z1)：138 - 141.

[16] Smoker M S,Krynitsky A J. Interim method for thedetermination of melamine and cyanuric acid residues in foods using LC - MS/MS：version 1.0[R]. Laboratory Information Bulletin 4422. United

States Food and Drug Administration, Center for Food Safety and Applied Nutrition, College Park: MD,2008.

[17] Karbiwnyk C M,Andersen W C,Turnipseed S B,et al. Determination of cyanuric acid residues in catfi sh,trout,tilapia,salmon and shrimp by liquid chromatography - tandem mass spectrometry[J]. Anal Chim Acta,2008,637(1/2): 101 - 111.

[18] Chou Shinshou,Hwang Dengfwu,Lee Huifang. High performance liquid chromatographic determination of cyromazine and its derivative melamine in poultry meats and eggs[J]. Food Drug Anal, 2003,11(4): 290 - 295.

[19] Ishiwata H,Inoue T,Yamazaki T,et al . Liquid chromatographic determination of melamine in beverages[J]. Assoc Off Anal Chem,1987,70(3): 457 - 460.

[20] Lund K H,Petersen J H. Migration of formaldehyde and melamine monomers from kitchen - and tableware made of melamine plastic[J]. Food Addit Contam,2000,23(9): 948 - 955.

[21] Varelis P,Jeskelis R. Preparation ot [(13)C(3)]- melamine and [(13)C(3)]- cyanuric acid and their application to the analysis of melamine and cyanuric acid in meat and pet food using liquid chromatography - tandem mass spectrometry[J]. Food Addit Contam,2008,25(10): 1210 - 1217.

[22] Veyrand B,Elaudais S,Marchand P,et al. Identification Et dosage De La melamine Et De ses produits De degradation Dans Les aliments Par chromatographie En P hase gazeuse couplee a La spectrometrie De mass En tandem[J]. Laberca,2008,7: 1 - 15.

[23] Miao Hong,Fan Sai,Wu Yongning,et al. Simultaneous determination of melamine,ammelide, ammeline,and cyanuric acid in milk and milk products by gas chromatography - tandem mass spectrometry[J]. Biomedical and Environmental Sciences,2009,22(2): 87 - 94.

[24] Filigenzi M S,Puschner B,Aston L S,et al. Diagnostic determination of melamine and related compounds in kidney tissue by liquid chromatography/tandem mass spectrometry[J]. Agric Food Chem,2008,56(17): 7593 - 7599.

[25] University of Guelph. Determination of residues of melamine and cyanuric acid in animal food by LC - MS - MS[J]. Toxi,2008,62: 1 - 31.

[26] Sancho J V,Ibanez M,Grimalt S,et al. Residue determination of cyromazine and its metabolite melamine in chard samples by ionpair liquid chromatography coupled to electrospray eandem mass spectrometry[J]. Analytica Chimica Acta,2005,530(2): 237 - 243.

[27] TittlemierS A,Laubp Y,Mard C,et al. Melamine in infant formula sold in canada: Occurrence and risk assessment[J]. Agric Food Chem,2009,57(12): 5340 - 5344.

[28] Teresa M V,Patrick R J. Rapid and unambiguous identifi cation of melamine in contaminated pet food based on mass spectrometry with four degrees of confi rmation[J]. Journal Of Analytical Toxicology,2007,31(6): 304 - 312.

[29] Campbell J A,Wunschel D S,Petersena C E. Analysis of melamine,myanuric acid,ammelide, and ammeline using matrixassisted laser desorption ionization/time - of - flight mass spectrometry (MALDI/TOFMS)[S]. Analytical Letters,2007,40(16): 3107 - 3118.

[30] Benvenuti M E,O'Conno R A. Melamine,ammeline and cyanuric acid analysis by UPLC - MS - MS And UPLC - PDA[S]. Milford: Waters Corporation,2009.

[31] Wang Xiaoyu,Chen Yi. Determination of aromatic amines in food products and composite food packaging bags by capillary electrophoresis coupled with transient isotachophoretic stacking[S]. Chro-

matography A,2009,1216(43)：7324－7328.

[32] Tsai I L,Sun S W,Liao H W,et al. Rapid analysis of melamine in infant formula by sweeping －micellar electrokinetic chromatography[J]. Chromatogr A,2009,1216(47)：8296－8303.

[33] 董一威,屠振华,朱大洲,等. 利于近红外光谱快速检测牛奶中三聚氰胺的可行性研究[J]. 光谱学与光谱分析,2009,29(11)：2934－2938.

[34] 徐云,王一鸣,吴静珠,等. 用近红外光谱检测牛奶中的三聚氰胺[J]. 红外与毫米波学报,2010,29(1)：53－56.

[35] 国际化学品安全规划署和欧洲联盟委员会合编,国际化学品安全手册,1994.

[36]Shaun Macmahon,Timothy H. Begley,Gregory W. Diachenko,Selen A. Stromgren. A liquid chromato-garphy-tandem mass spectrometry method for the detection of economically motivated adulteration in protein-containing foods[J]. Journal of Chromatography A,1220(2012)101－107.

第 7 章 食品中罂粟壳的检测技术与应用

罂粟壳为罂粟科植物罂粟的干燥成熟果壳。根据 2010 年版《中国药典》,罂粟壳通常呈椭圆形或瓶状卵形,多已破碎成片状,直径 1.5cm～5cm,长 3cm～7cm。外表面黄白色、浅棕色至淡紫色,平滑,略有光泽,有纵向或横向的割痕。顶端有 6～14 条放射状排列呈圆盘状的残留柱头,基部有短柄。体轻,质脆。内表面淡黄色,微有光泽。有纵向排列的假隔膜,棕黄色,上面密布略突起的棕褐色小点。气微清香,味微苦。有镇痛、镇咳和使胃肠道及其括约肌张力提高作用,可用作中药,专治久咳、久泻、脱肛、脘腹疼痛。由于其具有兴奋、镇痛等麻醉作用,而且有成瘾性,所以一些商家在火锅底料、调味料、卤汁中加入罂粟壳以此来招揽生意,牟取暴利。其已被列入原卫生部发布的《食品中可能违法添加的非食用物质和易滥用的食品添加剂名单》。

现代毒理及化学研究表明,罂粟壳药材主要药效成分是生物碱,其主要成分为吗啡、可待因、罂粟碱、那可丁和蒂巴因等,其详细信息参见表 7-1。

表 7-1　罂粟壳中主要药效成分

名称	结构式	分子式	相对分子质量	CAS 号
吗啡 MorpHine		$C_{17}H_{19}NO_3$	285.34	57-27-2
可待因 Codeine		$C_{18}H_{21}NO_3$	299.36	76-57-3
罂粟碱 Papa Verine		$C_{20}H_{21}NO_4$	339.39	58-74-2

续表

名称	结构式	分子式	相对分子质量	CAS号
那可丁 Noscapine		$C_{22}H_{23}NO_7$	413.42	128－62－1
蒂巴因 Thebaine		$C_{19}H_{21}NO_3$	311.37	115－37－7

7.1 样品前处理技术

7.1.1 提取方法

罂粟壳主要药效成分是生物碱,经酸化水解后会成为强弱不同的生物碱盐溶于水中,而不易溶于有机溶剂中,但在碱性条件下,生物碱又会易溶于有机溶剂中。因此提取食品中的罂粟壳时,常将样品加热酸化水解,滤除杂质,然后用有机溶剂提取以除去脂溶性物质,将水相碱化后再用有机溶剂提取、浓缩,最后用不同方法进行定性定量测定。

文献报道中常用的酸化溶液为盐酸、酒石酸、醋酸、高氯酸等,碱化溶液为氨水,脱脂溶剂为石油醚、乙醚等,提取溶剂为三氯甲烷、异丙醇、无水乙醇、乙醚、乙腈等单一或二元溶剂体系。张平等用酒石酸调pH约为4,低温回流0.5h后趁热过滤,滤液冷却后用脱脂棉过滤于分液漏斗中,然后在保持酸性条件下,用石油醚脱脂,弃去石油醚。水层用氨水调pH为9.0,用三氯甲烷-异丙醇(3:1,体积比)混合液提取三次,弃去水层,提取液用无水硫酸钠过滤脱水后浓缩,用流动相溶解后上机检测。刘奋等将样品用50%盐酸调pH为1~2,煮沸后冷却,用乙醚净化,将水相用氨水调至pH为9~10,然后加入三氯甲烷-乙醇(9:1,体积比)提取两次,提取液用无水硫酸钠过滤脱水后浓缩,用甲醇定容后上机检测。为了提高提取的效率,冯丽娟等将样品溶液的酸化水解与超声萃取相结合。将样品溶液用酒石酸调pH为4后,放入超声-微波协同萃取仪进行萃取,过滤后再进行脱脂、有机溶剂提取等步骤。谷岩等将样品用乙醚脱脂后,在水相中加入0.2mol/L的高氯酸溶液,然后超声提取,离心后取上清液净化。

由于罂粟壳常被违法添加于火锅底料、卤料等调味料中,使得样品的基质比较复杂,因此为了更好的减少样品的基底干扰,有文献利用沉淀法来提取样品溶液中的生物碱成分。王建新等研究了火锅汤料中罂粟壳成分的高效液相色谱检测法,进行样品提取时,在依次完成了酸化水解、脱脂、去蛋白质等步骤后,加入5%硅钨酸溶液,摇匀后置沸水浴中加热 5min,冷却后离心分离,使生物碱成分沉淀完全。然后用浓氨水溶解沉淀,用乙醚进行提取。

7.1.2 净化方法

应用于食品样品中罂粟壳检测的样品净化处理手段主要有液-液萃取、蛋白质沉降法、固相萃取、超速离心等。

液液萃取是利用化合物在两种互不相溶(或微溶)的溶剂中溶解度或分配系数的不同,使化合物从一种溶剂内转移到另外一种溶剂中,以达到除去杂质的目的。样品在用有机溶剂进行提取前,需要利用石油醚等有机试剂进行液-液萃取,以除去样品中的油脂等杂质,达到一定的净化效果。目前绝大部分文献中,均使用了液-液萃取的净化方法,对于像火锅、肉汤等油脂含量较高的样品,液-液提取脱脂所达到的净化效果,更为明显。

由于食品样品的基质比较复杂,并且常含有较高的蛋白质,因此除去样品中的蛋白质,可以有效减少基质效应。王建新等采用硅钨酸来沉淀火锅汤料中的生物碱,在对样品完成了酸化水解、石油醚液液分配脱脂等步骤后,用 20％三氯乙酸溶液沉降蛋白质,离心后取上清液,然后加入 5％硅钨酸溶液沉淀出其中的生物碱成分。

固相萃取是近年发展起来的一种样品预处理技术,主要用于样品的分离、纯化和浓缩,与传统的液液萃取法相比较可以提高分析物的回收率,更有效地将分析物与干扰组分分离,减少样品预处理过程,具有操作简单、省时、省力等优点。谷岩等用乙醚脱脂、高氯酸酸化后,采用 Waters Oasis MCX 固相萃取柱(60mg)对样品溶液进行净化。萃取柱活化后上样,用 5mL 甲醇、5mL 水淋洗,弃去所有淋洗液,用氨化甲醇洗脱,收集洗脱液,浓缩后过滤,上机检测。

7.2 分析方法

目前,食品中罂粟壳的分析方法基本上可分为:分光光度法、薄层色谱法、示波极谱法、气相色谱法、高效液相色谱法、气相色谱质谱联用法、液相色谱质谱联用法、免疫分析法。其中高效液相色谱法和液相色谱质谱联用法,由于灵敏度高、分离效果好、适用性较广,是目前文献报道较多的检测方法。

7.2.1 分光光度法

分光光度法是通过测定被测物质在特定波长处或一定波长范围内光的吸光度或发光强度,对该物质进行定性和定量分析的方法。张忠会等建立了以酸性染料法测定罂粟壳中生物碱类化合物含量的方法。作者将样品用水浸泡后过滤,在滤液中加入溴甲酚绿试液显色,然后加入氯仿进行液液分配提取,取氯仿层过无水硫酸钠脱水,用分光光度计在 417nm 处进行检测。由于该方法灵敏度较差,近年来已较少应用于食品中罂粟壳的检测研究。

7.2.2 薄层色谱法

薄层色谱法是将固定相(如硅胶)薄薄地均匀涂敷在底板(或棒)上,试样点在薄层一端,在展开罐内展开,由于各组分在薄层上的移动距离不同,形成互相分离的斑点,测定各斑点的位置及其密度就可以完成对试样的定性、定量分析的色谱法。冯雪涛等用薄层色谱法对食品中罂粟壳残留进行测定,并研究了罂粟碱、可待因、吗啡在该条件下的检测限和 R_f 值。罂粟碱、可待因、吗啡在弱碱性条件下,经氯仿提取浓缩后,在硅胶 G 板上点样、展开,展开剂为甲苯-丙酮-乙醇-氨水,在紫外光灯(365nm)下观察斑点,然后显色与标准比较,以 R_f 值和色斑的颜色定性。以色斑深浅和大小概略定量。探讨并制定了食品中罂粟壳残留分离、提取、富集、点样、展出和显色的最佳条件,研究了十余种常用食用天然添加剂、佐料的干扰及其排除方法。张伟忠等选用 10 种常用食品香料与罂粟壳混合,经酸化加热水解、碱化等步骤后,用三氯甲烷-无水乙醇(9:1,体积比)萃取提取罂粟壳残留物。薄层层析定性定量的结果表明,香料对于罂粟壳残留物提取的干扰较小,可提取完全,提取效率达 97%～98%以上,实际样品中检出含吗啡、可待因等 5 个生物碱组分。由于薄层色谱法的分离效果和灵敏度较差,使其应用范围受到较大限制。

7.2.3 示波极谱法

根据粟壳罂中的吗啡亚硝基化后在碱性条件下产生吸附催化波的原理,可准确测定吗啡含量。该法简便快速,检测限可达 $0.05\mu g$ 吗啡。陶锐等报道了火锅汤料中吗啡的示波极谱分析。吗啡在酸性条件下经亚硝基化以硼砂溶液为底液,示波极谱分析测定其含量,在 EP＝－0.64V(VESCE)处产生一个理想、高灵敏度的极谱波。作者研究了火锅汤料样品及其罂粟壳中一些成分对吗啡测定的干扰,提出从样品中分离纯化吗啡的方法,制定了火锅汤料中依据吗啡来判断掺假罂粟壳的检测方法。方法最低检测浓度为 $0.025\mu g/mL$,回收率为 85.15%～92.10%,RSD 为 4.03%～18.5%。

7.2.4 气相色谱法

样品经过酸化、净化、碱化、提取、浓缩后,经 GC 分离,可同时定性、定量检测掺入食品中的罂粟壳,灵敏度可达 10^{-11},是目前测定食品中罂粟壳残留量灵敏度较高的方法。李永芳等将样品酸化水解,再碱化后用三氯甲烷-甲醇(3:1,体积比)提取,取适量有机相经气相色谱分离后采用氢火焰离子化检测器检测。罂粟壳的检测量为 2mg/kg。

7.2.5 高效液相色谱法

高效液相色谱法(HPLC 法)可同时测定多种生物碱,因其灵敏度高,分离效果好,是目前文献报道较多的检测方法之一。张平等以乙腈、0.02mol/L 磷酸二氢钾－0.002 mol/L 磷酸氢二钾作流动相,用 C_{18} 柱(25cm×4.6mm)分离,254nm 处检测食品中吗啡、罂粟碱、可待因、那可丁。冯丽娟等用超声-微波协同萃取的方法提取罂粟壳中的生物碱,用 HPLC 法检测了食品中可能出现的罂粟壳生物碱成分:吗啡、可待因和罂粟碱。作者采用 Eclipse XDB－C$_{18}$,4.6mm×150mm,5μm 不锈钢柱,乙腈和磷酸盐缓冲溶液为流动相,检测波长分别为 210nm、213nm、253nm,三种成分分离良好。吗啡、可待因和罂粟碱的平均回收率分别为 97.87%,96.80%,94.47%;精密度相对标准偏差(RSD)分别为 0.070%,0.037%,0.029%;重现性相对标准偏差(RSD)分别为 0.040%,0.209%,0.665%。王建新等将经过酸化、石油醚去除脂肪、20%的三氯乙酸沉降蛋白质后的样品溶液,用 5%硅钨酸溶液沉淀生物碱,离心后弃去上清液。将沉淀用氨水完全溶解后,用乙醚萃取,然后将乙醚层蒸干,用甲醇溶解残渣,进样分析。流动相甲醇:水=98:2、流速 1.3mL/min,检测波长为 216nm。该方法分离效果好,可以同时检出罂粟碱、吗啡、可待因、那可丁和蒂巴因 5 种组分,其保留时间分别为罂粟碱 6.89min、吗啡 2.15min、可待因 5.65min、那可丁 1.89min、蒂巴因 1.71min。董南等采用高效液相色谱法检测食品中多种香料共存时的罂粟壳。样品经酸化、碱化后采用氯仿-乙醇(9:1,体积比)提取,在苯基柱上以乙腈-甲醇-水为流动相进行分离,254nm 处波长进行检测,外标法定量。罂粟碱、吗啡、可待因在 1.2mg/L~100mg/L 范围内线性关系良好,检测限分别为 0.5mg/L、1.5mg/L、1.2mg/L。以加入了八角、茴香、花椒、辣椒等多种香料的汤汁为空白样品进行回收率及精密度试验,回收率为 79.3%~86.1%,精密度为 7.82%~10.1%。谷岩等提出了高效液相色谱法测定汤料中罂粟壳提取物吗啡、可待因和罂粟碱残留量的方法。样品用乙醚萃取、高氯酸酸化后,经离心分离,取上清液通过 Waters Oasis MCX(60mg)固相萃取柱净化。流出液经过滤后,取 10μL 进样,在 Zorbax SB C$_{18}$色谱柱上进行分离,以不同比例混合的乙酸铵溶液和甲醇作为流动相进行梯度洗脱。吗啡、可待因和罂粟碱的线性范围均为 0.05mg/L~50mg/L,检出限(S/N≥3)依次为 0.010mg/kg,0.010mg/kg,0.015mg/kg。以空白肉汤实样为基体做加标回收试验,测得回收率依次在 94.0%~97.1%,89.0%~94.9%,91.0%~93.0%之间,相对标准偏差(n=6)均小于 5.5%。顾丽红等采用 RP－HPLC 法测定罂粟壳中吗啡和可待因含量,以 0.05mol/L 醋酸钠缓冲液(pH3.6)-乙腈-乙醇(22:2:1,体积比)为流动相,检测波长为 254nm。吗啡、可待因与各杂质成分分离度良好。含量测定的平均回收率分别为 94.7%(RSD=1.43%,n=5)、94.6%(RSD=1.73%,n=5)。

7.2.6 气相色谱质谱联用法

刘奋等建立了气相色谱质谱联用法(GC/MS)法测定掺入食品中罂粟壳残留的方法。用 GC/MS 法对掺入食品的罂粟壳中残留的可待因、吗啡、罂粟碱等阿片生物碱进行定性测定,选取其中响应值最高的可待因作为检出罂粟壳的指标。选择 HP－5MS(30m×0.25mm×0.25μm)为色谱柱,m/z299 为目标离子时,可待因的检出限(S/N≥3)为 1mg/kg。李凤贞等以 GC/MS 中选择离子(SIM)模式进行离子提取,以罂粟壳加入正常的火锅汤底作阳性样品,模拟各种汤底组成中罂粟壳的加入方法,用三种组合的有机溶剂分别作萃取液,考察了汤料中罂粟生物碱的最佳提取条件,建立了用氯仿-乙醇(9:1,体积比)作萃取液、GC/MS 法检测汤料中的可待因、吗啡、蒂巴因、罂粟碱、那可丁等生物碱的方法。罂粟生物碱选择的特征离子为:可待因(m/z299、229、162、115);吗啡(m/z285、162、

215、115);蒂巴因(m/z311、296、242、42);罂粟碱(m/z338、324、308、154);那可丁(m/z220、205)。其中以可待因检测灵敏度最高,作为检出指标。蒋卫华用丙酮为提取剂,DB－5(30m×0.25mm×0.32μm)的毛细管柱,建立了 GC/MS 法检测罂粟蒴果中可待因、吗啡、罂粟碱的方法。该法中,罂粟蒴果中可待因、吗啡、罂粟碱的保留时间分别为 12.33min、12.70min、16.26min,离子碎片峰依次为:可待因(m/z299、162、124)、吗啡(m/z285、162、215、124)、罂粟碱(m/z399、324、308、292、266)。

7.2.7 液相色谱质谱联用法

张虹等采用液相色谱-电喷雾串联四极杆质谱法定量检测掺罂粟壳食物中生物碱的残留。样品用 0.1mol/L HCl 溶液超声提取后用正己烷萃取,将水相通过活化了的 Waters Oasis MCX 1(30mg)固相萃取柱,淋洗、抽干后用含 5‰氨水的甲醇洗脱,收集洗脱液,浓缩至 1mL。采用 Waters Atilantis C_{18} 柱(2.1mm×150mm,5μm),甲醇和 10mmol/L 醋酸铵溶液作为流动相梯度洗脱,质谱检测。吗啡、可待因、罂粟碱、那可丁的母离子分别为 286.2、300.2、340.7、413.4;子离子分别为(165.0、181.1)、(215.1、165.1)、(202.5、324.7)、(220.0、353.1)。吗啡、可待因、罂粟碱、那可丁最低检出限(LOD,S/N≥3)分别为 0.24μg/L、0.08μg/L、0.01μg/L、0.003μg/L(进样量 10μL),最低定量限(LOQ,S/N≥10)分别为 0.73μg/L、0.24μg/L、0.03μg/L、0.009μg/L。日内重复取样测定 7 次,4 种物质的 RSD 分别为 4.10%、4.02%、3.13%、5.26%。日间重复取样测定 7 次,4 种物质的 RSD 分别为 6.57%、9.03%、8.73%、10.00%。在空白火锅汤料中分别加入不同浓度、3 个水平的标液,4 种物质测得的平均回收率在 95%~110%。

7.2.8 免疫分析法

酶联免疫法检测罂粟碱是通过抗罂粟碱抗体与酶标抗原、待测抗原的竞争免疫反应以及酶的催化显色相结合,特异性好。宋家铨等建立了酶联免疫法快速检测食品中罂粟碱的方法。实际样品利用石油醚液液萃取除去脂肪,然后在水相中加入三氯乙酸沉淀蛋白质,离心后取上清液加入硅钨酸,使罂粟碱沉淀。将沉淀用氨水溶解,然后加入乙醚萃取,合并醚层,脱水后挥干,用稀释液溶解后供测。利用酶联免疫法,目视比较样品孔与标液孔的颜色,进行定性检测。标液孔颜色较浅则为阳性,反之为阴性。将标准曲线和样品溶液按照定性测定的步骤,用酶标测定仪在 450nm 波长处测定吸光度,绘制出罂粟碱的吸光度对浓度数值的标准曲线,并计算出样品中罂粟碱的含量。

7.3 应用实例

7.3.1 火锅食品中罂粟碱、吗啡、那可丁、可待因和蒂巴因的测定 液相色谱-串联质谱法

该方法源自上海市地方标准 DB 31/2010—2012。

7.3.1.1　范围

该方法适用于火锅酱料、汤料、调味油和固体类调味粉等火锅食品中罂粟碱、吗啡、那可丁、可待因、蒂巴因的测定。

7.3.1.2　原理

样品用水或盐酸溶液分散均匀、乙腈提取后,经盐析分层,乙腈提取液用键合硅固相萃取吸附剂净化,离心,液相色谱-串联质谱仪检测,罂粟碱、那可丁和蒂巴因采用外标法定量,吗啡和可待因采用内标法定量。

7.3.1.3　试剂与材料

除非另有规定,该方法所用试剂均为分析纯或以上规格,水为 GB/T 6682 规定的一级水。

(1)甲醇(CH_3OH):色谱纯。

(2)乙腈(CH_3CN):色谱纯。

(3)甲酸(HCOOH):色谱纯。

(4)盐酸(HCl)。

(5)甲酸铵($HCOONH_4$)。

(6)氢氧化钠(NaOH)。

(7)无水硫酸镁($MgSO_4$):研磨后在 500℃马弗炉内烘 5h,200℃时取出装瓶,贮于干燥器中,冷却后备用。

(8)无水醋酸钠(CH_3COONa)。

(9)乙二胺-N-丙基硅烷(PSA)填料:粒度 40μm~70μm。

(10)C18 填料:粒度 40μm~50μm。

(11)盐酸溶液(0.1mol/L):量取盐酸 9mL,加水至 1L,摇匀备用。

(12)甲酸铵溶液(10mmol/L):准确称取 1.26g 甲酸铵溶解于适量水中,定容至 2L,混匀后备用。

(13)甲酸甲醇溶液(0.5%):量取甲酸 1mL,置于 200mL 容量瓶中,用甲醇稀释并定容至刻度,摇匀备用。

(14)氢氧化钠溶液(1mol/L):准确称取 40g 氢氧化钠溶解于适量水中,定容至 1L,混匀后备用。

(15)盐酸罂粟碱、吗啡、那可丁、磷酸可待因和蒂巴因标准品:纯度不少于 98%。

(16)内标物质:吗啡-D_3,可待因-D_3。

(17)标准储备液(1.0mg/mL):精密称取盐酸罂粟碱、那可丁、蒂巴因、吗啡和磷酸可待因标准品适量,用甲酸-甲醇溶液配制成罂粟碱、那可丁、蒂巴因、吗啡和可待因的浓度均为 1.0mg/mL 的溶液,作为标准储备液。4℃避光保存,有效期为 3 个月。

(18)混合标准品溶液:精密吸取浓度为 1.0mg/mL 的罂粟碱、那可丁、蒂巴因储备液各 1.0mL 和浓度为 1.0mg/mL 的吗啡、可待因储备溶液各 5mL 于 20mL 容量瓶中,用乙腈定容至刻度,摇匀,即得含罂粟碱、那可丁、蒂巴因浓度为 50μg/mL 和吗啡、可待因浓度为 250μg/mL 的混合标准品溶液。4℃避光保存,有效期为 3 个月。

(19)同位素内标工作溶液(5.0μg/mL):分别精密吸取内标物质适量,用甲醇配制成吗啡-D_3,可待因-D_3的浓度均为 5.0μg/mL 的溶液。4℃避光保存,有效期为 3 个月。

(20)标准工作溶液的配制:分别精密吸取上述混合标准品溶液和同位素内标工作溶液适量,用乙腈稀释成罂粟碱、那可丁、蒂巴因浓度为 1.0ng/mL、2.0ng/mL、5.0ng/mL、10.0ng/mL、20.0ng/mL、50.0ng/mL,吗啡、可待因浓度为 5.0ng/mL、10.0ng/mL、25.0ng/mL、50.0ng/mL、100ng/mL、250ng/mL 的系列标准工作溶液,内标溶液浓度均为 50.0ng/mL。临用新配。

(21)甲酸乙腈溶液(0.1%):量取甲酸 1mL,加乙腈稀释至 1L,摇匀,过滤。

(22)甲酸甲酸铵溶液(0.1%):量取甲酸 1mL,加甲酸铵溶液稀释至 1L,摇匀,过滤。

(23)滤膜:0.22μm(尼龙)。

(24)pH 试纸:pH1~14。

7.3.1.4　仪器和设备

(1)液相色谱-串联质谱仪:带电喷雾离子源(ESI)。

(2)分析天平:分度值为 0.00001g 和 0.01g。

(3)离心机:≥10000r/min。

(4)超声波清洗器。

(5)涡旋混合器。

7.3.1.5　分析步骤

1.提取

(1)火锅酱料、汤料、调味油

称取 2g 试样(精确至 0.01g)于 50mL 聚四氟乙烯具塞离心管中,加入 150μL 同位素内标工作液,再加入 5mL 水,振摇使分散均匀(酱类样品必要时可加 10mL 水),加入 15mL 乙腈,涡旋振荡 1min,加入 6g 无水硫酸镁和 1.5g 无水醋酸钠的混合粉末(或以相当的市售商品代替),迅速振摇,涡旋振荡 1min,以 4000r/min 离心 5min,取上清液待净化。

(2)固体类调味粉

称取 2g 试样(精确至 0.01g)于 50mL 聚四氟乙烯具塞离心管中,加入 150μL 同位素内标工作液,再加入 5mL 盐酸溶液溶液,超声处理 30min,用氢氧化钠溶液调节 pH 呈中性,加入 15mL 乙腈,涡旋振荡 1min,加入 6g 无水硫酸镁和 1.5g 无水醋酸钠的混合粉末(或以相当的市售商品代替),迅速振摇,涡旋振荡 1min,以 4000r/min 离心 5min,取上清液待净化。

2.净化

称取 50mg(±5mg)PSA、100mg(±5mg)无水硫酸镁、100mg(±5mg)C_{18}粉末置于 2mL 聚四氟乙烯具塞离心管中(或以相当的市售商品代替),移取 1.5mL 上清液至此离心管中,涡旋混合 1min,以 10000r/min 离心 2min,移取上清液,0.22μm 滤膜过滤,取滤液待测。

7.3.1.6　测定

1.参考液相色谱条件

(1)色谱柱:BEH、HILIC(粒径 1.7μm,2.1mm×100mm),或相当者;

(2)进样量:5μL;

(3)柱　温:40℃;

（4）流　速：0.3mL/min；

（5）流动相：A 相为含 0.1% 甲酸的乙腈；B 相为含 0.1% 甲酸的 10mmol/L 甲酸铵溶液，按表 7-2 进行梯度洗脱。

表 7-2　梯度洗脱程序

时间/min	A 相/%	B 相/%
0.00	90	10
0.30	90	10
1.00	80	20
2.50	80	20
3.00	90	10
6.00	90	10

2.参考质谱条件

（1）离子化方式：电喷雾电离；

（2）扫描方式：正离子扫描；

（3）检测方式：多反应监测（MRM）；

雾化气、气帘气、辅助气、碰撞气均为高纯氮气；使用前应调节各参数使质谱灵敏度达到检测要求，参考条件见表 7-3。

表 7-3　7 种化合物的定性离子对、定量离子对、去簇电压和碰撞气能量

组分名称	定性离子对 (m/z)	定量离子对 (m/z)	去簇电压 (DP)/V	碰撞气能量 (CE)/eV
罂粟碱	340.4/202.2	340.4/202.2	92	38
	340.4/171.1			49
吗啡	286.0/181.3	286.0/181.3	97	50
	286.0/165.3			50
那可丁	414.4/220.5	414.4/220.5	95	30
	414.4/353.3			34
可待因	300.4/215.2	300.4/215.2	90	34
	300.4/165.4			55
蒂巴因	312.3/58.3	312.3/58.3	52	38
	312.3/249.1			22
吗啡-D_3	289.4/185.2	289.4/185.2	95	40
	289.4/165.2			53
可待因-D_3	303.5/215.3	303.5/215.3	80	35
	303.5/165.2			60

3.定性测定

在相同实验条件下测定标准溶液和样品溶液，如果样品溶液中检出的色谱峰的保留时间与标准溶液中的某种组分色谱峰的保留时间一致，样品溶液的定性离子相对丰度比

与浓度相当标准溶液的定性离子相对丰度比进行比较时,相对偏差不超过表7-4规定的范围,则可判定样品中存在该组分。

表7-4 定性确定时相对离子丰度的最大允许偏差

相对离子丰度/%	>50	>20~50	>10~20	≤10
允许的相对偏差/%	±20	±25	±30	±50

4.定量测定

在仪器最佳状态下,对标准工作液进样,以罂粟碱、那可丁和蒂巴因的色谱峰面积为纵坐标,罂粟碱、那可丁和蒂巴因的浓度为横坐标绘制标准工作曲线,外标法定量;以吗啡和可待因的峰面积与相应内标物峰面积的比值为纵坐标,吗啡和可待因的浓度为横坐标绘制标准工作曲线,内标法定量。

在上述色谱和质谱条件下,7种化合物的标准物质提取离子(定量)质谱图参见图7-1。

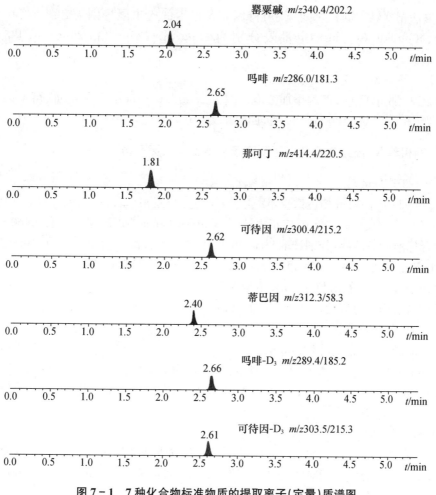

图7-1 7种化合物标准物质的提取离子(定量)质谱图

5. 空白试验

除不称取样品外,按 7.3.1.5 步骤进行后测定。

7.3.1.7 分析结果的表述

样品中罂粟碱、吗啡、那可丁、可待因和蒂巴的含量按式(7-1)计算:

$$X=\frac{c\times V}{m} \tag{7-1}$$

式中 X——试样中各待测物的含量,$\mu g/kg$;

c——从标准曲线中读出的供试品溶液中各待测物的浓度,$\mu g/L$;

V——样液的提取体积,此处为 15,mL;

m——试样的质量,g。

计算结果保留三位有效数字。

7.3.1.8 方法精密度

在重复性条件下获得的两次独立测定结果的绝对差值不得超过算术平均值的 20%。

7.3.1.9 方法检出限和定量限

该方法罂粟碱、吗啡、那可丁、可待因和蒂巴因的检出限分别为 $8\mu g/kg$、$40\mu g/kg$、$8\mu g/kg$、$40\mu g/kg$、$8\mu g/kg$。定量限分别为 $25\mu g/kg$、$125\mu g/kg$、$25\mu g/kg$、$125\mu g/kg$、$25\mu g/kg$。

7.3.1.10 方法准确度

罂粟碱、那可丁和蒂巴因添加浓度范围为 $25\mu g/kg\sim250\mu g/kg$,吗啡、可待因添加浓度范围为 $125\mu g/kg\sim1250\mu g/kg$ 时,回收率为 70%~110%。

7.3.2 固相萃取-高效液相色谱法测定汤料中罂粟壳提取物

7.3.2.1 仪器与试剂

Agilent1100 高效液相色谱仪,J2 美国凝胶色谱-固相萃取-在线浓缩仪,CT15RT 冷冻高速离心机,KQ-500DE 数控超声波仪,Waters Oasis MCX 固相萃取柱(60mg)。

混合标准储备溶液:分别称取吗啡、可待因、罂粟碱标准品 10.00mg 于 10mL 容量瓶中,用水定容,该溶液的质量浓度为 1.000g/L,于 0℃~4℃避光贮存。

氨化甲醇:5mL 氨水与 0.5mL 甲醇混合。

所用试剂均为色谱纯,试验用水为一级水。

7.3.2.2 仪器工作条件

Zorbax SB C_{18}色谱柱(4.6mm×250mm,5μm),检测波长 213nm,柱温 20℃,流量 0.8mL/min;流动相:A 为 0.02mol/L 乙酸铵溶液,B 为甲醇;梯度洗脱程序:0min~10min 时,B 由 80%增至 95%;11min 时,B 降至 80%,保持 4min;进样量 10μL。

7.3.2.3 试验方法

(1)样品的制备

称取混匀样品 2.00g,加水 10mL,乙醚 10mL,漩涡混合 2min,弃去醚层,收集水相于 50mL 离心管中,加入 0.2mol/L 高氯酸溶液 2mL,超声波提取 10min,以 10000r/min 转速离心 15min,收集上清液待净化。

食品中罂粟壳的检测技术与应用 ◎ 第7章

（2）样品的净化

凝胶色谱-固相萃取柱经 3mL 甲醇、3mL 水活化后，上样，分别经 5mL 甲醇、5mL 水淋洗，弃去所有淋洗液，用氨化甲醇洗脱，收集洗脱液，蒸至近干，用水定容至 2mL，经 0.45μm 滤膜过滤，按色谱条件进行分析。

7.3.2.4 线性范围和检出限

在优化的色谱条件下对 0.05mg/L、0.5mg/L、1.0mg/L、5.0mg/L、10.0mg/L、50.0mg/L 混合标准溶液系列进行测定，以峰面积为纵坐标，质量浓度为横坐标绘制标准曲线，吗啡、可待因和罂粟碱的质量浓度均在 0.05mg/L～50.0mg/L 范围内与峰面积呈良好的线性关系。吗啡、可待因和罂粟碱的检出限（$S/N \geqslant 3$）为 0.010mg/kg。

7.3.2.5 回收率与精密度

在空白肉汤中，加入吗啡、可待因、罂粟碱混合标准溶液，加标浓度为 0.1mg/kg、1.0mg/kg、10.0mg/kg，每个浓度水平测定 6 次，计算回收率和精密度（相对标准偏差，RDS），见表 7-5。

表 7-5 吗啡、可待因、罂粟碱回收率和精密度（RSD）

化合物	添加浓度/（mg/kg）	测定值/（mg/kg）	回收率/%	RSD/%
吗啡	0.1	0.094	94.0	4.8
	1.0	0.960	96.0	2.3
	10	9.711	97.1	2.1
可待因	0.1	0.089	89.0	5.4
	1.0	0.920	92.0	2.1
	10	9.494	94.9	2.3
罂粟碱	0.1	0.093	93.0	2.2
	1.0	0.926	92.6	2.5
	10	9.096	91.0	3.0

参考文献

[1] 汪芳芳,吕亮,曾爱明,等.食品中罂粟壳残留检测的研究现状[J].现代贸易工业,2009,3:279-280.

[2] 张平,吴风武,吴衍,等.高效液相色谱法鉴别食品中的罂粟壳[J].中国卫生检验杂志,2000,10(5):581-582.

[3] 刘奋,戴京晶,林奕芝,等.GC/MS 法测定掺入食品中罂粟壳残留的方法研究[J].中国卫生检验杂质,2003,13(6):714-715.

[4] 冯丽娟,王庭欣,赵志磊,等.超声-微博协同萃取-HPLC检测掺罂粟壳肉汤中的生物碱[J].河北大学学报,2009,29(3):291-294.

[5] 谷岩,刘广福,张元,等.固相萃取-高效液相色谱法测定汤料中罂粟壳提取物残留量[J].理化检

验-化学分册,2011,27(12):1411－1413.

[6] 王建新,陈文汇,王彬,等.火锅汤料中罂粟壳成分的高效液相色谱检测法[J].职业与健康,2004,20(6):56.

[7] 张忠会,王慧达,杨威.罂粟壳生物碱的可见分光光度法测定[J].中成药,2002,24(7):537－538.

[8] 冯雪涛,李胜荣,李发生.TLCS 法测定食品中罂粟壳残留方法研究[J].中国卫生检验杂志,1992,2(4):238.

[9] 张伟忠,梅盛华.多种香料共存时检测罂粟壳残留物的方法[J].科技通报,2000,16(3):212－215.

[10] 黄卫平.食品中罂粟壳残留检测方法[J].中国公共卫生,2002,18(1):111－112.

[11] 陶锐,高俐,杨元.火锅汤料中吗啡的示波极谱测定[J].中国卫生检验杂志,1994,4(3):140.

[12] 李永芳,付耀华,侯晓燕.气相色谱法测定食品中罂粟壳残留的研究与应用[J].中国卫生检验杂质,2000,20(1):38－40.

[13] 董南,王海燕.高效液相色谱法检测食品中多种香料共存时的罂粟壳[J].色谱,2000,18(6):554－555.

[14] 顾丽红,施亦斌.反相 HPLC 法测定罂粟壳中吗啡、可待因的含量[J].中药与天然药物,1999,9(3):17－18.

[15] 李凤贞,区文凯,莫嘉延.GC/MS 法检测汤料中罂粟生物碱提取条件探讨[J].中国卫生检验杂质,2010,20(11):2784－2785.

[16] 蒋卫华.罂粟蒴果中可待因、吗啡、罂粟碱的 GC/MS 检测[J].质谱学报,2003,24(增刊).

[17] 张虹,廖文娟,蔡增轩,等.液质联用法检测掺罂粟壳食物中生物碱的残留[J].食品与发酵工业,2005,31(12):93－97.

[18] 宋家铨,王新华,舒黎晔,等.酶联免疫法快速检测食品中罂粟碱[J].上海预防医学杂志,2002,14(6):

[19] DB 31/2010—2012 火锅食品中罂粟碱、吗啡、那可丁、可待因和蒂巴因的测定　液相色谱—串联质谱法[S].

第8章 食品中β-内酰胺酶的检测技术与应用 ●

  β-内酰胺酶是指能催化水解β-内酰胺类抗生素分子结构中环酰胺键的灭活酶。β-内酰胺类抗生素是在牛乳生产过程中使用最广泛的抗生素,常用于治疗牛乳腺炎和其他细菌感染性疾病。此外,长期用含抗生素的饲料喂养奶牛也容易造成牛乳中抗生素残留。人体饮用含抗生素的牛奶及其制品,就相当于低剂量的服用抗生素,会导致耐药、抗药体质的形成,从而降低或完全抵消抗生素类药物的疗效。因此,世界各国对原料乳中抗生素最大残留限量都作出了严格的规定。然而,由于经济利益的驱动,一些不法分子为了谋求经济利益,人为地使用抗生素分解剂去降解牛奶中残留的抗生素,生产人造无抗奶,所谓的抗生素分解剂其成分就是β-内酰胺酶。β-内酰胺酶的使用掩盖了牛奶中实际含有的抗生素,可导致青霉素、头孢菌素等抗生素类药物耐药性增高,从而大大降低了人们抵抗传染病的能力。另外,根据青霉素的过敏机理,添加β-内酰胺酶还有可能导致青霉素过敏。

  β-内酰胺类抗生素种类繁多,因此β-内酰胺酶的种类也较多。已报道的β-内酰胺酶多达300种以上,对β-内酰胺酶进行系统分类较为困难,其中比较好的分类方法之一为 Bush - Jacoby - Medeiros 法(简称 Bush 法)。该法是根据底物及抑制剂谱的不同,将酶分为4组:第一组为不被克拉维酸抑制的头孢菌素酶,第2组为通常能被克拉维酸抑制的β-内酰胺酶,根据水解活性的不同又分为 a~ f8 个亚类,第3组为不被所有β-内酰胺酶抑制剂(乙二胺四乙酸和对氯苯甲酸汞除外)抑制的金属β-内酰胺酶,第4组为由染色体介导的不被克拉维酸抵制的少量青霉素酶。具体的分类见表 8-1。

表 8-1 β-内酰胺酶的 Bush 法分类

组别	优先选择的底物	被抑制情况		代表酶
		克拉维酸	EDTA	
1	头孢菌素	—	—	AmpC 酶
2a	青霉素	+	—	阳性菌的青霉素酶
2b	青霉素、头孢菌素	+	—	TEM - 1,2,SHV - 1
2be	青霉素、窄谱和广谱头孢菌素、单环类	+	—	TEM - 3 - 26,SH V - 2 - 6
2br	青霉素	±	—	TEM - 30 - 36

续表

组别	优先选择的底物	被抑制情况 克拉维酸	EDTA	代表酶
2c	青霉素、羧苄西林	+	−	PSE-1,3,4
2d	青霉素、氯唑西林	±	−	OXA-1-11,PSE-2
2e	头孢菌素	+	−	普通变形杆菌头孢菌素酶
2f	青霉素、头孢菌素、碳青霉烯类	+	−	
3	多数 β-内酰胺环类(包括碳青霉烯类)	−	+	
4	青霉素	−	未知	

8.1 样品前处理技术

样品前处理对整个检测过程至关重要。样品前处理技术的选择与检测方法息息相关,不同的检测方法对样品前处理有不同的要求。关于 β-内酰胺酶的检测,原卫生部发布了《乳及乳制品中舒巴坦敏感 β-内酰胺酶类药物检验方法　杯碟法》。在文献研究中, β-内酰胺酶的检测方法主要有微生物法(抑菌圈法)、双流向酶联免疫法、碘量法、头孢菌素显色法、酸测定法、液相色谱法以及基质辅助激光解吸傅立叶变换质谱法。

其中,微生物法、碘量法以及酸测定法对样品前处理的要求较为简单:固体乳制品直接溶解即可;生鲜乳、杀菌乳、灭菌乳、乳饮料样品无需稀释,直接测定;酸性乳制品应调节 pH 为 6～7,再进行检测。相比之下,液相色谱法与质谱法所涉及的样品前处理过程较为复杂,所以本节主要对液相色谱法以及基质辅助激光解吸傅立叶变换质谱法所涉及的样品前处理技术进行阐述。

8.1.1 酶解条件

液相色谱法与基质辅助激光解吸傅立叶变换质谱法均不是直接对 β-内酰胺酶进行检测,而是根据牛乳中的青霉素在 β-内酰胺酶的作用下酶解生成青霉噻唑酸,通过检测青霉素的浓度变化或者青霉噻唑酸是否存在,从而判定牛奶中是否存在 β-内酰胺酶。因此,样品前处理过程的第一步是进行酶解。酶解条件的考察主要是对酶解时间进行优化。孙汉文等以 4U/mL、10U/mL 和 100U/mL 酶活性浓度;37℃酶解温度;15min、30min、60min、90min、120 和 180min 酶解时间设计正交实验,计算了氨苄青霉素的降解率,发现不同活性 β-内酰胺酶在 1h 和 3h 的酶解率基本一致。

8.1.2 提取方法

在用液相色谱法进行检测前,需要对样品进行提取,提取的目的是获取目标物,同时尽可能减少杂质的干扰。提取方法的考察主要包括提取溶剂以及提取方式的选择。孙汉文等以乙腈、15%甲醇-乙腈和0.5%乙酸溶液为提取液,考察了原乳中氨苄青霉素的回收率、重现性和基质干扰情况。结果表明,以乙腈提取,回收率高,提取液中脂肪含量少。关于提取方式,目前已发展起来的样品提取方式种类较多,其中使用得较多的提取方式有索氏提取、超声提取、均质提取、加速溶剂萃取等。在 β-内酰胺酶的检测方面,考虑到酶的活性以及待测物的稳定性,目前的研究采用的提取方式主要为简单的均质提取。孙汉文等对酶解后样品,加入20mL乙腈,,均质提取30s,再冷冻离心并净化,氨苄青霉素的回收率在92.3%~95.5%之间,RSD小于10%。

8.1.3 净化方法

牛奶的基质较为复杂,含有的组分包括脂肪、蛋白质、酪蛋白胶束以及乳糖等。这些大分子量化合物的出现增加了 β-内酰胺酶检测的难度。因此,需要对提取液进行净化以除去其中的杂质。由于青霉素具有良好的水溶性,而影响青霉素以及青霉素噻唑酸检测的主要是诸如脂肪等一些不溶于水的物质,因此可以通过离心去除一部分杂质。离心未去除的杂质再通过固相萃取进行进一步净化。固相萃取的原理是利用被测样品中的化合物与背景杂质在固相萃取柱填料中的分配系数差异,匹配相应的洗脱溶剂,将化合物与杂质分离。考虑到目标物的特性和基质成分,孙汉文等选择弱、中极性填料的固相萃取柱 C_{18}、XAD-2和HLB,对氨苄青霉素的回收率进行了考察。结果表明:以HLB柱净化,回收率最高。

8.2 分析方法

乳及乳制品中 β-内酰胺酶的检测方法主要分为微生物法和化学法。其中微生物法主要为抑菌圈法,也叫杯碟法,化学法包括双流向酶联免疫法、碘量法、头孢菌素显色法、酸测定法、液相色谱法以及基质辅助激光解吸傅立叶变换质谱法。

8.2.1 微生物法

微生物法是最古老的检测方法,主要为抑菌圈法,也叫杯碟法,是利用对抗生素高度敏感的细菌作为指示菌,试验时如果被测样品中含有 β-内酰胺酶,则抗生素会被降解,则该菌株可以生长,否则生长被抑制。通过与标准品抑菌圈的大小进行比较,即可定量检测 β-内酰胺酶的含量,这一方法是目前检测 β-内酰胺酶最常用的方法。原卫生部发布了《乳及乳制品中舒巴坦敏感 β-内酰胺酶类药物检验方法 杯碟法》。该方法是利用对青霉素敏感的标准菌株藤黄微球菌,在特异性抑制剂舒巴坦存在的条件下,加入青霉素作为对照,通过对比加入舒巴坦及未加入舒巴坦条件下,样品产生的抑菌圈的大小来间接测定样品中是否含有降解抗生素的酶类物质。该方法操作较简单,结果判定比较直观,检测限较低,为4U/mL,是目前普遍采用的方法,很多试剂盒也是在此基础上发展而来的。康海英等对杯碟法进行了优化,主要是对指示菌浓度进行了优化,优化后 β-内酰胺酶的检测限可低至 1U/mL。但是该方法只适用于对舒巴坦敏感的 β-内酰胺酶类物质的检测。

8.2.2 双流向酶联免疫法

双流向酶联免疫法(SNAP)是一种间接的筛选方法,此方法需要使用 β-内酰胺酶 SNAP 双流向酶联免疫试剂盒。韩奕奕等评估了 SNAP 双流向酶联免疫间接法快速检测还原乳中的 β-内酰胺酶,检出下限可达到 0.0005IU/mL,并且还可根据进样量调整检测的灵敏度。

SNAP 间接法检测 β-内酰胺酶操作快捷、简单易行,不涉及复杂的专业知识,因此适用于乳品各个层面的快速筛选检测,但检出的阳性或可疑样品,需再进行进一步确认。

8.2.3 碘量法

碘量法的原理是利用 β-内酰胺酶分解青霉素后产生的青霉噻唑酸与淀粉竞争游离碘,破坏了碘与淀粉的蓝色复合物,使蓝色变为无色,从而判断牛奶中是否掺有 β-内酰胺酶。原理见图 8-1。

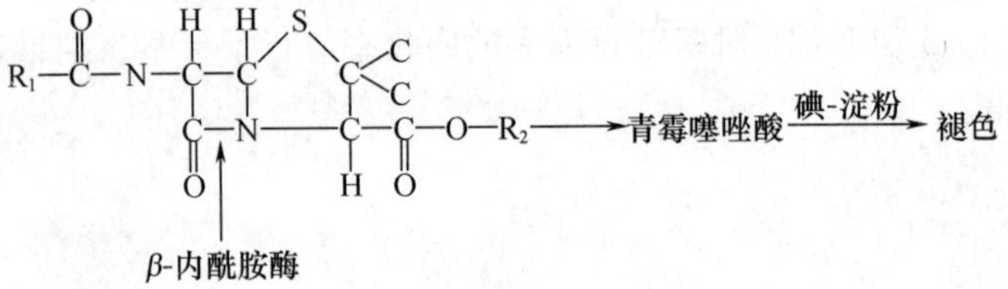

图 8-1 碘量法检测 β-内酰胺酶

碘量法分为直接碘量法和间接碘量法。直接法是在酶解后的样品中加入淀粉溶液,摇匀后再加入适量碘液,在 2min 内观察颜色变化。间接法是在酶解后的样品中加入过量碘液,再用硫代硫酸钠溶液滴定,快至终点时加入淀粉指示剂,继续滴定至完全褪色,记录所用体积。根据消耗硫代硫酸钠溶液的体积间接对 β-内酰胺酶的含量进行定量分析。

谢岩黎等采用碘量法对牛奶中的 β-内酰胺酶进行定性、定量分析,发现当 β-内酰胺酶的浓度达到 15U/mL 时,开始有显色反应,但是由于酶浓度比较低,产生的青霉噻唑酸量较少,加入碘液后,2min 内颜色没有完全褪去,肉眼观察褪色程度比较困难,难以定性;在酶浓度达到 30U/mL 的时候,2min 内颜色完全褪去,因此确定碘量法定性的检测限为 30U/mL。当酶浓度大于检测限浓度时,可以用直接碘量法对其进行定性分析,间接滴定法对其进行定量分析。

碘量法操作简单、使用便捷,但该方法对反应条件要求较严格,每次试验均需要设置阴性和阳性对照实验,并且产物浓度低,利用碘显色时,颜色反应不明显,检出限较高,灵敏度较差。

8.2.4 头孢菌素显色法

头孢菌素显色法的原理是利用显色头孢菌素和 β-内酰胺酶发生特异性反应,使其 β-内酰胺环打开,发生颜色变化,从黄色变为红色。运用该原理即可定性或定量检测牛奶中的 β-内酰胺酶。早在 1972 年,Cynthia 等就用头孢硝噻吩定性、定量地检测了多种材料中的 β-内酰胺酶。此方法定性检测时间短,1min 即可给出检测结果,定量检测则需测定反应前后吸收光谱的变化情况。在 pH7.0 时,头孢硝噻吩在 217nm 和 386nm 处有吸收峰,经 β-内酰胺酶作用后,其在 482nm 处有新的吸收峰,通过检测 482nm 处吸收值的变化可判断 β-内酰胺酶的含量,该法检出限为 $10\mu g/mL$。然而采用头孢硝噻吩检测会出现假阳性,这是因为蛋白质会和头孢硝噻吩结合从而出现干扰。Guay 等用 PADAC 的显色反应来检测牛奶中的 β-内酰胺酶。PADAC 不会与蛋白质结合,从而使得检测结果更加灵敏准确。

唐群力等采用商业化的头孢硝噻吩纸片,将样品涂抹于纸片上,1min 后观察纸片有无颜色变化,颜色由黄色变为红色为阳性,不变色为阴性。并与碘量法的结果进行了比较,发现碘量法和头孢菌素显色法检测结果一致率为 98.3%,差异无统计学意义($x^2=0.50,P>0.05$),检出结果有关联($x^2=103.54,P<0.005$)。

8.2.5 酸测定法

酸测定法是根据青霉素经 β-内酰胺酶分解生成青霉噻唑酸,而青霉噻唑酸是一种强酸,可以离解出 H^+ 使 pH 降低,通过酸度计测定 pH 的变化从而确定牛奶中是否存在 β-内酰胺酶。

马洁等发现牛奶标样的 pH 随时间的变化曲线与 0.025mol/L 的磷酸缓冲溶液(PBS)基本相同,因此采用 0.025mol/L 的 PBS 作为牛奶的模拟物研究了酸测定法的适宜温度及底物浓度,优化后的条件为:反应温度 $30.2℃\pm0.2℃$,底物浓度 25mg/mL,在该条件下,对牛奶中 β-内酰胺酶的检出限为 15U/mL。刘珊珊等对含有 β-内酰胺酶的牛奶制品与青霉素反应 pH 的下降规律进行研究,确定牛奶制品中残留的 β-内酰胺酶与青霉素反应的适宜条件为温度 33℃、底物质量浓度 10mg/mL,检测时间仅为 60min。此方法对液态纯牛奶中 β-内酰胺酶的最低检出限为 8.92U/mL。

8.2.6 液相色谱法

液相色谱法是近年来才发展起来的检测乳及乳制品中 β-内酰胺酶含量的新方法。孙汉文等建立了原乳中活性 β-内酰胺酶的快速高分离液相色谱-串联质谱(RRLC-MS/MS)检测方法。利用活性 β-内酰胺酶能够酶解青霉素族药物的特性,在原乳中加入适量氨苄青霉素,酶解 1h 后,检测原乳中氨苄青霉素酶解率,定性检测活性目标物。试样中氨苄青霉素经乙腈溶液均质提取,HLB 固相萃取柱净化和浓缩后,RRLC-MS/MS 多反应监测模式定性与定量分析。

该方法对活性 β-内酰胺酶检出限为 4U/mL;原乳中添加 1mg/kg 水平氨苄青霉素

的加标回收率为 92.3%～95.5%；RSD≤10%（$n=6$）。

8.2.7　基质辅助激光解吸傅立叶变换质谱法

Xu 等建立了基质辅助激光解吸傅立叶变换质谱法（MALDI－FTMS）检测商业牛奶中 β-内酰胺酶的新方法。方法的原理也是基于青霉素在 β-内酰胺酶的作用下会转化为青霉素噻唑酸，通过检测青霉素噻唑酸的质谱图信号从而判断 β-内酰胺酶的存在。该法不需要对样品进行色谱分离，样品前处理采用简单的高速离心（10000r/min,30min），对 β-内酰胺酶的定量限可达 $6×10^{-3}$ U/mL。

由于原料牛奶含有许多病菌，商业牛奶均是经过杀菌处理的，因此，Xu 等还研究了加热杀菌过程对 β-内酰胺酶活性的影响，结果发现，不管采用低温长时（62.8℃,30min）杀菌还是高温短时（71.7℃,15s）杀菌，对 β-内酰胺酶活性都没有明显影响。

8.3　应用实例

8.3.1　乳及乳制品中舒巴坦敏感 β-内酰胺酶类药物检验方法　杯碟法

该方法源自原卫生部 2009 年发布的《乳及乳制品中舒巴坦敏感 β-内酰胺酶类药物检验方法　杯碟法》。

8.3.1.1　原理

该方法采用对青霉素类药物绝对敏感的标准菌株，利用舒巴坦特异性抑制 β-内酰胺酶的活性，并加入青霉素作为对照，通过比对加入 β-内酰胺酶抑制剂与未加入抑制剂的样品所产生的抑制圈的大小来间接测定样品是否含有 β-内酰胺酶类药物。该方法适用于乳及乳制品中舒巴坦敏感 β-内酰胺酶类物质的检验。检出限为 4U/mL。

8.3.1.2　试剂和材料

除另有规定外，所用试剂均为分析纯，水为 GB/T6682 中规定的三级水。

1.试验菌种

藤黄微球菌（*Micrococcus luteus*）CMCC(B)28001，传代次数不得超过 14 次。

2.标准物质

(1)青霉素对照品。

(2)β-内酰胺酶标准品。

(3)舒巴坦对照品。

3.工作溶液的配制

(1)磷酸盐缓冲溶液：pH6.0。称取 8.0g 无水磷酸二氢钾，2.0g 无水磷酸氢二钾，溶解于水中并定容至 1000mL。

(2)生理盐水：8.5g/L，称取 8.5g 氯化钠溶解于 1000mL 水中，121℃高压灭菌 15min。

4.标准溶液的配制

(1)青霉素标准溶液:准确称取适量(精确至 0.1mg)青霉素标准物质,用磷酸盐缓冲溶液溶解并定容为 0.1mg/mL 的标准溶液。当天配制,当天使用。

(2)β-内酰胺酶标准溶液:准确量取或称取适量 β-内酰胺酶标准物质,用磷酸盐缓冲溶液溶解并定容为 16000U/mL 的标准溶液。当天配制,当天使用。如果购买的 β-内酰胺酶不是标准物质,则应按照以下步骤(3)进行标定后,再配制成 16000U/mL 的标准溶液。

(3)青霉素酶活力标定方法

1)溶液的配制

①青霉素溶液的制备

称取青霉素钠(钾)标准品适量,用磷酸盐缓冲液(pH7.0)溶解成浓度为 10000U/mL 的溶液。

②青霉素酶稀释的制备

取青霉素酶溶液,按估计单位用磷酸盐缓冲液(pH7.0)稀释成 1mL 中约含青霉素酶 8000~12000U/mL 的溶液,在 37℃下预热。

③碘滴定液(0.005mol/L):精密量取碘(0.05mol/L)10mL,置 100mL 容量瓶中,用醋酸钠缓冲液(pH4.5)稀释至刻度。

④磷酸盐缓冲液(pH7.0):取磷酸氢二钾 7.36g 与磷酸二氢钾 3.14g,加水使成 1000mL。

⑤醋酸钠缓冲液(pH4.5):取冰醋酸 13.86mL,加水使成 250mL。另取醋酸钠 27.30g,加水 200mL,两液混合均匀。

2)标定步骤

精密量取青霉素 10000U/mL 溶液 50mL,置 100mL 容量瓶中,预热至 37℃后,精密加入已预热的青霉素酶稀释液 25mL,迅速混匀,在 37℃准确放置 1h,精密量取 3mL,立即加至已精密量取的碘滴定液(0.005mol/L)25mL,在室温暗处放置 15min,用硫代硫酸钠滴定液(0.01mol/L)滴定,至近终点时,加淀粉指示液。继续滴定至蓝色消失。

空白试验:取已预热的青霉素溶液 2mL,在 37℃放置 1h,精密加入上述碘滴定液 25mL,然后精密加青霉素酶稀释液 1mL,在室温暗处放置 15min,用硫代硫酸钠滴定液 (0.01mol/L)滴定。

按照式(8-1)计算:

$$E=(B-A)\times M\times F\times D\times 100 \tag{8-1}$$

式中　E——青霉素酶活力,U/(mL·h);

　　　B——空白滴定所消耗的上述硫代硫酸钠滴定液的容量,mL;

　　　A——供试品滴定所消耗的上述硫代硫酸钠滴定液的容量,mL;

　　　M——硫代硫酸钠滴定液的浓度,mol/L;

　　　F——在相同条件下,每 1mL 的上述滴定液(0.005mol/L)相当于青霉素的效价,U;

　　　D——青霉素酶溶液的稀释倍数。

(4)舒巴坦标准溶液:准确称取适量(精确至 0.1mg)舒巴坦标准物质用磷酸盐缓冲溶液溶解并定容为 1mg/mL 的标准溶液,分装后-20℃保存备用,不可反复冻融使用。

5.培养基

(1)营养琼脂培养基

组成见表 8-2。

制作:分装试管每管约 5~8mL,120℃高压灭菌 15min,灭菌后摆放斜面。

表 8-2　营养琼脂

蛋白胨	10g
牛肉膏	3g
氯化钠	5g
琼脂	15g~20g
蒸馏水	1000mL

(2)抗生素检测用培养基

组成见表 8-3。

表 8-3　抗生素检测用培养基

蛋白胨	10g
牛肉浸膏	3g
氯化钠	5g
酵母膏	3g
葡萄糖	1g
琼脂粉	14g
蒸馏水	1000mL

制作:120℃高压灭菌 15min,其最终 pH 约为 6.6。

6.菌悬液的制备

将试验菌种接种于营养琼脂斜面上,经(36±1)℃培养 18h~24h,用生理盐水洗下菌苔即为菌悬液,测定菌悬液浓度,终浓度应大于 1×10^{10} CFU/mL,4℃保存,贮存期限 2 周。

8.3.1.3　主要仪器

(1)抑菌圈测量仪。

(2)生化培养箱　(36±1)℃。

(3)高压灭菌器。

(4)培养皿:内径 90mm,底部平整光滑的玻璃皿,具陶瓦盖。

(5)牛津杯:不锈钢小管,外径(8.0±0.1)mm,内径(6.0±0.1)mm,高度(10.0±0.1)mm。

(6)麦氏比浊仪或标准比浊管。

(7)pH计。

8.3.1.4 测定步骤

1. 样品的制备

将待检样品充分混匀,取1mL待检样品于1.5mL离心管中共4管,分别标为A、B、C、D,每个样品做3个平行,共12管,同时每次检验应取纯水1mL加入到1.5mL离心管中作为对照。如样品为乳粉,则将乳粉按1:10的比例稀释。如样品为酸性乳制品,应调节pH至6~7。

2. 检验用平板的制备

取90mm灭菌玻璃培养皿,底层加10mL灭菌的抗生素检测用培养基,凝固后上层加入5mL含有浓度为1×10^8CFU/mL的藤黄微球菌 CMCC(B)28001抗生素检测用培养基,凝固后备用。

3. 样品的测定

按照下列顺序分别将青霉素标准溶液、β-内酰胺酶标准溶液、舒巴坦标准溶液加入到样品及纯水中:

A 青霉素 5μL。

B 舒巴坦 25μL、青霉素 5μL。

C β-内酰胺酶 25μL、青霉素 G5μL。

D β-内酰胺酶 25μL、舒巴坦 25μL、青霉素 5μL。

将上述A~D试样各200μL加入放置于生化培养箱上的4个8mm钢管中,(36±1)℃培养18h~22h,测量抑菌圈直径。每个样品,取3次平行试验平均值。

8.3.1.5 结果报告

纯水样品结果应为:(A)、(B)、(D)均应产生抑菌圈;(A)的抑菌圈与(B)的抑菌圈相比,差异在3mm以内(含3mm),且重复性良好;(C)的抑菌圈小于(D)的抑菌圈,差异在3mm以上(含3mm),且重复性良好。如为此结果,则系统成立,可对样品结果进行如下判定:

1. 如果样品结果中(B)和(D)均产生抑菌圈,且(C)与(D)抑菌圈差异在3mm以上(含3mm)时,可按如下判定结果:

(1)(A)的抑菌圈小于(B)的抑菌圈差异在3mm以上(含3mm),且重复性良好,应判定该试样添加有β-内酰胺酶,报告β-内酰胺酶类药物检验结果阳性。

(2)(A)的抑菌圈同(B)的抑菌圈差异小于3mm,且重复性良好,应判定该试样未添加有β-内酰胺酶,报告β-内酰胺酶类药物检验结果阴性。

2. 如果(A)和(B)均不产生抑菌圈,应将样品稀释后再进行检测。

8.3.2 快速高分离液相色谱-串联质谱法检测原乳中活性β-内酰胺酶

8.3.2.1 仪器与试剂

快速高分离液相色谱-三重四级杆串联质谱仪;旋转蒸发仪;万分之一分析天平;固相萃取装置;高速冷冻离心机。

β-内酰胺酶标准物质;氨苄青霉素标准品;甲醇与乙腈(色谱纯),磷酸二氢钾和乙酸铵(分析纯)。

8.3.2.2 操作步骤

1. 氨苄青霉素的加入与酶解

称取 10g 试样于 50mL 离心管中,加入 0.1mL 氨苄青霉素标准储备液(100mg/L),混匀。在 37℃恒温水浴中酶解 1h。同时进行不添加氨苄青霉素的空白实验。

2. 样品前处理

酶解后样品,加入 20mL 乙腈,均质提取 30s,以 4000r/min 低温冷冻离心 5min,上清液转至 50mL 离心管,用乙腈-水(15:2,体积比)定容至 50mL。转至鸡心瓶于旋转蒸发器上蒸发去除乙腈。加入 0.05mol/L 磷酸盐缓冲液 25mL,用 0.1mol/LNaOH 调节 pH 至 8.5。转至分别用 2mL 甲醇和 1mL 水淋洗的 HLB 固相萃取柱,用 0.05mol/L 磷酸盐缓冲液 2mL 淋洗两次,再用 1mL 水淋洗,然后用 3mL 乙腈洗脱,洗脱液于 45℃氮气吹干,以 0.025mol/L 磷酸盐缓冲液定容至 1mL,过 0.22μm 滤膜,供 RRLC-MS/MS 分析。

3. 液相色谱-串联质谱分析条件

色谱条件:ODS-C₁₈色谱柱(250mm×4.6mm,5μm);流动相 A 为 0.01mol/L 乙酸铵(甲酸调至 pH4.5),流动相 B 为乙腈,V(A):V(B)=90:10;流速 1.0mL/min;进样量 10μL,保留时间 2.1min。

质谱条件:离子源为电喷雾离子源;扫描方式为正离子扫描;检测方式为多反应监测(MRM);离子源温度 350℃;毛细管电压 4kV;雾化气压力 0.055MPa;干燥气流速 10L/min;定性离子对 m/z350/192,350/160、定量离子对 m/z350/160;碰撞气能量 10eV;碰撞电压 120V。氨苄青霉素的质谱图见图 8-2。

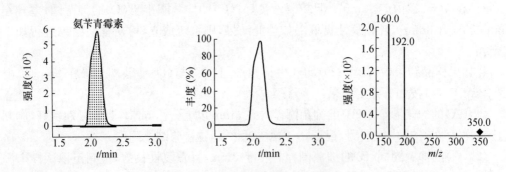

图 8-2 氨苄青霉素的二级质谱图

4. 方法的检出限与定性判定

参考该方法中原乳内氨苄青霉素的添加水平(1mg/kg),分别加入 1U/mL、2U/mL、4U/mL、6U/mL、8U/mL、10U/mL 和 20U/mL β-内酰胺酶,按该法进行测定,计算加入氨苄青霉素的酶解率。在添加水平大于 4U/mL 时,酶解率≥50%,有显著变化。因此,该方法检出限定为 4U/mL。

8.3.3 基质辅助激光解吸傅立叶变换质谱法测定牛奶中 β-内酰胺酶的残留量

8.3.3.1 仪器与试剂

MALDI-FTMS 质谱仪;青霉素 G(钠盐,1500U/mg～1700U/mg);2,5-二羟基苯甲酸;β-内酰胺酶标准物质(3000kU/mL);甲醇(色谱纯);聚乙二醇-200(PEG-200);聚乙二醇-400(PEG-400);盐酸。

8.3.3.2 操作步骤

1.样品的酶解与提取

将 400μL 牛奶样品(脂肪含量 3.5%)加入到 0.6mL 聚丙烯离心管中,再加入一定量的 β-内酰胺酶溶液使其浓度分别为 0.06mU/mL、0.6mU/mL、6mU/mL、60mU/mL、600mU/mL,同时做空白试验(不添加 β-内酰胺酶),取 10μL 上述样品加入 1mmol/L 的青霉素 G100μL,将离心管密闭涡旋振荡 30s,再在 25℃下培养 3h,10000r/min 离心 30min,弃去最上层和最下层溶液,收集中间层溶液进行 MALDI-FTMS 测定。

2.MALDI-FTMS 仪参数

激光辐射脉冲时间:100ms;四级杆电压:140V;频率:1260kHz;质谱仪采用 PEG-200 和 PEG-400 进行校正;质量数采集范围:100-500。

图 8-3 和图 8-4 分别为青霉素 G 标准品的质谱图及经 β-内酰胺酶分解后的青霉素 G 的质谱图。图 8-5 为阳性样品的质谱图。

8.3.3.3 方法的定量限

该方法对 β-内酰胺酶的定量限达 6×10^{-3}U/mL。

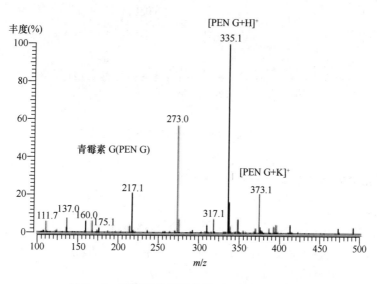

图 8-3 青霉素 G 标准品的 MALDI-FTMS 图

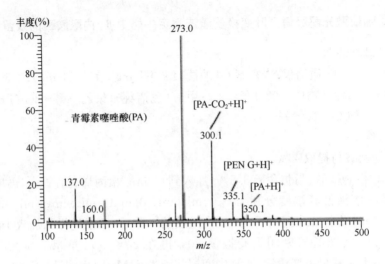

图 8-4　经 β-内酰胺酶催化分解的青霉素 G 溶液的 MALDI-FTMS 图

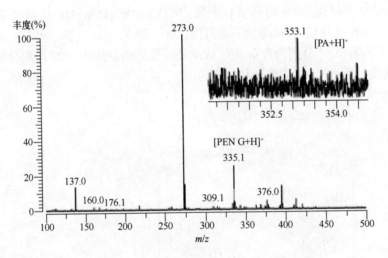

图 8-5　含 β-内酰胺酶的阳性样品的质谱图

8.3.4　碘量法对乳制品中 β-内酰胺酶的检测

8.3.4.1　仪器与试剂

水浴恒温振荡器;分光光度计;离心机;电子天平;pH 计;移液枪;β-内酰胺酶(3×10^6 U/mL);青霉素钾标准品;兽药青霉素钾;碘化钾;碘;可溶性淀粉;磷酸二氢钾;磷酸氢二钾;硫代硫酸钠(分析纯);市售纯牛奶(242mL)。

8.3.4.2　操作步骤

1.直接碘量法定性分析

取 6 支试管,按顺序分别加入含有 4000U/mL 青霉素钾牛奶溶液 1mL,再依次加入

1mL 的 0U/mL、15U/mL、30U/mL、60U/mL、90U/mL、150U/mLβ-内酰胺酶,摇匀。0 号管作为对照实验。在 37℃恒温水浴 40min,取出后分别加入 500μL 的 1‰的淀粉溶液,摇匀,再分别加入碘液 20μL,不断摇晃,在 2min 内观察颜色变化。

  2.间接碘量法定量分析

  取 6 支 100mL 的容量瓶,各加入 100mL 的含 β-内酰胺酶的牛奶溶液,再依次加入 5μL、4μL、3μL、2μL、1μL、0μL 的 β-内酰胺酶,摇晃均匀。放入 37℃恒温水浴箱中 60min。取出后,从每个容量瓶中各取出 10mL 的溶液分别放入离心瓶中,再各加入 10mL 的甲醇,放入 37℃振荡器中 10min,取出后在离心机(2000r/min)中离心 20min。离心后取出上清液各 10mL,分别放入标号 1,2,3,4,5,6 的锥形瓶中。然后各加入浓度为 0.02mol/L 的碘液 25mL。用硫代硫酸钠溶液滴定,至滴定快到终点时加入淀粉指示剂,继续滴定至完全褪色时,记录所用体积。

8.3.4.3 方法的定性检测限

  该方法定性的检测限为 30U/mL。

参考文献

  [1] 胡功政,张春辉.β-内酰胺酶的分类与检测[J].中国兽药杂志,2003,37(12):42-46.

  [2] 薛晓晶,李玲,金涌,等.杯碟法检测乳中的 β-内酰胺酶[J].食品科学,2011,32(4):216-219.

  [3] 崔生辉,李景云,马越,等.生鲜牛乳抗生素分解剂的鉴定与检测[J].中国食品卫生杂志,2007,19(2):113-116.

  [4] 谢岩黎,张鑫潇,严瑞东,等.碘量法对乳制品中 β-内酰胺酶的检测[J].中国乳品工业,2010,38(12):36-37.

  [5] 李锦荣,胡科锋,张远平.抗生素分解剂 β-内酰胺酶的检测方法研究[J].现代食品科技,2011,27(8):1020-1024.

  [6] 马洁,李孝君,薛颖.利用酸度计检测奶制品中残留的 β-内酰胺酶[J].化学通报,2009,4:370-373.

  [7] 刘珊珊,周正,周巍,等.酸度计法快速检测牛奶中残留的 β-内酰胺酶[J].食品科学,2010,31(10):216-218.

  [8] 唐群力.两种 B-内酰胺酶检测方法的应用比较[J].检验医学与临床,2008,5(7):427-428.

  [9] 康海英,王加启,卜登攀,等.两种检测生鲜乳中 β-内酰胺酶方法的比较[J].生物技术通报,2010,6:202-205.

  [10] 迟骁玮,陈志伟.牛奶中 β-内酰胺酶检测方法的研究[J].《黑龙江畜牧兽医》科技版,2011,10:27-29.

  [11] 陈号,马文静,田晋红,等.牛奶中非法添加 β-内酰胺酶的检测方法及研究现状[J].畜牧与饲料科学,2010,31(1):67-69.

  [12] 张鑫潇,谢岩黎,王金水,等.牛乳中 β-内酰胺酶的检测方法研究进展[J].中国乳品工业,2011,39(2):45-47.

  [13] 韩奕奕,王建军,郑隽,等.牛乳中三聚氰胺和 β-内酰胺酶快速检测方法的评估——双流向酶联免疫法[J].中国奶牛,2009,6:46-48.

  [14] 孟静,吴裕健,王锐.生乳中 β-内酰胺酶对抗生素检测的影响[J].质量安全,2010,12:38-40.

[15] 罗祎,宋洋,薛晓晶,等.原料乳中三聚氰胺和β-内酰胺酶检测快速筛选法与确证方法比对研究[J].重庆医学,2010,39(21):2967-2969.

[16] 孙汉文,李挥,张敬轩,等.快速高分离液相色谱-串联质谱法检测原乳中活性β-内酰胺酶[J].分析化学(FENXIHUAXUE)研究简报,2010,38(8):1203-1205.

[17] Zhe Xu,Hao-Yang Wang,Shi-Xin Huang.Dtermination of lactamase residues in milk using matrix-assisted laser desorption/Ionization fourier transform mass spectrometry[J]. Anal. Chem. 2010,82:2113-2118.

[18] 乳及乳制品中舒巴坦敏感β-内酰胺酶类药物检验方法 杯碟法[S].卫监督发(2009)44号.

第9章 食品中万古霉素及类似物检测技术与应用

1956 年，Eli Lilly 公司的 E. C. Kornfeld 博士从印度尼西那婆罗洲丛林的土壤标本中发现并分离出一种由放线菌东方拟无枝酸菌（*Amycolaptosis orientalis*）发酵时产生的化合物，最初被简单地标记为"Compound 05865"，最后命名为 Vancomycin（万古霉素），该名称由英文单词"Vanquish（征服）"衍生而来。去甲万古霉素是由 *S. orientalis* 产生的，与万古霉素化学结构相似，去掉万古霉素的第二个氨基氮上的甲基就形成去甲万古霉素。万古霉素和去甲万古霉素化学结构式见图 9-1，其物化性质见表 9-1。

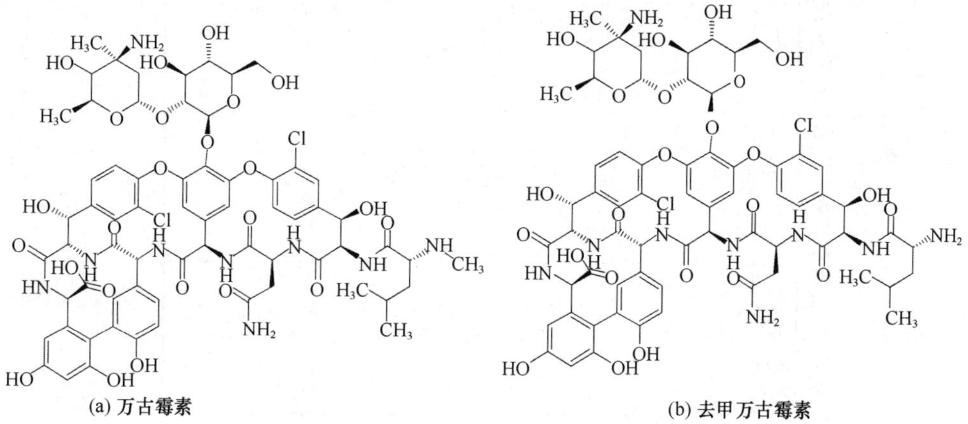

(a) 万古霉素　　　　　　　　(b) 去甲万古霉素

图 9-1　万古霉素和去甲万古霉素化学结构式

万古霉素用来预防和治疗革兰氏阳性菌所造成的感染，主要用于葡萄球菌（包括耐青霉素和耐新青霉素株）、难辨梭状芽孢杆菌等所致的系统感染和肠道感染，如心内膜炎、败血症、伪膜性肠炎等。临床上，万古霉素的副作用主要有肾毒性、耳毒性、红人综合征等。肾毒性和耳毒性是由于早前生产的不纯的万古霉素产生的副反应，这些副反应在 20 世纪 50 年代中期进行的万古霉素临床试验中显得尤其严重。然而随着万古霉素的纯度不断提高，肾毒性的发生率也逐渐变低。经过 50 多年的发展，万古霉素的产品质量越来越好，应用越来越多，副作用越来越少，但是近年来由于抗生素过于滥用，已出现了可抵抗万古霉素的细菌。1988 年，欧洲首先报道了耐万古霉素的肠球菌（VRE），1996 年日本发现 1 例万古霉素中度耐药的金黄色葡萄球菌（VISA），美国 2002 年首先发现 1 例万古霉素耐药的金黄色葡萄球菌（VRSA）。由于越来越多的抗万古霉素耐药性病菌的出现，其地位渐渐被其他药物如利奈唑胺和达托霉素所取代。

表 9-1　万古霉素和去甲万古霉素物化性质

化合物	别名	英文名	化学名	CAS号	分子式	相对分子质量	pK_a	$\log K_{ow}$	性状	溶解性
万古霉素	凡古霉素,凡可霉素,万可霉素,稳可信	Vancomycin	22H-8,11,18,21-Dietheno-23,36-(iminomethano)-13,16;31,35-dimetheno-1H,16H-[1,6,9]oxadiazacyclohexadecino[4,5-m][10,2,16]benzoxadiazacyclotetracosine	1404-93-9	$C_{66}H_{75}Cl_2N_9O_{24}$	1449.25	14.74	-0.84	白色至淡棕色粉末,无臭,味苦	在水中易溶,在甲醇中微溶,在丙酮、丁醇或乙醚中不溶,在溶液中能被多种重金属盐类沉淀
去甲万古霉素		Norvancomycin, Demethylvancomycin	56-demethyl-22H-8,11,18,21-Dietheno-23,36-(iminomethano)-13,16;31,35-dimetheno-1H,16H-[1,6,9]oxadiazacyclohexadecino[4,5-m][10,2,16]benzoxadiazacyclotetracosine	91700-98-0	$C_{65}H_{73}Cl_2N_9O_{24}$	1435.24	16.75	-1.31	白色粉末	

万古霉素耐药性问题会影响动物性食品安全、公共卫生以及动物性食品出口,因此我国农业部第 560 号公告规定万古霉素为禁用兽药;同时万古霉素被列入原卫生部发布的《食品中可能违法添加的非食用物质和易滥用的食品添加剂名单》。

9.1 样品前处理技术

9.1.1 提取方法

万古霉素和去甲万古霉素均为两性化合物且结构中含有多个羟基,$logK_{ow}$ 分别为 -0.84 和 -1.31,是亲水性化合物,故易溶于水,但微溶于甲醇、乙腈等有机溶剂。在分析测试中常常采用水作为溶剂提取食品中的万古霉素和去甲万古霉素。万古霉素和去甲万古霉素药物容易与金属离子形成螯合物,这不但不利于两种药物的有效提取,而且螯合物在反相色谱柱上容易吸附,造成色谱峰拖尾。因此,在提取时往往需要加入高效螯合剂,使螯合剂优先与金属离子发生螯合反应,从而去除金属离子,消除金属离子对万古霉素和去甲万古霉素提取和色谱分离的影响。食品分析中常用的螯合剂有乙二胺四乙酸(ED-TA)、三氟乙酸、磷酸氢二钠、草酸等。郭启雷等采用水提取牛奶中的万古霉素和去甲万古霉素时,加入 5mmol/L EDTA 和 1% 三氟乙酸来消除金属离子的影响;北京市疾病预防控制中心在提取鸡肉、鸡肝、猪肉等动物源性食品中的万古霉素和去甲万古霉素时,以 10mmol/L 磷酸二氢钾和 5.0mmol/L EDTA 作为目标化合物的抗沉淀剂。冼燕萍等以纯水为溶剂提取猪肉中的万古霉素和去甲万古霉素时,发现提取液浑浊,对后续的净化、离心分离、过滤膜等操作等均造成困难;于是加入有机相乙腈,以提高提取液的澄清度,并对水-乙腈比例进行了优化,结果发现以 0.1% 甲酸水-乙腈(7:3,体积比)为提取溶剂时,提取液澄清度较好,目标化合物提取效果较好,基质效应较低。分析包括万古霉素和去甲万古霉素在内的多种多肽类抗生素时,由于其他抗生素药物在水中的溶解度的限制,需要采用水-有机溶剂的混合溶剂进行提取,才能使每种多肽类药物的回收率能够满足分析测定的要求。刘佳佳等分析牛奶中的万古霉素、杆菌肽、黏杆菌素 A、黏杆菌素 B 和维吉尼霉素 5 种多肽抗生素药物时,虽然万古霉素、杆菌肽、黏杆菌素 A、黏杆菌素 B 在水中的溶解度均较好,但维吉尼霉素在水中的溶解度较差,在甲醇中的溶解度较高,因此以水-甲醇(72:28,体积比)为提取溶剂时,5 种多肽类抗生素药物的回收率均大于 80%。

9.1.2 净化方法

动物源性食品,如牛奶、动物组织等样品中蛋白质含量较高,在分析中可能会影响万古霉素和去甲万古霉素的分析,因此往往需要采用蛋白质沉淀剂来去除蛋白质。在动物源性食品检测中,常用的蛋白质沉淀剂有甲醇、乙腈、2-丙醇、酸化乙腈(pH4.0~4.4)、高氯酸、三氯乙酸、硫酸-钨酸钠等,在测定万古霉素和去甲万古霉素时常用的蛋白沉淀剂是三氯乙酸。三氯乙酸是一种蛋白质变性剂,其沉淀蛋白质的机理是使蛋白质构象发生改变,导致蛋白质暴露出较多的疏水性基团,从而使之聚集沉淀。三氯乙酸往往在提取过程中就加入。郭启雷等采用三氯乙酸去除牛奶中的蛋白质,也可采用2%的三氯乙酸来沉淀动物源性食品中的蛋白质。在进行多肽类抗生素多残留分析时,三氯乙酸的浓度较高时,会影响一些目标化合物的峰形。刘佳佳等优化了三氯乙酸的用量,结果发现2mL牛奶样品采用1mL4%三氯乙酸乙腈溶液进行蛋白质沉淀,不但能较好地去除蛋白质,对目标化合物的峰形影响也较小。

动物源性食品中油脂含量较高,导致样品提取液中油脂含量也较高,从而会影响万古霉素和去甲万古霉素的检测。在分析过程中往往采用正己烷通过液-液萃取的方法去除样品提取液中的油脂。

在动物源性食品分析中,有时候通过蛋白质沉淀和正己烷液-液提取并不能达到满意的净化效果,提取液中还可能含有其他的共萃取杂质干扰检测和污染仪器,往往需要采用固相萃取法进一步净化。冼燕萍等试验了ENVI-Carb(Supel-clean,500mg/6mL)、Strata-X(PHenomenex,200mg/3mL)和LC-C$_{18}$(CNW,200mg/3mL)等反相固相萃取柱对猪肉样品的净化效果,结果发现当上样液中溶剂为甲酸水-乙腈,且乙腈含量超过30%时,万古霉素和去甲万古霉素在SPE柱中无法保留而直接流出;当上样液中乙腈比例降为10%,并以甲醇-水(5:5,体积比)淋洗、甲醇洗脱时,LC-C$_{18}$柱的回收率较好,能够满足分析测定的要求。由表9-1可知,万古霉素和去甲万古霉素的pK$_a$值分别为14.74和16.75,这表明两种化合物呈较强的碱性,采用阳离子交换固相萃取柱净化时,化合物与SPE柱之间作用力和选择性较强,有利于提高净化效果。郭启雷等采用混合型阳离子交换固相萃取柱Oasis MCX进行净化,淋洗时采用甲醇,万古霉素和去甲万古霉素不会随淋洗液流出,洗脱时需采用碱性较强的5%氨水-甲醇才能有效洗脱。

9.2 分析方法

万古霉素、去甲万古霉素的检测方法主要有高效液相色谱法(HPLC)和液相色谱-质谱联用法(LC-MS),但检测对象多为血液、尿液等生物样品,而关于食品中万古霉素和去甲万古霉素的检测方法报道较少。据目前报道的文献来看,食品中万古霉素和去甲万古霉素的检测主要采用液相色谱-串联质谱法(LC-MS/MS)。

9.2.1 色谱分离

万古霉素和去甲万古霉素属于多肽类抗生素,其结构中含有较多的氨基、羧基和酚羟基等容易电离的基团,因此这两种药物的色谱保留行为受流动相pH的影响较大,同时流动相的酸碱性还会影响目标化合物在离子源中的离子化效率。郭启雷等考察了0.1%甲酸溶液-乙腈、水-乙腈、5mmol/L乙酸铵-乙腈等流动相体系对万古霉素和去甲万古霉素的色谱保留的影响,结果表明采用0.1%甲酸溶液-乙腈作为流动相,两种化合物的色谱行为较好,且甲酸可以为正离子的形成提供必需的质子来源,提高目标化合物的离子化效率,从而提高检测灵敏度。冼燕萍等也采用 0.1% 甲酸溶液-乙腈作为流动相对两种化合物进行分离;而流动相 0.1% 甲酸溶液-甲醇也能对两种化合物进行有效地分离。刘佳佳等在分析万古霉素等 5 种多肽抗生素药物时,发现以 0.1% 甲酸溶液-乙腈作为流动相时,由于黏杆菌素 A 与色谱柱中的硅醇基作用力较强,导致该化合物色谱峰拖尾严重;当在乙腈相中也加入 0.1% 甲酸,即以 0.1% 甲酸乙腈溶液-0.1% 甲酸溶液作为流动相,增加了流动相中 H+ 的浓度和均匀性,使色谱柱内的硅醇基能有效地质子化,从而减弱了色谱柱与多肽药物之间的相互作用,使得色谱峰形尖锐,且能有效避免拖尾现象。

万古霉素和去甲万古霉素的化学结构非常相似(仅差 1 个甲基),因此它们的物化特性非常相近,在采用反相 C18 柱进行色谱分离时若采用等度洗脱或者较大的梯度洗脱时,两者难以分离,因此往往需要较缓的梯度洗脱,才能将两种化合物有效分离。

此外,由于多肽类化合物本身稳定性较差,在 40℃ 以上可能会分解,因此色谱分离时柱温不宜超过 40℃。但是,柱温也不能太低,因为柱温低时流动相黏度增大,目标化合物出峰慢、色谱柱的理论塔板数低。因此分离万古霉素和去甲万古霉素时柱温往往设定为 25℃～30℃。

9.2.2　质谱分析

电喷雾电离源(electron spray ionization,ESI)是一种软电离技术,目前已广泛应用于食品分析。万古霉素、去甲万古霉素等多肽类抗生素药物在 ESI 源中较难碎裂,在碰撞诱导解吸过程中容易形成多电荷离子。由于多电荷离子在二级质谱中更容易碎裂,因此采用串联质谱检测多电荷离子,能够提高碰撞活化灵敏度。同时,通过检测多电荷离子还能扩大质谱检测的分子质量范围。因此,采用 ESI-MS/MS 检测万古霉素和去甲万古霉素具有明显的优势。

万古霉素和去甲万古霉素化学结构由氨基酸、糖基、二氯三苯基醚等链段组成,万古霉素比去甲万古霉素多 1 个甲基,两者的相对分子质量分别为 1435 和 1449。在一级质谱中,两种化合物均易与 2 个 H+ 结合,产生丰度最大的、带正电的双电荷离子 $[M+2H]^{2+}$,质谱图上呈现 $m/z725$ 和 $m/z718$。带多电荷的母离子进入二级质谱后,发生断裂或重排等反应产生不同的碎片离子,万古霉素产生的碎片离子主要有 $m/z144$、$m/z100$、$m/z1308$,去甲万古霉素产生的碎片离子主要有 $m/z144$、$m/z100$、$m/z1294$,但离子 $m/z144$ 或 $m/z100$ 丰度最大,这两个离子通常作为两种化合物的定量离子。

9.3　应用实例

9.3.1　液相色谱-串联质谱法测定牛奶中万古霉素和去甲万古霉素残留

9.3.1.1　分析步骤
1. 样品处理

(1)提取

称取牛奶样品 5.0g(精确至 0.01g)于 25mL 比色管中,加入 5mmol/L EDTA−1％三氟乙酸溶液定容至 25mL,涡旋混匀,超声提取 15min,过滤,待净化。

(2)净化

分别取甲醇和 1％三氟乙酸溶液各 5mL 活化 Oasis MCX 固相萃取柱。准确量取待净化液 10mL 转移至活化的 Oasis MCX 固相萃取柱,先后用 5mL 水,5mL 甲醇淋洗,弃去淋洗液。用 5mL5％氨水甲醇溶液洗脱,收集洗脱液并于缓慢氮气流下吹干。样品用 50％甲醇溶解并定容至 1.0mL,混匀,过 0.22μm 有机相滤膜,供 LC−MS/MS 测定。

2.测定

(1)液相色谱条件

色谱柱:ZORBAX SB−C$_{18}$柱,150mm×2.1mm(id),3.5μm;流动相:A,0.1％甲酸水,B,乙腈;梯度淋洗条件见表 9−2;流速:0.20mL/min;柱温:25℃;进样体积:20μL。

表 9−2　液相色谱梯度洗脱条件

时间 t/min	流动相 A/％	流动相 B/％
0	95	5
10	50	50
10.1	0	100
16	0	100
16.1	95	5

(2)质谱条件

离子源:电喷雾离子源(ESI 源);扫描方式:正离子扫描;检测方式:多反应监测(MRM);干燥气温度:350℃;干燥气流速:10L/min;雾化器压力:40psi;毛细管电压:4000V。定性离子对、定量离子对、碰撞能量见表 9−3。

表 9−3　万古霉素和去甲万古霉素的质谱参数

化合物名称	定量离子对(m/z)	定性离子对(m/z)	碎裂电压/V	CE/(eV)
万古霉素	725.0＞99.9	725.0＞99.9 725.0＞143.9	100	35 10
去甲万古霉素	718.0＞144.0	718.0＞144.0 718.0＞99.9	100	10 10

在上述色谱、质谱条件下,万古霉素和去甲万古霉素的多反应监测(MRM)图如图 9−2 所示。

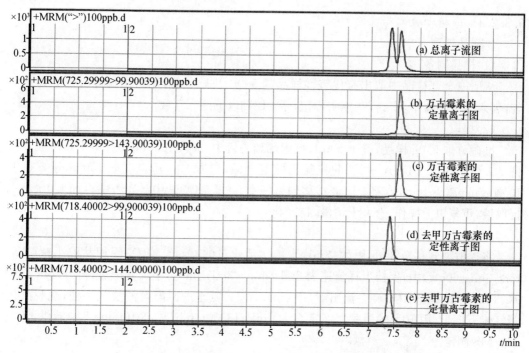

图9-2　万古霉素和去甲万古霉素标准品的多反应监测(MRM)图

9.3.1.2　方法的检出限和线性范围

万古霉素和去甲万古霉素的检出限为$5.0\mu g/kg$,线性范围为$2.0\mu g/kg \sim 100.0\mu g/kg$。

9.3.1.3　回收率和精密度

在空白牛奶样品中添加$20\mu g/kg$、$50\mu g/kg$、$100\mu g/kg$的万古霉素和去甲万古霉素进行添加回收试验($n=5$),万古霉素和去甲万古霉素的加标回收率和精密度(相对标准偏差)见表$9-4$。

表9-4　牛奶中万古霉素和去甲万古霉素的加标回收率和相对标准偏差($n=5$)

化合物	添加浓度/($\mu g/kg$)	平均回收率/%	RSD/%
万古霉素	20	72.5	8.2
	50	80.2	6.6
	100	85.6	3.5
去甲万古霉素	20	73.4	7.6
	50	87.2	4.5
	100	82.1	5.1

9.3.2 液相色谱−串联质谱法测定动物源性食品中万古霉素和去甲万古霉素

9.3.2.1 分析步骤

1.样品处理

(1)样品制备

从所取全部样品中取出有代表性样品约500g,剔除筋膜,用组织捣碎机充分捣碎均匀,装入洁净容器中,密封,并标明标记,于−18℃以下冷冻存放。

(2)提取

准确称取5.0g样品,置于50mL聚丙烯离心管中,加入10.0mL10mmol/L磷酸二氢钾−5.0mmol/L EDTA−2%的三氯乙酸混合液,匀质30s,超声提取15min,于5℃下10000r/min离心10min。将上清液转移到另一个50mL离心管中。残渣中再加入10.0mL提取液,重复以上操作,合并上清液,待净化。

(3)净化

将提取液转移至3mL甲醇、3mL水依次活化过的Oasis MCX固相萃取小柱(Waters,3mL,60mg)中,保持上样流速为2mL/min~3mL/min。上样完毕后,再分别用3mL水、3mL甲醇淋洗小柱,弃去流出液,用4mL含5%氨水的甲醇溶液洗脱小柱,洗脱液在氮气流下挥干,用10%的甲醇溶液定容到1mL,13000r/min离心10min,上清液供LC−MS/MS测定。

2.基质加标标准工作曲线的制备

称取与试样基质相应的阴性样品5.00g,加入适量的标准溶液,混匀,使基质中的目标化合物含量分别为0μg/kg,2μg/kg,5μg/kg,10μg/kg,20μg/kg,50μg/kg,与试样同时进行提取和净化。

3.测定

(1)液相色谱条件

色谱柱:Waters ACQUITY UPLC™ BEH C_{18}柱(100mm×2.1mm,1.7μm);流动相:A,0.1%甲酸,B,甲醇;梯度淋洗条件见表9−5;流速:0.30mL/min;柱温:40℃;进样体积:10μL。

表9−5 液相色谱梯度洗脱条件

时间 t/min	流动相 A/%	流动相 B/%
0	95	5
3	70	30
3.1	0	100
5	0	100
5.1	95	5

(2)质谱条件

离子源：电喷雾离子源（ESI 源）；扫描方式：正离子扫描；检测方式：多反应监测（MRM）；毛细管电压：3.0kV；电离模式：ESI；射频透镜 1 电压：40V；射频透镜 2 电压：0.5V；源温度：100℃；脱溶剂气温度：350℃；脱溶剂气流量：550L/h；电子倍增电压：650V；碰撞室压力：3.1×10^{-3} mbar；锥孔电压、碰撞能量等质谱参数见表 9 - 6。

表 9 - 6　万古霉素和去甲万古霉素质谱测定的锥孔电压、碰撞能量等参数

化合物名称	保留时间 Rt/min	监测离子对（m/z）	锥孔电压/V	碰撞能量/eV
万古霉素	2.90	726.1＞144.1[①]	50	14
		726.1＞1308.1		12
去甲万古霉素	2.75	719.1＞144.1[①]	50	14
		719.1＞1294.1		12

①定量离子对。

4. 定性

各目标化合物的定性以保留时间和与两对离子的（特征离子对/定量离子对）所对应的 LC - MS/MS 色谱峰面积相对丰度进行。要求被测试样中目标化合物的保留时间与标准溶液中目标化合物的保留时间一致，同时要求被测试样中目标化合物的两对离子对应 LC - MS/MS 色谱峰面积比与标准溶液中目标化合物的面积比一致，允许的偏差按欧盟 2002/657/EC 要求（表 9 - 7）。

表 9 - 7　定性时相对离子丰度的最大允许偏差

相对离子丰度/%	＞50	＞20~50	＞10~20	≤10
允许相对偏差/%	±20	±25	±30	±50

5. 定量

该方法采用基质加标标准曲线法定量。

9.3.2.2　结果计算

按式（9 - 1）计算残留量（$\mu g/kg$）：

$$X = \frac{CV \times 1000}{M \times 1000} \tag{9-1}$$

式中　X——样品中待测组分的含量，$\mu g/kg$；

　　　C——测定液中待测组分的浓度，ng/mL；

　　　V——定容体积，mL；

　　　M——样品称样量，g。

9.3.2.3　方法的检出限

方法的测定低限为 $2.0 \mu g/kg$，线性范围为 $2.0 \mu g/kg \sim 50 \mu g/kg$。

各目标化合物在不同试样基质的检出限按能够准确确认的目标化合物浓度来估计各目标化合物在不同试样基质的检出限。

试样的基质、取样量、进样量、定量内标的回收率、色谱分离状况、电噪声水平以及仪

器灵敏度均可能对方法检出限造成影响,因此噪声水平必须从实际试样谱图中获取。当某目标化合物的检测结果报告未检出时必须同时报告方法在该试样的检出限。

9.3.2.4 回收率和精密度

在肌肉、鸡肝、猪肉中添加 $2.0\mu g/kg$, $5.0\mu g/kg$, $10.0\mu g/kg$ 的万古霉素和去甲万古霉素进行添加回收试验($n=5$),万古霉素和去甲万古霉素的加标回收率和精密度(相对标准偏差)见表 9-8。加标鸡肉和空白鸡肉的 LC-MS/MS 谱图如图 9-3 所示。

表 9-8 动物源性食品中万古霉素和去甲万古霉素的
加标回收率和相对标准偏差($n=5$)

化合物	加标浓度/ ($\mu g/kg$)	鸡肉		鸡肝		猪肉	
		回收率/%	RSD/%	回收率/%	RSD/%	回收率/%	RSD/%
万古霉素	2.0	87.6	13.5	105.5	19.8	98.1	18.2
	5.0	90.0	7.9	107.5	20.2	120.6	16.8
	10.0	101.6	10.3	101.1	7.9	103.4	13.9
去甲万古霉素	2.0	94.4	3.5	76.5	21.2	95.8	10.2
	5.0	103.6	21.7	89.7	16.4	100.1	17.4
	10.0	94.4	6.6	85.8	7.6	94.2	14.4

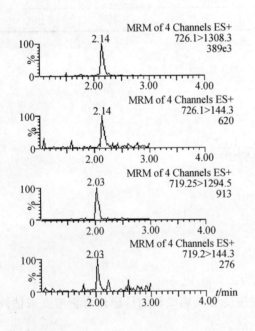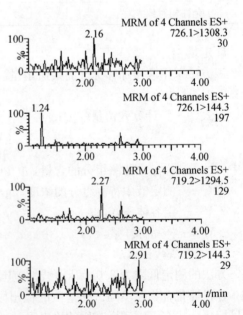

图 9-3 加标(左,5.0μg/kg)和空白(右)鸡肉样品的 MRM 谱图

参考文献

[1]伊奥尔.林可霉素类抗生素、利福平和万古霉素的分子光谱分析新方法研究[D].重庆:西南大学,2008.

[2]佘永新,柳江英,吕晓玲,王静,曹维强.RP－HPLC 法快速检测牛奶中 7 种四环素类药物残留量[J].食品科学,2009,30(12):157－161.

[3]郭启雷,史海良,杨红梅,王浩,刘艳琴.液相色谱-串联质谱法测定牛奶中万古霉素和去甲万古霉素残留[J].http://www.cnki.net/kcms/detail/11.1759.TS.20130124.1449.028.html

[4]冼燕萍,陈立伟,罗海英,郭新东,吴玉銮,罗东辉,侯向昶.UPLC－MS/MS 法测定猪肉中万古霉素与去甲万古霉素[J].分析测试学报,2013,32(2):162－167.

[5]刘佳佳,金芬,佘永新,刘洪斌,史晓梅,王淼,王静,徐思远.液相色谱-串联质谱法测定牛奶中 5 种多肽类抗生素[J].分析化学,2011,5(39):652－657.

[6]岳振峰.兽药残留检测指南[M].北京,中国标准出版社,2010 年.

[7]牛巍,侯彩云,祝晓芳,刘莹.三氯乙酸沉淀法与硫酸铜沉淀法在液态奶蛋白质检测中适用性研究[J].中国乳品工业,2008,36(9):59－61.

[8]杨倩倩,胡少成,沈学静.不同质谱离子源中双电荷离子的产生极其研究意义[J].冶金分析,2010,30:451－455.

[9]J. Lukša,A. Marušič. Rapid high－performance liquid chromatographic determination of vancomycin in human plasma[J].Journal of Chromatography B,1995,667(2):277－281.

[10]M. J. DelNozal,J. L. Bernal,A. Pampliega,P. Marinero,M. I. López,R. Coco. high－performance liquid chromatographic determination of vancomycin in rabbit serum,vitreous and aqueous humour after intravitreal injection of the drug[J].Journal of Chromatography A,1996,727(2):231－238.

[11]K. J. Vera López,D. Faria Bertoluci,K. M. Vicente,A. M. Dell'Aquilla,S. R. C. Jorge Santos. Simultaneous determination of cefepime,vancomycin and imipenem in human plasma of burn patients by high－performance liquid chromatography[J].2007,860(2):241－245.

[12]陈方亮,余翠琴,刘海燕,章华萍.HPLC 法测定人血清中万古霉素和去甲万古霉素浓度[J].海峡药学,2012,6(24):260－263.

[13]熊磊,苏丹,辛华雯,吴笑春,李馨,余爱荣,朱敏,沈杨.HPLC 法同时测定人血清中万古霉素和去甲万古霉素浓度[J].2008,11(3):278－280.

[14]Robert T. Cass,Josephine S. Villa,Dane E. Karr,Donald E. Schmidt Jr. Rapid bioanalysis of vancomycin in serum and urine by high－performance liquid chromatography tandem mass spectrometry using on－line sample extraction and parallel analytical columns[J].Rapid Communications in Mass Spectrometry,2001,15(6):406－412.

[15]T. Zhang,D. G. Watson,C. Azike,J. N. A. Tettey,A. T. Stearns,A. R. Binning,C. J. Payne. Determination of vancomycin in serum by liquid chromatography－high resolution full scan mass spectrometry[J]. Journal of Chromatography B,2007,857(2):352－356.

[16]Nobuhito Shibata,Makoto Ishida,Yarasani Venkata Rama Prasad,Weihua Gao,Yukako Yoshikawa,Kanji Takada. Highly sensitive quantification of vancomycin in plasma samples using liquid chromatography－tandem mass spectrometry and oral bioavailability in rats[J].Journal of Chromatography B,2003,789(2):211－218.

[17]John B. Fenn,Matthias Mann,Chin Kai Meng,Shek Fu Wong,Craige M. Whitehouse. Electrospray

ionization – principles and practice[J]. Mass Spectrometry Reviews,1990,9(1):37 – 70.

[18]陈绍农,潘远江.多肽及蛋白质质谱分析新进展[J].质谱学报,1995,16(3):15 – 21.

[19]张天幕.电喷雾电离质谱及其在蛋白质化学研究中的应用[J].生命科学仪器,2004,2(5):21 – 25.

[20]Robert C,Moellering,Jr. Vancomycin:A 50 – year reassessment[J].Clinical Infectious Diseases,2006,42:S3 – S4.

第 10 章　食品中乌洛托品的检测技术与应用

　　乌洛托品,即1,3,5,7-四氮杂三环[3.3.1.1]癸烷,也称作六亚甲基四胺、六次甲基四胺,CAS号:100-97-0,是一个与金刚烷结构类似的多环杂环化合物,其结构如图10-1所示。乌洛托品应用非常广泛,可用作纺织品的防缩整理剂、亚氯酸钠漂白活化剂、防水剂 CR 的缓冲剂等;也可用作树脂和塑料的固化剂、橡胶的硫化促进剂(促进剂 H)、纺织品的防缩剂,并用于制杀菌剂、炸药等;药用时,内服后遇酸性尿分解产生甲醛而起杀菌作用,用于轻度尿路感染;外用时可治癣、止汗、治腋臭;与烧碱和苯酚钠混合,用于防毒面具作光气吸收剂。乌洛托品还是一种常用的缓蚀剂,用于减缓金属材料的腐蚀。

图 10-1　乌洛托品 结构图

　　近年来,乌洛托品被不法商贩非法添加到腐竹、粉丝、水产品等食品中,起到增白、保鲜、增加口感、防腐的效果,使用乌洛托品并配以酸性溶液如稀硫酸、盐酸等可以掩盖劣质食品的变质外观。乌洛托品本身属低毒类,可作为药物服用,但其在酸性条件下,能分解出甲醛,甲醛易与体内多种化学结构的受体发生反应,如与氨基化合物可以发生缩合,与巯基化合物加成,使蛋白质变性。甲醛在体内还可还原为醇,故可表现出甲醇的毒理作用,对人体的肾、肝、中枢神经、免疫功能、消化系统等均有损害。全国打击违法添加非食用物质和滥用食品添加剂专项整治领导小组发布的第五批"黑名单"中,禁止乌洛托品添加到食品当中或加工食品过程中使用。

10.1　样品前处理技术

　　样品前处理无疑是测试中至关重要的一个环节。蒸馏法、液-液萃取、固相萃取技术等不断被应用到乌洛托品的检测中来,已有的分析方法涉及的样品基质包括鸡肉、鸡肝脏、鸡肾脏、猪肉、腐竹、米粉等。

10.1.1　提取方法

　　样品的提取处理实际是将目标化合物与基质和干扰物质分离的过程,针对不同物质特性采用不同的提取方法。对于乌洛托品的提取,利用相似相容原理,采用合适的溶剂和方法进行提取。SN/T 2226《进出口动物源性食品中乌洛托品残留量的检测方法液相色谱—质谱/质谱法》规定了动物源性食品中乌洛托品的提取方法,以乙腈为提取溶剂均质溶解,然后离心分离提取,加入乙腈饱和的正己烷溶液用漩涡振荡器混匀,离心,弃去上层正己烷,下层乙腈浓缩近干。冼燕萍等研究了腐竹和米粉中乌洛托品的提取方法,根据乌洛托品溶于水、乙醇等有机溶剂,不溶于乙醚、石油醚、芳烃的特点,比较了水、0.1%甲酸溶液、乙腈、乙腈-0.1%甲酸溶液(4:1,体积比),乙腈-0.1%甲酸溶液(1:4,体积比)等溶剂的提取效率。发现水、0.1%甲酸溶液、乙腈-0.1%甲酸溶液(1:4,体积比)3种溶剂的提取液非常浑浊,离心后也难以澄清,在过滤膜时会发生堵塞;而其余提取溶剂中,乙腈的提取效率较高,故选择乙腈为提取剂。刘春伟等研究认为,腐竹中油脂含量比较高,对样品的检测有一定的干扰,通过正己烷提取可去除油脂对实验结果的干扰,使用氯化钠盐析进一步去除了乙腈提取液中杂质的干扰。黄国春使用石油醚超声提取腐竹后弃去上清液,然后使用石油醚重复提取一次,再将残渣中石油醚蒸干,使用三氯甲烷提取蒸干后的残渣,三氯甲烷提取液浓缩后采用无水乙醇定容,取上清液分析。

10.1.2 净化方法

食品中乌洛托品的净化方法主要是固相萃取法。较常用的方法是使样品溶液通过吸附剂,使目标化合物保留,再选用适当强度溶剂淋洗杂质,然后用少量溶剂洗脱被测物质,从而达到快速分离净化与浓缩的目的。也可选择性吸附干扰杂质,而让被测物质流出;或同时吸附杂质和被测物质,再使用合适的溶剂选择性洗脱被测物质。SN/T 2226—2008 中针对动物源食品采用乙酸铵缓冲液溶解提取后残渣,OasisMCX 固相萃取柱萃取,使用水、甲醇依次淋洗固相萃取柱,用氨水-甲醇溶液进行洗脱,将洗脱液浓缩,再用乙酸-乙腈溶液溶解。冼燕萍等针对腐竹、米粉研究了 HLB、C_{18}、MCX 固相萃取小柱的净化效果,发现 MCX 小柱虽然有较强的保留,但是会存在 $5\mu g/L$ 的本底,建议采用经乙腈饱和的正己烷进行液-液萃取脱脂处理,本底问题能得到较好地处理。

10.2 分析方法

目前,关于乌洛托品的检测主要有分光光度法、离子电极法、气相色谱法、高效液相色谱法、激光拉曼光谱法等测试方法,其中分光光度法和电化学方法受基质的影响较大,主要适用于片剂、针剂、废水、食品模拟物、包装材料等基质;气相色谱法、液相色谱法、激光拉曼光谱法被应用在食品中乌洛托品的测定。

10.2.1 气相色谱法

气相色谱法最早被用来测试乌洛托品片剂的纯度,通过保留时间和峰面积来定性和定量。李薇等采用气相色谱法,使用 HP-5 石英毛细管色谱柱(15m×0.53mm×0.5μm)进行分离,柱室温 140℃恒温,气化温度 280℃,检测温度 300℃,氢火焰离子化检测器检测,以邻苯二甲酸二乙酯为内标物,定量分析乌洛托品片剂的纯度。随着食品中违法添加乌洛托品的事件出现,气相色谱法开始用于食品中乌洛托品的测定,如黄国春采用气相色谱法建立了腐竹中乌洛托品的测定方法,使用乙醇作为定容溶剂,采用 DB-1701 毛细管柱 0.32mm×30m,色谱柱温度、进样温度、检测温度分别为 200℃、280℃、300℃,采用氢火焰离子化检测器检测,方法检出限为 0.7mg/kg。

10.2.2 高效液相色谱法

液相色谱法最早也被用来测试片剂或者药剂中乌洛托品的含量,通过测定样品峰面积与内标峰面积的比值来定量分析样品。步雪等建立了反相高效液相色谱法测定合剂中乌洛托品的含量的方法,进样量为 10μL,甲醇-水(75∶25,体积比)为流动相,检测波长为 210nm,流速为 0.5mL/min,以间二硝基甲苯为内标物进行定量,乌洛托品平均回收率为 99.7%。李莉等以甲醇-水-三乙胺-磷酸(60∶40∶0.25∶0.075,体积比)为流动相,采用 C_{18} 柱(250mm×4.6mm)进行分离,流速 1.0mL/min,检测波长 210nm,柱温为室温,进样量 20μL,乌洛托品在 0.1002mg/mL～2.004mg/mL 范围内线性关系良好。随着色谱和质谱联用技术的发展,越来越多的更准确、更快速、适用更广泛的检测技术被开发出来。冼燕萍等建立了腐竹和米粉中乌洛托品的超高效液相色谱-串联质谱测定方法,在优化了样品前处理条件的同时,对色谱质谱测定条件进行了研究,最后色谱采用 Waters ACQUITYUPLC BEH HILIC 液相柱(50mm×2.1mm,粒径 1.7μm),以乙腈-10mmol 乙酸铵溶液(pH3.5)(80∶20,体积比)为流动相在等度模式下洗脱,质谱离子源为 ESI,毛细管电压为 500V,离子源温度 150℃,去溶剂温度 500℃,检出限达到 1.0μg/kg。SN/T 2226 采用 WatersACQUITY UPLC HILIC 液相色谱柱(50mm×2.1mm,粒径 1.7m),0.1%乙酸-乙腈(2∶8,体积比)为流动相检测鸡肉、鸡肝脏、鸡肾脏和猪肉中乌洛托品残留量,方法检出限为 5μg/kg。

10.2.3 激光拉曼光谱法

拉曼光谱法的检测是用可见激光(也有用紫外激光或近红外激光进行检测)来检测处于红外区的分子的振动和转动能量,它是一种间接的检测方法:把红外区的信息变到可见光区,并通过差频(即拉曼位移)的方法来检测,也是能够做便携快速检测的技术。刘春伟等人认为在纳米增强拉曼系统中乌洛托品有着灵敏的响应,并建立了以此为基础的快速检测方法——激光拉曼光谱检测法,用于检测腐竹中的乌洛托品。该方法需要加入由其开发的 OTR-202、OTR-103 试剂,然后加入待测的样品液,混匀后使用激光拉曼光谱仪检测,以 $702cm^{-1}$、$760cm^{-1}$、$894cm^{-1}$、$1026cm^{-1}$($\pm3cm^{-1}$)波长峰为腐竹中乌洛托品的特征峰,并以 $894cm^{-1}$($\pm3cm^{-1}$)作为定量峰,建立定量特征峰强度和浓度的线性关系,通过检测拉曼峰强度对腐竹中乌洛托品进行定量,其检出限能达到 0.050mg/kg。

10.3 应用实例

动物源性食品中乌洛托品残留量的检测方法液相色谱-质谱/质谱法

该方法源自 SN/T 2226—2008,适用范围:适用于鸡肉、鸡肝脏、鸡肾脏和猪肉中乌洛托品残留量的检测。原理:用乙腈提取试样中的乌洛托品残留,正己烷除去脂溶性杂质,阳离子交换固相萃取柱净化,洗脱液浓缩后残渣用碱性乙腈定溶,液相色谱-质谱/质谱仪测定,外标法定量。

10.3.1 试剂和材料

所有试剂除特殊注明外,所用试剂均为分析纯,水为 GB/T 6682 规定的一级水;乙腈,色谱纯;正己烷,色谱纯;甲醇,色谱纯;乙酸(99%);氨水(25%);盐酸(36%);乙酸铵;0.1%乙酸溶液,量取 0.5mL 乙酸(99%),用水稀释至 500mL;0.1mol/L 盐酸溶液,量取 4.2mL 盐酸(36%),用水稀释至 500mL;20mmol/L 乙酸铵缓冲液(pH4),准确称取990.77g 乙酸铵溶于 500mL 水中,用乙酸溶液(0.1%)调 pH 值至 4;5%氨水-甲醇(5:95,体积比)溶液,量取 5mL 氨水(25%),用甲醇稀释至 100mL;0.1%乙酸-乙腈(2:8,体积比)溶液,量取 0.1%乙酸溶液 200mL,用乙腈稀释至 1000mL;乙腈饱和的正己烷溶液,20mL 乙腈中加入 100mL 正己烷,充分振荡后,静置分层,取上层正己烷层备用;无水硫酸钠,经 650℃灼烧 4h,冷却后在干燥器中储存备用;乌洛托品标准物质(Urotropine),纯度大于 99.0%;标准储备溶液,准确称取按其纯度折算为 100%质量的乌洛托品标准品 0.010g,用乙腈溶解并定容至 100mL,浓度为 100μg/mL。标准中间溶液,准确量取标准储备溶液 1.0mL,用乙酸-乙腈溶液溶解并定容至 100mL,浓度相当于 1.0μg/mL;标准工作溶液,根据需要用 1.0mL 适当浓度的标准工作溶液溶解空白样品浓缩残渣,配制成适当浓度的标准工作溶液;固相萃取柱,OasisMCX,使用前分别用 3mL 甲醇、3mL 水、3mL 乙酸铵溶液预处理,并保持柱体湿润;微孔滤膜,0.22μm,有机相。

10.3.2 仪器和设备

高效液相色谱-质谱/质谱仪,配电喷雾离子源(ESI)或相当者;分析天平,感量为0.1mg;固相萃取装置;pH 计,测量精度±0.02 旋转蒸发器;氮吹仪;旋涡混匀器;组织捣碎机;均质器(10000r/min);离心机(4000r/min);50mL 玻璃离心管。

10.3.3 测定步骤

1. 提取

准确称取 5g 试样(精确到 0.01g)于 50mL 离心管中,加入 2g 无水硫酸钠、20mL 乙腈,用均质器以 10000r/min 均质 1min,以 4000r/min 离心 5min,上清液转移至 50mL 具塞离心管中,样品再用 10mL 乙腈重复上述提取、离心操作,合并两次提取的上清液,加入经乙腈饱和的正己烷溶液 10mL,用漩涡振荡器混匀 2min 后,以 4000r/min 离心3min,弃去上清液,乙腈相过无水硫酸钠,转移至浓缩瓶,浓缩近干后待净化。

2.净化

用 1.0mL20mmol/L 乙酸铵缓冲液溶解浓缩瓶中残渣,1mL/min～2mL/min 的速度过固相萃取柱,再用 20mmol/L 乙酸铵溶液 2.0mL 分两次洗涤浓缩瓶,过固相萃取柱,用 1.0mL 水、1.0mL 甲醇依次淋洗固相萃取柱,弃去流出液,在 15mmHg 以下减压抽 1min 使柱体干润;用 5%氨水-甲醇溶液 3.0mL 洗脱,洗脱液在 45℃下用氮吹仪浓缩至近干,用 1.0mL0.1%乙酸-乙腈溶液(2∶8,体积比)溶解残渣,经 0.22μm 滤膜过滤,供液相色谱-质谱/质谱测定。

3.液相色谱/质谱测定条件

色谱柱,WatersACQUITY UPLC HILIC,2.1mm(内径)×50mm,粒径 1.7μm,或相当者;流动相,0.1%乙酸-乙腈(2∶8,体积比);流速,0.25mL/min 或根据仪器条件优化;柱温,30℃;进样量,5μL;离子源,电喷雾离子源;扫描方式,正离子;检测方式,多反应监测(MRM),监测条件见表 10-1;电离方式:ESI+;毛细管电压:3.0kV;源温度:110℃;去溶剂温度:350℃;锥孔气流:50L/h;去溶剂气流:550L/h;碰撞气:氩气,碰撞气压 3.30×10^{-3} Pa。

表 10-1 多反应监测条件

化合物	母离子	子离子	驻留时间/s	锥孔电压/V	碰撞能量
乌洛托品	141.1	112.2[①]	0.2	25	13
		98.2	0.2	25	13

①定量离子。

4.测定

(1)定量测定

根据样液中乌洛托品残留量浓度大小,选定峰高相近的标准工作溶液,标准工作溶液和样液中乌洛托品残留的响应值均应在仪器的检测线性范围内。对标准工作溶液和样液等体积参差进样测定,在上述色谱条件下,乌洛托品的参考保留时间约为 3.06min,标准溶液的多反应监测色谱图参见图 10-2。

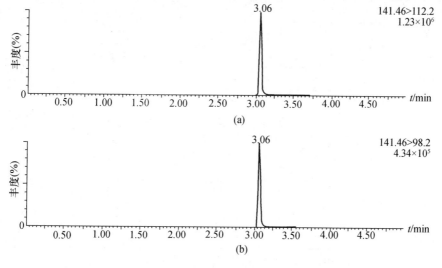

图 10-2 乌洛托品高效液相色谱-质谱/质谱图

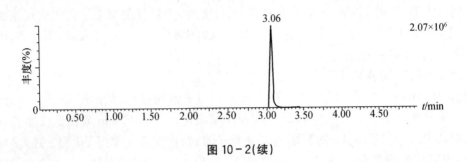

图 10-2(续)

(2)定性测定

在相同的实验条件下,样品与标准工作液中待测物质的质量色谱峰相对保留时间在2.5%以内,并且在扣除背景后的样品质量色谱图中,所选择的离子对均出现,同时与标准品的相对丰度允许偏差不超过表10-2规定的范围,则可判断样品中存在对应的被测物。

表 10-2 使用定性液相色谱-质谱/质谱时相对离子丰度最大容许误差

相对离子丰度/%	>50	>20~50	>10~20	≤10
允许最大偏差/%	±20	±25	±30	±50

5. 测定低限、回收率

测定低限:该方法乌洛托品测定低限为 5μg/kg。

回收率试验数据见表10-3。

表 10-3 乌洛托品添加回收率(n=10)

食品名称	添加浓度/ (μg/kg)	平均测定值/ (μg/kg)	回收率/%	相对标准偏差/ %
鸡肉	5	3.83	73.2~86.7	5.5
	10	8.38	73.8~91.5	5.1
	20	16.70	76.7~93.6	6.3
鸡肝	5	3.89	70.1~91.8	8.3
	10	8.12	72.2~93.2	7.7
	20	16.71	75.7~92.6	6.5
鸡肾	5	3.81	70.0~86.8	8.1
	10	7.38	69.8~85.8	6.5
	20	16.14	75.4~92.9	7.2
猪肉	5	3.91	71.4~84.7	7.4
	10	8.70	77.3~97.4	6.4
	20	17.20	75.9~101.1	6.6

参考文献

[1]冼燕萍,陈立伟,罗东辉,等.UPLC－MS∕MS 测定腐竹和米粉中的乌洛托品[J].江南大学学报(自然科学版),2012,11(1):78－82.

[2]刘春伟,仲雪,马宁,等.激光拉曼光谱法快速测定腐竹中的微量乌洛托品[J].食品安全质量检测学报,2012,3(4):306－308.

[3]黄国春.气相色谱法测定腐竹中乌洛托品含量的研究[J].广西轻工业,2008,6(6):26－27.

[4]朱晓艳,陈少鸿,刘在美,等.乙酰丙酮分光光度法测定塑料中甲醛和六亚甲基四胺在食品模拟物中的迁移量[J].食品科学,2009,30(12):172－174.

[5]李薇,陈天科,徐辉,等.乌洛托品的气相色谱分析[J].分析仪器,2007,3:29－31.

[6]步雪,张作华,周锦勇,等.反相 HPLC 法测定乌洛托品合剂的含量[J].药学实践杂志,1996,14(1):49－50.

[7]李莉,张钢平.高效液相色谱法测定乌洛托品片的含量[J].中国医院药学杂志,2009(4):335.

[8]SN∕T 2226—2008 进出口动物源性食品中乌洛托品残留量的检测方法 液相色谱-质谱∕质谱法[S].北京:中国标准出版社,2009.

第 11 章 食品中激素的检测技术与应用

　　激素是指凡是通过血液循环或组织液起传递信息作用的化学物质,对肌体的代谢、生长、发育、繁殖、性别、性欲和性活动等起重要的调节作用。畜牧中常用到的激素类添加剂有促生长激素、性激素、甲状腺类促生长激素、人工合成的蛋白质同化激素。按化学结构主要分为甾类同化激素和非甾体类激素。

　　甾类同化激素是指分子结构中含有甾体结构的激素,包括雄激素、雌激素、孕激素和糖皮质激素。此类激素曾是应用最为广泛、效果显著的一类生长促进剂。甾类同化激素主要分为内源性激素和外源性激素。内源性激素是人体自身分泌的内源性物质,主要由性腺分泌、肾上腺皮质及胎盘也有少量生成,包括雄激素、雌激素和孕激素。目前使用最多的内源性激素有孕酮、β-雌二醇、雌三醇和睾酮等。外源性激素亦称同化激素,是指非自身产生的性激素,一般由天然来源的雄激素经结构改造,变为活性较弱的雄激素衍生物。目前,外源性激素被不法商贩非法滥用于畜牧业以提高饲料转化率,增加动物重量,提高酮体品质,主要有美雄酮(去氢甲基睾丸素)、南诺龙(苯丙酸诺龙)、司坦唑(康立龙)等。

　　非甾体类激素包括雷索酸内酯(二羟基苯甲酸类酯)类和均二苯乙烯类化合物,代表性药物为玉米赤霉醇、己烯雌酚、己烷雌酚、双烯雌酚等,为略带雌激素活性的促蛋白质合成同化激素,对家畜的生长有良好的促生长作用,但有一定致癌性。

　　畜禽产品中的残留激素被人体吸收以后,不仅促使婴幼儿及青少年早熟,而且干扰人体的内分泌系统。长期下去容易造成人体内分泌系统功能的退化,代谢紊乱,发育异常,产生各种毒性,如致畸、致癌、致突变等三致性毒性以及免疫毒性、发育毒性和生态毒性等。农业部第 176 号公告《禁止在饲料和动物饮用水中使用的药物品种目录》中包括12 种性激素:己烯雌酚、雌二醇、戊酸雌二醇、苯甲酸雌二醇、氯烯雌醚、炔诺醇、炔诺醚、醋酸氯地孕酮、左炔诺孕酮、炔诺酮、绒毛膜粗性腺激素(绒促性素)和促卵泡生长激素。农业部第 193 号公告《食品动物禁用的兽药及其他化合物清单》规定己烯雌酚及其盐、酯及其制剂,具有雌激素作用的物质如玉米赤霉醇、去甲雄三烯醇酮、醋酸甲孕酮及其盐、酯及其制剂禁止用于所有动物;规定性激素类药物如甲基睾丸酮、丙酸睾酮、苯丙酸诺龙、苯甲酸雌二醇及其盐、酯及制剂不能作为动物促生长剂使用。农业部第 235 号公告《动物性食品中兽药最高残留限量》中规定丙酸睾酮、苯丙酸诺龙、群勃龙等在动物性食品中不得检出。2010 年原卫生部发布的《食品中可能违法添加的非食用物质名单(第四批)》中明确将玉米赤霉醇列入非食用物质。表 11－1 为食品中常见违法添加的非食用激素。

174

表 11 - 1 食品中常见违法添加的非食用激素

名称	结构式	分子式	相对分子质量	CAS 号
己烯雌酚 (diethylstilbestrol)		$C_{18}H_{20}O_2$	268.34	56 - 53 - 1
雌二醇 （estradiol）		$C_{18}H_{24}O_2$	272.37	50 - 28 - 2
戊酸雌二醇 (estradiol valerate)		$C_{23}H_{32}O_3$	356.51	979 - 32 - 8
苯甲酸雌二醇 (estradiol benzoate)		$C_{25}H_{28}O_3$	376.49	200 - 043 - 7
炔雌醇 (thinyl estradiol)		$C_{18}H_{22}O_2$	270.36	53 - 16 - 7
炔诺酮 (norethisterone)		$C_{20}H_{26}O_2$	298.41	68 - 22 - 4
雌三醇 （estriol）		$C_{18}H_{24}O_3$	288.37	50 - 27 - 1
双烯雌酚 (dienestrol)		$C_{18}H_{18}O_2$	266.32	84 - 17 - 3
己烷雌酚 (hexestrol)		$C_{18}H_{22}O_2$	270.37	5635 - 50 - 7
雌酮/雌素酮 （estrone）		$C_{18}H_{24}O_3$	288.37	50 - 27 - 1

名称	结构式	分子式	相对分子质量	CAS 号
17α-群勃龙 (17α-trenbolone)		$C_{18}H_{22}O_2$	270.38	80657-17-6
17-甲基睾丸酮 (17-methyltestosterone)		$C_{20}H_{30}O_2$	302.44	58-18-4
去氢甲基睾丸酮 (methandrostenolone)		$C_{20}H_{28}O_2$	300.42	72-63-9
睾酮/睾丸素 (testosterone)		$C_{19}H_{28}O_2$	288.41	58-22-0
诺龙 (nandrolone)		$C_{18}H_{26}O_2$	274.39	434-22-0
丙酸睾酮 (estosteronepropionate)		$C_{22}H_{32}O_3$	344.49	57-85-2
群勃龙 (trenbolone)		$C_{18}H_{22}O_2$	270.38	10161-33-8
醋酸氯地孕酮 (chlormadinone acetate)		$C_{23}H_{29}ClO_4$	404.93	302-22-7
地马孕酮 (delmadinone acetate)		$C_{23}H_{27}ClO_4$	402.92	13698-49-2

续表

名称	结构式	分子式	相对分子质量	CAS 号
甲地孕酮 （megestrol）		$C_{22}H_{30}O_3$	342.46	3562 − 63 − 8
美仑孕酮 （melengestrol）		$C_{23}H_{30}O_3$	354.47	5633 − 18 − 1
孕酮/黄体酮 （progesterone）		$C_{21}H_{30}O_2$	314.45	57 − 83 − 0
甲孕酮 （medroxyprogesterone）		$C_{22}H_{32}O_3$	344.48	520 − 85 − 4
β−玉米赤霉醇 （β− Zearalanol）		$C_{18}H_{26}O_5$	322.4	42422 − 68 − 4
β−玉米赤霉烯醇 （β− Zearalenol）		$C_{18}H_{24}O_5$	320.4	71030 − 11 − 0
玉米赤霉醇 （zeranol）		$C_{18}H_{26}O_5$	322.4	26538 − 44 − 3
α−玉米赤霉烯醇 （α− Zearalenol）		$C_{18}H_{24}O_5$	320.4	36455 − 72 − 8

续表

名称	结构式	分子式	相对分子质量	CAS 号
玉米赤霉酮 （zearalanone）		$C_{18}H_{24}O_5$	320.4	5975 - 78 - 0
玉米赤霉烯酮 （zearalenone）		$C_{18}H_{22}O_5$	318.4	17924 - 92 - 4

11.1 样品前处理技术

11.1.1 提取方法

液体样品（如牛奶）在提取前，可用水或磷酸盐缓冲液稀释。固体样品（如鸡肉、猪肉、牛肝、鱼、虾、鸡蛋等）需要均质。脂肪样可在 40℃～60℃ 下加热，使脂肪融化成液体。

激素在肌体内的残留量非常低，需要高效率的前处理技术和高灵敏度的分析方法。在提取过程中，需根据不同目标化合物的性质，采用不同 pH 的缓冲液进行提取，常用的有乙酸钠缓冲液、乙酸铵缓冲液或者磷酸盐缓冲液等。李贤良等人研究表明在测定玉米霉醇类化合物时，采用 pH 为 5.0 的乙酸钠缓冲液时，提取效率均在 73% 以上。激素在动物源性基质中以游离态和结合态两种形式存在。结合态激素不易被提取，可先将样品进行水解或者酶解，释放出激素后再提取。水解时常用的试剂为氢氧化钠溶液，常用的酶解试剂为 β-葡萄糖苷酶/硫酸酯酶。

食品中激素常用的提取溶剂有甲醇、乙腈、叔丁基甲醚等。王全林等人研究发现甲醇对于多数性激素的提取效果好于乙腈；农业部 1031 号公告－1－2008 采用叔丁基甲醚提取群勃龙、诺龙、丙酸睾酮等 11 种激素；叔丁基甲醚同时也可作为二苯乙烯类激素的提取剂。

11.1.2 净化方法

食品中激素的净化方法主要有液-液萃取、固相萃取、免疫亲和柱萃取、超临界萃取等，一般需组合几种方法才能达到理想的净化效果。

11.1.2.1 液-液萃取

由于动物源性食品中可能存在的大量脂肪，采用正己烷、二氯甲烷等溶剂液-液萃取可有效去除大部分的脂肪。SN/T 1980—2007《进出口动物源性食品中孕激素类药物残留量的检测方法 高效液相色谱—质谱/质谱法》采用正己烷-二氯甲烷对乙腈提取液进行净化，吸取中间层（乙腈-二氯甲烷）溶液，剩余溶液再用乙腈重复提取，合并中间层。

11.1.2.2 固相萃取小柱净化

固相萃取法具有简便、快速、经济等优点，已广泛用于激素类药物的净化。C_18柱、

HLB 柱、MAX、硅胶柱、氨基柱、SLH 柱等固相萃取柱可用于食品中激素的净化,为了增强净化效果,也可采用两种柱子串联净化的方式。C_{18} 固相萃取柱适合净化亲脂性和中性同化激素,比如孕激素类药物;某些能与固定相发生吸附作用的激素类药物如斯坦唑醇等可以考虑采用 C_{18} 和苯磺酸型复合萃取柱;对于蛋制品,由于其卵磷脂含量较高,王全林等人研究发现可在提取液中加入 $ZnCl_2$ 沉淀后,再过 C_{18} 和 NH_2 的串联柱,以避免堵塞固相萃取柱;农业部 1163 号公告 - 9 - 2009 中采用 SLH 柱对已烯雌酚进行净化。牛奶和奶粉中玉米赤霉醇类药物则可采用 MAX 柱净化。

11.1.2.3 免疫亲和柱

专一性高的免疫亲和柱目前已应用于激素类药物分析,但是缺乏适用于多残留同时净化的萃取柱。目前已报道采用多种免疫亲和柱串联净化生物样品中的已烯雌酚、双烯雌酚和已烷雌酚,鸡蛋和肉制品中的玉米赤霉醇类,以及肉和尿中的去甲睾酮、睾酮和群勃龙。游丽娜等建立了鸡蛋中 6 种玉米赤霉醇类化合物(α-玉米赤霉醇、β-玉米赤霉醇、α-玉米赤霉烯醇、β-玉米赤霉烯醇、玉米赤霉酮和玉米赤霉烯酮)残留量的免疫亲和柱净化-高效液相色谱检测方法,样品经酶解后用叔丁基甲醚提取、氢氧化钠溶液反萃取,经免疫亲和柱富集和净化后,采用高效液相色谱-紫外检测器进行测定,6 种目标物在 0.01mg/L~0.2mg/L 范围内线性关系良好,相关系数(r)$\geqslant$0.9998,检出限(LOD)为 1.0μg/kg,平均回收率为 73.2%~95.7%。

11.1.2.4 超临界萃取

利用超临界技术,在低温条件下就能对目标化合物进行快速提取,结合超临界色谱法可以测定猪肾组织中的均二苯乙烯类化合物残留量。该萃取方法对非极性的药物如甲羟孕酮、乙酸美伦孕酮和已烯雌酚有较高的回收率,但是对极性较强的药物如玉米赤霉醇的萃取效果较差。由于共萃取物的干扰,群勃龙不能被检测到,尤其是脂肪和肝脏样品中的共萃取物,对群勃龙的色谱峰有严重干扰。所以超临界流体萃取法并不能取代所有的样品处理方法,在超临界流体萃取前后,还需要对样品进行净化处理。

11.2 分析方法

食品中激素的残留测定方法主要有薄层层析法、荧光分光光度法、酶联免疫吸附测定法(ELISA)、HPLC、HPLC - MS/MS、GC - MS 等方法。

11.2.1 薄层层析法

薄层层析法是把待分离的样品溶液点在薄层的一端,利用吸附剂对不同物质的吸附力大小不同将样品成分彼此分离。该法可以在同一块板上同时分离多个样品,且成本低,但灵敏度低。其中荧光分光光度法对激素有一定的特异性,且操作简单,低成本,但灵敏度差,目前已很少使用。

11.2.2　荧光分光光度法

被检测物质在一定的酸、碱条件下,可产生带有不同颜色荧光的产物,测定其荧光强度,借助标准曲线可测定目标物的含量。陈眷华等人采用此方法测定肉制品中己烯雌酚,样液在浓硫酸存在的条件下与水发生加成反应生成具有荧光性的 H－DES。激发波长和发射波长狭缝宽度均为 5nm,响应时间为 2s。荧光光度法的最小检出量为 8.04×10^{-3} mg/mL,回收率范围为 97.8%～101.1%。

11.2.3　酶联免疫吸附测定法

酶联免疫吸附测定法(ELISA)仅仅适合于部分激素的大量的筛选,不能准确地定性确认。测定不同种类的违禁药物时则需要不同的试剂盒,很难实现多残留分析。由于存在交叉污染,容易出现假阳性。SN/T 1956—2007《肉及肉制品中己烯雌酚残留量检测方法　酶联免疫法》采用试剂盒测定肉与肉制品中的己烯雌酚含量,方法的检出限为 0.5μg/kg。测定原理是利用竞争性酶联免疫反应,己烯雌酚与己烯雌酚酶标记物共同竞争己烯雌酚抗体的结合位点,用酶标仪测量微孔溶液在 450nm 波长的吸光度值,己烯雌酚浓度与吸光度值成反比。

11.2.4　高效液相色谱法

高效液相色谱法(HPLC)尽管无需衍生化,但其灵敏度低,随着各国禁用激素类物质,目前已很少使用。液相的流动相一般采用不同比例的甲醇-水或者乙腈-水梯度洗脱。罗晓燕等人研究了采用固相萃取-高效液相色谱法同时测定己烯雌酚、丙酸睾酮的固相萃取和测定的最佳条件,回收率在 92%～103%。郁倩优化固相萃取实验条件,研究样品的提取和净化方法,以提高方法的灵敏度和精确度。HLB 小柱;洗脱液为乙腈;色谱柱为 Eclipse XDB－C_{18} 5μm4.6mm×150mm 柱;二极管阵列检测器,检测波长为 210nm。结果 5 种雌激素分离效果好,标准曲线线性良好,相关系数为 0.9993,方法的检出限为 19.2ng/g～24.2ng/g,有较好的准确度和精密度,回收率为 79%～95%。

11.2.5　液相色谱-串联质谱法

液相色谱-串联质谱法(HPLC－MS/MS)是分析动物源性食品中激素残留的重要方法,灵敏度高、选择性和特异性好,能够对低浓度的样品进行很好的定性确认和定量测定。农业部 1031 号公告－1－2008 测定猪、牛、羊、鸡肌肉和肝脏、牛奶、鲜蛋中睾酮、甲基睾酮、黄体酮、群勃龙、勃地龙、诺龙、美雄酮、司坦唑醇、丙酸诺龙、丙酸睾酮、苯丙酸诺龙。样品用 10%碳酸钠溶液 3mL 和 25mL 叔丁基甲醚提取。提取液旋转蒸干,用 50%乙腈 2.0mL 溶解。猪、牛、羊、鸡肌肉组织和鲜蛋中睾酮、甲基睾酮、黄体酮、群勃龙、诺龙、美雄酮、司坦唑醇检测限为 0.3μg/kg,群勃龙、诺龙、黄体酮、丙酸诺龙、丙酸睾酮、苯丙酸诺龙的检测限为 0.4μg/kg;猪、牛、羊、鸡肝脏组织和牛奶中睾酮、甲基睾酮、黄体酮、群勃龙、诺龙、美雄酮、司坦唑醇检测限为 0.4μg/kg,群勃龙、诺龙、黄体酮、丙酸诺龙、丙酸睾酮、苯丙酸诺龙的检测限为 $0.5\mu g/kg$,定量限为 $1.0\mu g/kg$。

11.2.6 气相色谱质谱法

在欧盟重新修订的肉类食品中留体激素检测中,确认方法为气相色谱质谱法(GC-MS)。气相色谱质谱法具有高速、高效分离能力和很高的灵敏度,且质谱具有很强的结构鉴定能力,已建立肉中雌二醇、戊酸雌二醇、炔雌醚、甲基睾酮、醋酸甲地孕酮等激素残留 GC-MS 方法。一般需要先进行硅烷化或者酰化衍生,主要有七氟丁酸酐和 BSTFA 衍生化试剂。张秀珍等人采用 BSTFA-TMCS(99:1,体积比),80℃烘箱中衍生 30min。GB/T 22967—2008《牛奶和奶粉中 β-雌二醇残留量的测定 气相色谱—负化学电离质谱法》中测定牛奶和奶粉中 β-雌二醇采用 HLB 小柱净化,加入乙酸乙酯-吡啶,五氟苯甲酰氯衍生化,牛奶和奶粉方法检出限分别为 $0.25\mu g/kg$,$2\mu g/kg$。JungjuSeo 等人采用气相色谱质谱同时测定雌二醇、雌三醇、己烯雌酚、孕酮、睾酮、玉米赤霉醇,采用甲醇溶液提取目标物,冷冻去脂,过 C_8 和 C_{18} 小柱净化,TMS 试剂衍生,回收率为 $70\%\sim129\%$。

11.3 应用实例

11.3.1 液相色谱-串联质谱法测定动物源性食品中激素残留量

本方法源自 GB/T 21981—2008《动物源性食品中激素多残留检测方法 液相色谱-质谱/质谱法》。

11.3.1.1 仪器和试剂

乙酸-乙酸钠缓冲液(pH=5.2):称取 43.0g 乙酸钠(NaAc·4H₂O),加入 22mL 乙酸,用水溶解并定容至 1L,用乙酸调节 pH 为 5.2。二氯甲烷-甲醇溶液(7:3,体积比):取 70mL 二氯甲烷和 30mL 甲醇混合。0.1%甲酸溶液:量取 1mL 甲酸加水稀释至 1000mL。甲醇-水溶液(1:1,体积比):取 50mL 甲醇和 50mL 水混合。β-葡萄糖苷酶/硫酸酯酶溶液:$4.5U/mL\beta$-葡萄糖苷酶,14U/mL 硫酸酯酶。标准品:去甲雄烯二酮、群勃龙、勃地酮、氟甲睾酮、诺龙、雄烯二酮、睾酮、普拉雄酮、甲睾酮、异睾酮、表雄酮、康力龙、17β-羟基雄烷-3-酮、美睾酮、达那唑、美雄诺龙、羟甲雄烯二酮、美雄醇、雌二醇、雌三醇、雌酮、炔雌醇、己烷雌酚、己烯雌酚、己二烯雌酚、炔诺酮、21α-羟基孕酮、17α-羟基孕酮、左炔诺孕酮、甲羟孕酮、乙酸甲地孕酮、孕酮、甲羟孕酮乙酸酯、乙酸氯地孕酮、曲安西龙、醛固酮。同位素内标:炔诺孕酮-d_6、孕酮-d_9、甲地孕酮乙酸酯-d_3、甲羟孕酮-d_3、美仑孕酮-d_3、炔诺酮-$^{13}C_2$、氯睾酮乙酸酯-d_3、氯睾酮-d_3、16β-羟基司坦唑醇-d_3、甲睾酮-d_3、勃地龙-d_3、氢化可的松-d_3、睾酮-$^{13}C_2$、睾酮-d_2、雌酮-d_2、雌二醇-$^{13}C_2$、己烯雌酚-d_6、己二烯雌酚-d_2、己烷雌酚-d_4。

11.3.1.2 样品提取和净化

称取试样约 5.0g 于 50mL 离心管中,加入内标溶液 0.1mL、乙酸-乙酸钠缓冲液 10mL、β-葡萄糖苷酶/硫酸酯酶溶液 0.1mL,涡旋混匀,于 37℃水浴中振荡 12h。冷却后加入 25mL 甲醇超声提取 30min,0℃～4℃下 10000r/min 离心 10min,将上清液转移烧杯中,加水 100mL,混匀。转入活化过的 ENVI-Carb 固相萃取柱,将小柱减压抽干,再将活化好的氨基柱串接在 ENVI-Carb 固相萃取柱下方。用 6mL 二氯甲烷-甲醇溶液洗脱并收集洗脱液,取下 ENVI-Carb 小柱,再用 2mL 二氯甲烷-甲醇溶液淋洗氨基柱,洗脱液在微弱的氮气流下吹干,用 1mL 甲醇-水(1:1,体积比)溶解残渣,过滤膜,供液相色谱-串联质谱测定。

11.3.1.3 测定

1. 雄激素、孕激素液相色谱条件

色谱柱:ACQUITY UPLC™ BEH C$_{18}$柱,2.1mm(内径)×100mm,1.7μm,或相当。流动相:A 为 0.1%甲酸水溶液,B 为甲醇。表 11-2 是梯度洗脱程序。流速:0.3mL/min。柱温:40℃。进样量:10μL。

表 11-2　雄激素、孕激素、皮质醇激素的梯度洗脱程序

时间/min	A/%	B/%
0	50	50
8	36	64
11	16	84
12.5	0	100
14.5	0	100
15	50	50
17	50	50

2. 雄激素、孕激素测定质谱参考条件

电离源:电喷雾正离子模式;毛细管电压:3.5kV;源温度:100℃;脱溶剂气温度:450℃;脱溶剂气流量:700L/h;碰撞室压力:3.1×10^{-3}mbar[①];雄激素、孕激素的特征离子见表 11-3 和表 11-4。

表 11-3　雄激素测定质谱参考条件

化合物	母离子(m/z)	子离子(m/z)	锥孔电压/V	碰撞能量/eV	保留时间/min
去甲雄烯二酮	273.4	108.9[①] 197.3	42	25 18	4.28
群勃龙	271.4	255.3[①] 199.3	33	18 24	4.41
勃地酮	287.6	121.0[①] 135	22	22 15	4.80

---

① mbar 为我国非法定计量单位,1mbar=10^{2}Pa。

续表

化合物	母离子(m/z)	子离子(m/z)	锥孔电压/V	碰撞能量/eV	保留时间/min
氟甲睾酮	337.7	241.0① / 131.0	33	22 / 30	4.87
诺龙	275.6	109.1① / 257.4	35	26 / 15	5.18
雄烯二酮	287.6	96.9① / 108.9	25	20 / 23	5.25
美雄酮	301.0	149.0① / 121.0	22	15 / 26	5.58
睾酮	289.4	97.1① / 109.1	33	22 / 20	6.22
普拉雄酮	289.5	271.0① / 253.1	13	10 / 10	6.92
甲睾酮	303.5	109.1① / 97.1	20	27 / 25	7.35
异睾酮	289.3	187.0① / 205.1	30	18 / 15	7.40
美雄醇	287.4	269.1① / 159.1	16	11 / 21	7.60
表雄酮	291.4	273.5① / 255.2	15	16 / 8	7.86
康力龙	329.5	81.1① / 91.1	60	42 / 40	8.29
17β-羟基雄烷-3-酮	291.5	159.1① / 255.1	25	20 / 15	8.32
美睾酮	305.7	269.3① / 173.1	35	16 / 20	9.25
达那唑	338.7	120.0① / 148.0	33	29 / 25	10.37
美雄诺龙	305.6	269.0① / 229.2	33	16 / 19	9.60
氯睾酮乙酸酯-d₃	368.4	143①	35	24	11.51
氯睾酮-d₃	326.3	142.8①	35	23	8.03

续表

化合物	母离子(m/z)	子离子(m/z)	锥孔电压/V	碰撞能量/eV	保留时间/min
16β-羟基司坦唑醇-d_3	348.4	81[①]	52	30	4.41
甲睾酮-d_3	306.4	109[①]	24	26	7.26
勃地酮-d_3	290.1	121[①]	22	22	4.76
睾酮-$^{13}C_2$	291.4	111.2[①]	38	22	6.20

①定量离子。

表11-4 孕激素测定质谱参考条件

化合物	母离子(m/z)	子离子(m/z)	锥孔电压/V	碰撞能量/eV	保留时间/min
炔诺酮	299.3	109.1[①] 231.4	35	27 17	5.39
21α-羟基孕酮	331.5	96.9[①] 108.9	35	21 21	5.89
17α-羟基孕酮	331.5	96.9[①] 108.9	35	22 22	6.75
甲基炔诺酮	313.4	108.9[①] 245.4	38	26 20	7.20
甲羟孕酮	345.5	123.0[①] 97.0	35	24 24	8.71
乙酸甲地孕酮	385.5	267.3[①] 325.6	30	16 16	8.99
乙酸氯地孕酮	405.4	345.6[①] 309.6	28	12 16	9.25
孕酮	315.5	97.0[①] 297.5	35	20 35	9.57
甲羟孕酮乙酸酯	387.5	327.3[①] 285.4	30	16 16	9.45
炔诺孕酮-d_6	319.4	251.4[①]	35	21	7.11
孕酮-d_9	324.6	100[①]	35	20	9.45
甲地孕酮乙酸酯-d_3	388.4	270.7[①]	30	18	8.94
甲羟孕酮-d_3	348.5	126.1[①]	35	24	8.65
美仑孕酮-d_3	358.5	282.1[①]	36	23	7.11
炔诺酮-$^{13}C_2$	301.5	231.5[①]	35	25	5.36

①定量离子。

3.雌激素测定液相条件

色谱柱:ACQUITY UPLC™BEH C₁₈柱,2.1mm(内径)×100mm,1.7μm,或相当。流动相:A为水,B为乙腈。表11-5是梯度洗脱程序。流速:0.3mL/min。柱温:40℃。进样量:10μL。

表11-5 雌激素的梯度洗脱程序

时间/min	A/%	B/%
0	65	35
4	50	50
4.5	0	100
5.5	0	100
5.6	65	35
9	65	35

4.雌激素测定质谱条件

电离源:电喷雾正离子模式;毛细管电压:3.0kV;源温度:100℃;脱溶剂气温度:450℃;脱溶剂气流量:700L/h;碰撞室压力:3.1×10⁻³mbar;雌激素的其他质谱条件见表11-6。

表11-6 雌激素和同位素内标的质谱参考条件

化合物	母离子(m/z)	子离子(m/z)	锥孔电压/V	碰撞能量/eV	保留时间/min
雌三醇	287.3	145.2① 171.1	56	44 47	1.39
雌二醇	271.4	183.1① 145.2	45	40 45	3.27
炔雌醇	295.4	145.2① 159.2	45	41 35	3.89
雌酮	269.4	145.2① 159.2	49	41 41	4.13
己烯雌酚	267.3	251.3① 237.3	43	25 28	4.68
己烷雌酚	269.5	133.9① 119.1	30	16 40	4.97
己二烯雌酚	265.2	92.9① 171.2	40	25 25	4.95
雌酮-d₂	271.4	147.2①	49	41	4.11
雌二醇-¹³C₂	273.2	147.1①	45	40	3.28

续表

化合物	母离子(m/z)	子离子(m/z)	锥孔电压/V	碰撞能量/eV	保留时间/min
己烯雌酚－d_6	273.3	136.1[①]	30	25	4.65
己二烯雌酚－d_2	267.3	92.8[①]	43	25	4.95
己烷雌酚－d_4	273.3	136.1[①]	30	20	4.95

①定量离子。

11.3.2 液相色谱－串联质谱法测定动物源性食品中二苯乙烯类激素残留量

本方法源自 SN/T 1752—2006《进出口动物源性食品中二苯乙烯类激素残留量检验方法 液相色谱串联质谱法》。

11.3.2.1 仪器和试剂

乙酸盐缓冲液(0.2mol/L,pH5.2):称取 2.52g 乙酸和 12.95g 乙酸钠溶解于 800mL 水中,用氢氧化钠溶液调节 pH 至 5.2±0.1,加水定容至 1000mL。β-葡萄糖苷酶/硫酸酯酶:H－2 型,含 β-葡萄糖苷酶 124400U/mL,硫酸酯酶 3610U/mL。二苯乙烯类激素标准品:己烯雌酚(diethylstilbestrol,DES)纯度≥99%;己烷雌酚(hexestrol,HEX)纯度≥98%;双烯雌酚(dienoestrol,DEN)纯度≥98%。氘代己烯雌酚(DES－d_8)纯度≥98%。

11.3.2.2 样品提取和净化

称取绞碎混匀后测试样品约 5.0g 于 50mL 离心管中,加入 20mL 叔丁基甲基醚,1mLDES－d_8 内标工作溶液,在 10000r/min 转速下高速均质 1min。3000r/min 离心 5min,将上清液全部转移至另一 50mL 具塞试管中。离心管中的残渣置于通风橱中挥发 30min,加入 15mL 乙酸盐缓冲液,高速均质 1min,3000r/min 离心 5min,将上清液全部转移至 25mL 具塞试管中,并在氮吹仪上于 40℃ 水浴中吹去残余叔丁基甲基醚后,加入 80μL β-葡萄糖苷酶混匀,于 52℃ 烘箱中放置过夜。在水溶液中加入氢氧化钠溶液将溶液 pH 调至 7,加入 10mL 叔丁基甲基醚,充分混合,3000r/min 离心 2min。移取叔丁基甲基醚层与前述的叔丁基甲基醚提取液混合,在氮吹仪上于 40℃ 水浴中吹干。加入 1mL 溶解液,涡旋 30s 溶解,待净化。

用 6mL 正己烷分两次预洗硅胶柱,流速均为 4mL/min。上样,流速为 2mL/min,在样品试管中加入 3mL 淋洗液,混合后过柱,流速为 2mL/min,用 3mL 淋洗液以 3mL/min 的速度淋洗,收集洗脱液。将洗脱液在氮吹仪上于 40℃ 水浴中吹干,加入 1mL 流动相,涡旋 30s 溶解。溶液经滤膜过滤后,供液相色谱串联质谱测定。

11.3.2.3 测定

1. 色谱条件

色谱柱:ZORBAX Eclipse SB－C_8 柱(150mm×4.6mm,5μm);流动相:乙腈-水(70:30,体积比);柱温:25℃;流速:1.0mL/min;进样量:50μL。

2. 质谱条件

大气压化学电离;负离子扫描;离子源温度:325℃;雾化气压力:15Pa;气帘气压力:

10Pa;辅助气 1 压力:35Pa;喷雾器电流:−5μA;电喷雾电压:−4500V;表 11−7 为其他质谱条件。图 11−1、图 11−2、图 11−3、图 11−4 分别为己烯雌酚、双烯雌酚、己烷雌酚、己烯雌酚−d₈的液相色谱串联质谱图。

表 11−7　监测离子对、去簇电压、入口电压、碰撞能量和碰撞室出口电压

被测物	监测离子对 $Q_1 \rightarrow Q_3$	去簇电压/V	入口电压/V	碰撞能量/V	碰撞室出口电压/V
DES	267.0→222.1	−90	−10	−40	−10
DES	267.0→237.1	−90	−10	−40	−10
DEN	265.0→221.1	−90	−10	−35	−7
DEN	265.0→235.1	−90	−10	−32	−7
HEN	265.0→134.0	−75	−10	−22	−7
HEN	269.0→119.0	−75	−10	−46	−7
DES−d₈	275.1→245.0	−73	−5	−40	−15
DES−d₈	275.1→227.9	−74	−5	−40	−15

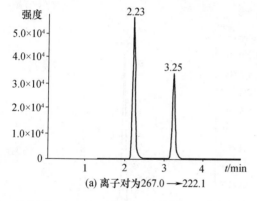
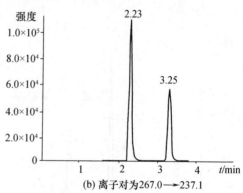

(a) 离子对为267.0──222.1　　(b) 离子对为267.0──237.1

图 11−1　己烯雌酚标准物液相色谱串联质谱图(XIC)

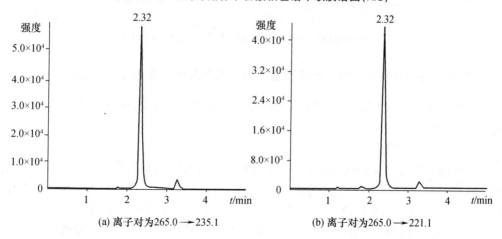

(a) 离子对为265.0──235.1　　(b) 离子对为265.0──221.1

图 11−2　双烯雌酚标准物液相色谱串联质谱图(XIC)

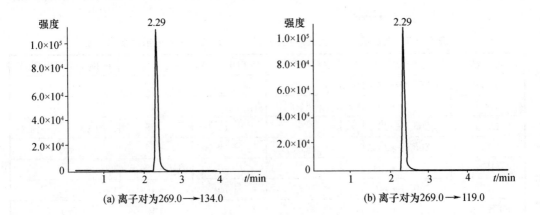

图 11-3　己烷雌酚标准物液相色谱串联质谱图(XIC)

(a) 离子对为269.0→134.0

(b) 离子对为269.0→119.0

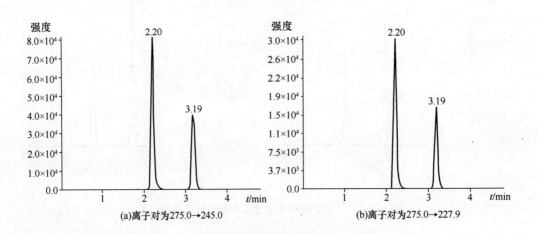

(a)离子对为275.0→245.0

(b)离子对为275.0→227.9

图 11-4　己烯雌酚-d_8 内标物液相色谱串联质谱图(XIC)

11.3.3　液相色谱-串联质谱法测定动物源性食品中玉米赤霉醇类激素残留量

本方法源自 GB/T 23218—2008《动物源性食品中玉米赤霉醇残留量的测定　液相色谱-串联质谱法》。

11.3.3.1　仪器和试剂

乙酸钠缓冲液(0.05mol/L,pH=4.8):称取 6.8g 乙酸钠溶解于 900mL 水中,用冰醋酸调节 pH 为 4.8,加水定容至 1L。磷酸-水溶液(1:4,体积比):取 10mL 磷酸和 40mL 水混合。甲醇-水溶液(1:1,体积比):取 50mL 甲醇和 50mL 水混合。β-葡萄糖苷酶/硫酸酯复合酶:H-2 型,含 96000U/mLβ-葡萄糖苷酸酶,390U/mL 硫酸酯酶。标准品:玉米赤霉醇(zearalanol,CAS:26538-44-3)、β-玉米赤霉醇(β-zearalanol,CAS:

42422 - 68 - 4)、α -玉米赤霉烯醇(α - zearalenol,CAS:36455 - 72 - 8)、β -玉米赤霉烯醇(β - zearalenol,CAS:71030 - 11 - 0)、玉米赤霉酮(zearalanone,CAS:5975 - 78 - 0)、玉米赤霉烯酮(zearalenone,CAS:17924 - 92 - 4),纯度均大于等于99%。

11.3.3.2 试样制备

肌肉和内脏:取代表性样品约 500g,用组织捣碎机充分捣碎混匀。试样置于- 18℃以下冷冻避光保存。

牛奶:取代表性样品 500g,混匀,置于 0℃～4℃冷藏避光保存。

鸡蛋:取代表性样品 500g,去壳后用组织捣碎机搅拌充分混匀,置于 0℃～4℃冷藏避光保存。

11.3.3.3 样品提取和净化

称取试样品约 5.0g 于50mL 离心管中,加入 10mL 乙酸钠缓冲液和 β -葡萄糖苷酶/硫酸酯复合酶,涡旋混匀,于37℃水浴中振荡 12h。水解后加入 15mL 无水乙醚,振荡提取 5min 后,以 4000r/min 离心 2min,将上清液转移至浓缩瓶中,再用 15mL 无水乙醚重复提取一次,合并上清液,40℃以下旋转浓缩至近干。加入 1mL 三氯甲烷溶解残渣,超声 2min 后,转入 10mL 离心管中,再用 0.5mol/L 氢氧化钠溶液 3mL 洗涤浓缩瓶至同一离心管中,涡旋混匀,以 4000r/min 离心 2min,吸取上层氢氧化钠溶液。再用 0.5mol/L 氢氧化钠溶液 3mL 重复润洗、萃取一次,合并氢氧化钠萃取液,加入 1mL 磷酸-水溶液,混匀,转入 HLB 固相萃取柱。用 5mL 水、5mL 甲醇-水溶液淋洗,弃去,再用 10mL 甲醇进行洗脱,收集洗脱液。洗脱液在 40℃以下用氮气吹干。残留物用 1.0mL 乙腈溶解。溶液经滤膜过滤后,供液相色谱串联质谱测定。

11.3.3.4 测定

1. 色谱条件

色谱柱:CAPCELLPAK C_{18}柱,50mm×2.0mm(内径),2μm,或者相当;流动相:乙腈-水(70:30,体积分数);柱温:40℃;流速:0.2mL/min;进样量:5μL。流动相及梯度洗脱条件见表 11 - 8。

表 11 - 8 流动相及梯度洗脱条件

时间/min	乙腈/%	水/%
0	25	75
5	70	30
6	70	30
9	25	75

2. 质谱条件

电离方式:电喷雾电离(ESI);毛细管电压:3.0kV;源温度:120℃;去溶剂温度:350℃;锥孔气流:氮气,流速 100L/h;去溶剂气流:氮气,600L/h;碰撞气:氩气,碰撞气压 2.60×10^{-4};扫描方式:负离子扫描;检测方式:多反应监测(MRM),多反应监测条件见表 11 - 9。

表 11－9　多反应监测条件

中文名称	英文名称	母离子 (m/z)	子离子 (m/z)	驻留时间/ s	锥孔电压/ V	碰撞能量/ eV	保留时间/ min
β－玉米赤霉醇	β－zearalanol	321.1	277.2[①]	0.2	40	18	3.18
			303.2	0.2	40	20	
β－玉米赤霉烯醇	β－zearalenol	319.1	275.1[①]	0.2	40	20	3.25
			301.1	0.2	40	22	
玉米赤霉醇	zearalanol	321.1	277.2[①]	0.2	40	18	3.61
			303.2	0.2	40	20	
α－玉米赤霉烯醇	α－zearalenol	319.1	275.1[①]	0.2	40	20	3.72
			301.1	0.2	40	22	
玉米赤霉酮	zearalanone	319.1	275.1[①]	0.2	40	20	4.32
			301.1	0.2	40	22	
玉米赤霉烯酮	zearalenone	317.1	174.9[①]	0.2	30	25	4.38
			273.9	0.2	30	20	

①定量离子。

11.3.3.5　检出限

检测低限为玉米赤霉醇、玉米赤霉酮、己烯雌酚、己烷雌酚、双烯雌酚为 0.001mg/kg。

11.3.4　液相色谱－串联质谱法测定动物源性食品中玉米赤霉醇类激素残留量(免疫亲和柱法)

11.3.4.1　仪器和试剂

乙酸钠缓冲液(0.05mol/L,pH＝4.8):称取 6.8g 乙酸钠溶解于 900mL 水中,用冰醋酸调节 pH 至 4.8,加水定容至 1L。磷酸溶液(3.0mol/L):量取 4mL 磷酸和 16mL 水,混匀。磷酸盐缓冲液:分别称取 8.00g 氯化钠、2.90g 十二水合磷酸氢二钠、0.24g 磷酸二氢钾和 0.20g 氯化钾,用 900mL 水溶解,再用 1.0mol/LNaOH 溶液调节 pH 为 7.4,并定容至 1L。甲醇－乙腈－水(50∶15∶35,体积比):量取 50mL 甲醇,15mL 乙腈和 35mL 水,混匀。β-葡萄糖苷酶/硫酸酯复合酶:134600U/mLβ-葡萄糖苷酸酶,5200U/mL 硫酸酯酶(H-2,from Helix pomatia)。标准品:α－玉米赤霉醇、β－玉米赤霉醇、α－玉米赤霉烯醇、β－玉米赤霉烯醇、玉米赤霉酮和玉米赤霉烯酮的纯度≥98.0%。标准储备溶液:精确称取各标准品适量,用甲醇溶解并稀释,配制成浓度各 100μg/mL 标准品储备液,于－18℃保存,有效期 3 个月。免疫亲和柱:玉米赤霉醇类六合一免疫亲和柱,保存于 4℃冰箱中。取出免疫亲和柱,待柱内储存液流出后即可上样。0.22μm 微孔滤膜:有机系。

11.3.4.2　样品提取和净化

1. 水解

猪肉、牛奶、鸡蛋、午餐肉：准确称取 5.0g 试样（精确至 0.01g）于 50mL 具塞离心管中，加入 10.0mL 乙酸钠缓冲液和 25μLβ-葡萄糖苷酶/硫酸酯复合酶，涡旋混匀，于 37℃振荡 12h。

牛肝：准确称取 5.0g 试样（精确至 0.01g）于 50mL 具塞离心管中，加入 10.0mL 乙酸钠缓冲液，于 80℃水浴 30min，取出放至室温，加入 25μLβ-葡萄糖苷酶/硫酸酯复合酶，涡旋混匀，于 37℃振荡 12h。

2. 提取

（1）猪肉、牛肝、鸡蛋、午餐肉

放置至室温后加入 20mL 乙醚，加盖振荡提取 10min 后，以 5000r/min 离心 5min，将上清液转移至浓缩瓶中，再用 20mL 乙醚重复提取一次，合并上清液，于 40℃减压浓缩至近干。用 1.0mL 三氯甲烷溶解残渣，超声波助溶 2min，转入 10mL 离心管中，再用 3mL 氢氧化钠溶液润洗浓缩瓶后转移至同一离心管中，涡旋混匀，以 5000r/min 离心 5min，吸取上层氢氧化钠溶液。再用 3mL 氢氧化钠溶液重复润洗，萃取一次，合并氢氧化钠萃取液，用 3.0mol/L H₃PO₄溶液中和至 pH 约为 7，再用 pH7.4PBS 溶液稀释至 10mL，混匀待净化。

（2）牛奶

水解后加入 5g 氯化钠，再加入 20mL 乙腈，加盖振荡提取 10min 后，以 5000r/min 离心 5min，将上清液转移至浓缩瓶中，再用 20mL 乙腈重复提取一次，合并上清液。其余操作同（1）中"于 40℃减压浓缩至近干……"。

3. 净化

取出保存于 4℃冰箱中的免疫亲和柱，待柱内储存液流出后，将所得待净化液通过免疫亲和柱，用 8.0mL 纯水淋洗，弃去流出液，抽干。用 3.0mL 甲醇洗脱，洗脱液于 40℃下氮吹至干。HPLC 法用 0.5mL 甲醇-乙腈-水溶液溶解残渣，LC－MS/MS 法用 0.5mL 乙腈溶解残渣，过 0.22μm 有机系滤膜，供 HPLC 及 LC－MS/MS 分析。

11.3.4.3　测定

1. 色谱条件

色谱柱：C₁₈色谱柱，150mm×4.6mm(i. d.)，3.5μm，或相当者；流动相：甲醇-乙腈-水(50∶15∶35，体积比)；柱温：30℃；流速：1.0mL/min；进样量：50μL。流动相及梯度洗脱条件见表 11-10。

表 11-10　流动相及梯度洗脱条件

时间/min	乙腈/%	2mmol/L 乙酸铵溶液/%
0.0	25.0	75.0
4.0	70.0	30.0
7.0	70.0	30.0
7.5	25.0	75.0
8.0	25.0	75.0

2.质谱条件

电离方式:电喷雾电压(IS):－4500V;雾化气压力(GS1):35psi;气帘气压力(CUR):40psi;辅助气压力(GS2):60psi;离子源温度(TEM):550 ℃;碰撞气:氩气,碰撞气压2.60×10^{-4};扫描方式:负离子扫描;检测方式:多反应监测(MRM),多反应监测条件见表11-11,图11-5、图11-6分别为玉米赤霉醇类化合物标准品溶液的HPLC色谱图和多反应监测色谱图。

表 11-11 多反应监测条件

化合物	母离子 m/z	子离子 m/z	CE/V	DP/V	EP/V	CXP/V	Dwell/ms
β－玉米赤霉醇	321.2	277.2[①]	－31	－83	－10	－6	50
		303.2	－29	－83	－10	－17	50
β－玉米赤霉烯醇	319.2	275.0[①]	－31	－81	－8	－19	50
		301.0	－31	－81	－8	－19	50
α－玉米赤霉醇	321.2	277.2[①]	－31	－83	－10	－6	50
		303.2	－29	－83	－10	－17	50
α－玉米赤霉烯醇	319.2	275.0[①]	－31	－81	－8	－19	50
		301.0	－31	－81	－8	－19	50
玉米赤霉酮	319.1	275.0[①]	－31	－81	－8	－19	50
		301.0	－31	－81	－8	－19	50
玉米赤霉烯酮	317.2	175.0[①]	－35	－80	－8	－15	50
		273.0	－28	－80	－8	－8	50

①定量离子。

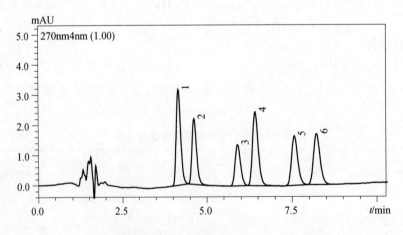

1—β－玉米赤霉醇;2—β－玉米赤霉烯醇;3—α－玉米赤霉醇;

4—α－玉米赤霉烯醇;5—玉米赤霉酮;6—玉米赤霉烯酮

图 11-5 玉米赤霉醇类化合物标准品溶液的 HPLC 色谱图(0.2μg/mL)

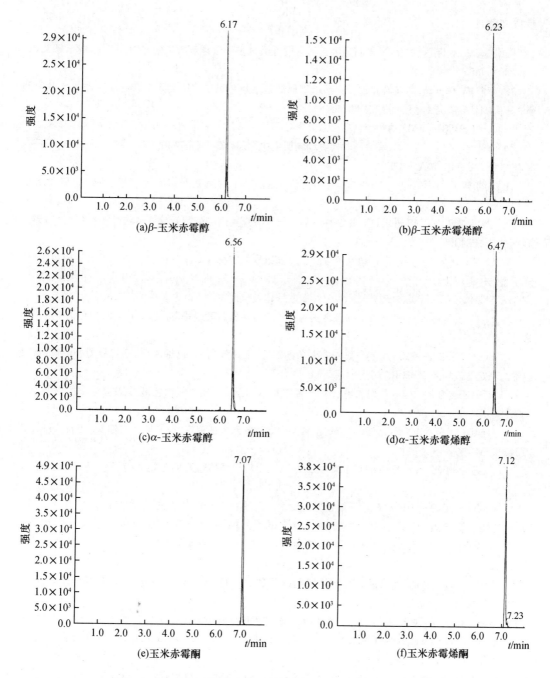

图 11-6 玉米赤霉醇类化合物标准溶液多反应监测色谱图(10μg/L)

11.3.4.4 测定低限

高效液相色谱法的测定低限为 5.0μg/kg,高效液相色谱-质谱/质谱法的测定低限为 1.0μg/kg。

参考文献

[1]王全林,张爱芝,陈立仁.蛋制品中违禁合成性激素多残留检测方法研究[J].卫生研究,2009,38(6):740-746.

[2]罗晓燕,林玉娜,刘莉治,周洪伟.固相萃取高效液相色谱法同时测定禽畜组织中雌雄性激素残留的研究[J].中国卫生检验杂志,2005,15(4):387-389.

[3]GB/T 21981—2008 动物源食品中激素多残留检测方法 液相色谱-质谱/质谱法[S].2008.

[4]吴平谷,王强,陈慧华,等.同时检测动物肌肉中26种$\beta2$-兴奋剂和激素残留[J].分析化学研究报告,2008,36(11):1476-1482.

[5]农业部1031号公告-1-2008 动物源性食品中11种激素残留检测液相色谱-串联质谱法[S].2008.

[6]SN/T 2677—2010 进出口动物源性食品中雄性激素类药物残留量检测方法 液相色谱-质谱质谱法[S].2010.

[7]SN/T 1980—2007 进出口动物源性食品中孕激素类药物残留量的检测方法 高效液相色谱-质谱/质谱法[S].2007.

[8]SN/T 1956—2007 肉及肉制品中己烯雌酚残留量检测方法 酶联免疫法[S].2007.

[9]SN/T 1752—2006 进出口动物源性食品中二苯乙烯类激素残留量检验方法 液相色谱串联质谱法[S].2006.

[10]GB/T 22992—2008 牛奶和奶粉中玉米赤霉醇、玉米赤霉酮、己烯雌酚、己烷雌酚、双烯雌酚残留量的测定 液相色谱-串联质谱法[S].2008

[11]GB/T 22967—2008 牛奶和奶粉中β-雌二醇残留量的测定 气相色谱-负化学电离质谱法[S].2008.

[12]郁倩,固相萃取 tipLC 法同时测定畜禽肉中5种雌激素的研究.[J].职业与健康,2011,27(20):2281-2284.

[13]GB/T 20758—2006 牛肝和牛肉中睾酮、表睾酮、孕酮残留量的测定 液相色谱-串联质谱法[S].2006.

[14]NY/T 2069—2011 牛乳中孕酮含量的测定 高效液相色谱-质谱法[S].2011.

[15]SN/T 1955—2007 动物源性食品中二苯乙烯类激素残留量检测方法 酶联免疫法[S].2011.

[16]农业部1068号公告-3-2008 饲料中10种蛋白同化激素的测定 液相色谱-串联质谱法[S].2008.

[17]陈眷华,王文博,徐在品,等.己烯雌酚残留的三种检测方法比较研究[J].食品科学,2006,9(27):214-218.

[18]H. Noppe,B. Le Bizec,K. Verheyden,H. F. De Brabander. Novel analytical methods for the dertermination of steroid hermones in edible matrices[J]. Analytica Chimica Acta,2008,611:1-16.

[19]Lu,C. Wang,M. Mu,J. Han,D. Bai,Y. Zhang,H. Simultaneous determination of eighteen steroid hormones in antler velvet by gas chromatography-tandem mass spectrometry,Food Chemistry(2013).

[20] K. J. S. De Cock,F. T. Delbeke,P. Van Eenoo,N. Desmet,K. Roels,P. De Backer. Detection and determination of anabolic steroids in nutritional supplements[J]. Journal of Pharmaceutical and Biomedical Analysis 25(2001)843-852.

[21]Jungju Seo a,Hye-Young Kima,Bong Chul Chungb,Jongki Honga. Simultaneous determination of anabolic steroids and synthetic hormones in meat by freezing-lipid filtration,solid-phase extraction

and gas chromatography－mass spectrometry[J].Journal of Chromatography A,1067(2005)303－309.

[22]王凌云,李洁珍,黎敏,李乐珍.高效液相色谱法测定水产品中 4 种雌激素的残留量[J].化学分析计量 2005,14(4).

[23]游丽娜,等.免疫亲和柱净化-高效液相色谱法同时检测鸡蛋中 6 种玉米赤霉醇类化合物残留量[J].色谱,2012,30(10):1021－1025.

[24]GB/T 23218—2008 动物源性食品中玉米赤霉醇残留量的测定　液相色谱-串联质谱法[S].2008.

[25]GB/T 21982—2008 动物源食品中玉米赤霉醇、β-玉米赤霉醇、α-玉米赤霉烯醇、β-玉米赤霉烯醇、玉米赤霉酮和赤霉烯酮残留量检测方法　液相色谱-质谱/质谱法[S].2008.

蓖麻油是从蓖麻(*Ricinus communis*)种子中提取或压榨的一种植物油。蓖麻油的主要成分为蓖麻油酸甘油酯,其主要化学组成如图 12-1 所示。蓖麻油酸甘油酯分子结构中含有多个羟基,羟基之间可形成氢键,从而增大了大分子之间的作用力,导致蓖麻油的黏度比一般植物油都大。蓖麻油的脂肪酸碳链中只有一个碳-碳双键,这导致蓖麻油挥发性较差,是一种不干性油。蓖麻油易溶于乙醇,微溶于脂肪族石油溶剂;热稳定性强,在 500℃~600℃下不变质;凝固点较低,即使在-18℃下也不凝固。蓖麻油具有轻微的独特气味,而初级蓖麻油具有轻微的辛辣味,有时会令人恶心。

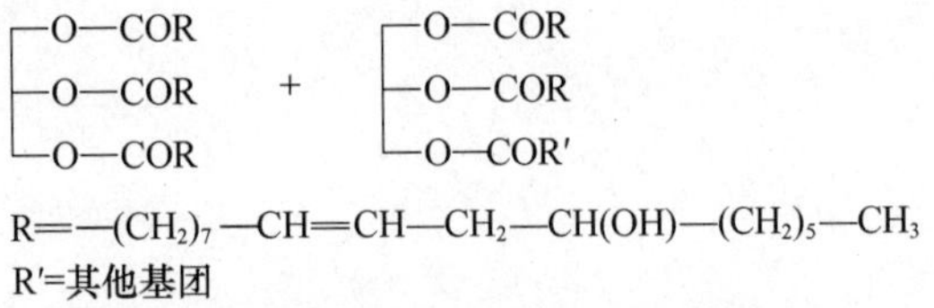

$$
\begin{array}{ccc}
\left[\begin{array}{l} \text{—O—COR} \\ \text{—O—COR} \\ \text{—O—COR} \end{array}\right.
& + &
\left[\begin{array}{l} \text{—O—COR} \\ \text{—O—COR} \\ \text{—O—COR}' \end{array}\right.
\end{array}
$$

R=—(CH$_2$)$_7$—CH=CH—CH$_2$—CH(OH)—(CH$_2$)$_5$—CH$_3$
R'=其他基团

图 12-1 蓖麻油主要化学组成

蓖麻油的加工主要包括提取、纯化,有时为了改善其物化性能,需要对其进行脱水处理。蓖麻油的提取方法主要有压榨法和有机溶剂提取法。压榨法和有机溶剂提取法获得的初级蓖麻油需要精炼,以去除胶体物质、游离脂肪酸、色素等杂质,从而提高其品质和增加保存期。蓖麻油在高温(250℃)和浓硫酸催化作用下,蓖麻油酸分子结构中 C$_{12}$ 上的羟基与相邻碳原子上的 H 发生脱水反应,从而生成一个碳-碳双键,如图 12-2 所示。这使得蓖麻油脂肪酸碳链中碳-碳双键数量增加,增加了其交联反应性能和挥发性能,从而扩大了其应用领域,如脱水蓖麻油可用于制作涂料和油漆。总之,蓖麻油的加工工艺对其理化性能影响较大,不同加工工艺的蓖麻油的物化性质如表 12-1 所示。

表 12-1 不同加工工艺蓖麻油的物化性质

种类	相对密度	酸值	碘值 W_{ij}	皂化值
冷榨油	0.961~0.963	3	82~88	179~185
浸出油	0.957~0.963	10	80~88	177~182
脱水油	0.926~0.937	6	125~145	185~188

$$CH_3—(CH_2)_5—CH(OH)—CH_2—CH=CH—(CH_2)_7—COOH$$
蓖麻油酸

250℃ | -H_2O
浓硫酸

$$CH_3—(CH_2)_5—CH=CH—CH=CH—(CH_2)_7—COOH$$
十八碳烯二酸(9:11)
或
$$CH_3—(CH_2)_4—CH=CH—CH_2—CH=CH—(CH_2)_7—COOH$$
十八碳烯二酸(9:12)

图 12-2　蓖麻油酸脱水反应示意图

　　全球蓖麻油年产量共 50 多万吨,其中印度每年产 30 多万吨,是世界上蓖麻油产量最大的国家,其次是巴西和中国,年产量分别约为 10 万吨和 5 万吨。在工业领域蓖麻油的用途非常广泛,主要作为制作润滑油、农药、锦纶、油漆、涂层、油墨、聚氨酯类聚合物等的重要原料,医学上将精制蓖麻油用作泻剂。

　　蓖麻子中含有蓖麻毒素、蓖麻碱及有毒变应原等有害物质,其中蓖麻毒素是一种细胞原浆毒,可损害肝、肾,引起中毒性肝病、中毒性肾病、出血性胃肠炎、小血管栓塞等。采用冷榨工艺提取的蓖麻油中有害物质含量较少,经过精制后可用作泻剂,但采用热榨或浸出工艺时,蓖麻子中的有害物质也会随蓖麻油一起被提取,导致蓖麻油中有毒物质含量较高,不宜食用。当误食蓖麻油后,轻则可能会导致腹痛、呕吐和腹泻,重则会引起中毒。因此,蓖麻油是一种非食用油,我国食用油标准明确规定食用油中不得掺混蓖麻油等非食用油。

　　食用油被廉价油或有毒油掺假或者意外污染在全世界均有报道,其中食用油掺假蓖麻油的现象时有发生,这会对人们的身体健康造成严重危害,因此需加强食用油中蓖麻油掺伪的鉴定和监控。

12.1　鉴别方法

　　蓖麻油在物理、化学、光学等方面具有许多能够区别于其他植物油的特性。食用油中蓖麻油的鉴别,正是利用蓖麻油的特性,采用物理、化学、光学、色谱、质谱、核磁共振等方法进行定性或定量检测。目前,食用油中蓖麻油的鉴别方法主要有颜色反应法、乙醇溶解法、气味沉淀法、浊度法、薄层色谱法、旋光度法、气相色谱-质谱法、[13]C 核磁共振法等方法。这些方法中,除了色谱方法(薄层色谱法和气相色谱-质谱法)需要简单的前处理外,其余方法均不需要前处理。

12.1.1　颜色反应法

　　蓖麻油与硫酸、硝酸反应,产物呈现不同的颜色,利用该特征可以快速定性检测食用油中是否掺混蓖麻油。具体而言,取少许油样分别滴入瓷比色盘中,然后分别滴加硫酸、硝酸、相对密度为 1.5 的发烟硝酸,如颜色分别呈现为淡褐色、褐色、绿色,则表明油样中有蓖麻油成分。

12.1.2　乙醇溶解法

蓖麻油与无水乙醇能以任意比混合,而其他常见的植物油则难溶于乙醇。利用蓖麻油的这一溶解特性,采用无水乙醇对油样进行液-液提取,在提取过程中蓖麻油溶解在乙醇中,而其他植物油则与乙醇相分层。通过量取提取前后油样的体积,便能判断油样中是否含有蓖麻油。如果提取后油样的体积变小,说明含有蓖麻油;如果提取后油样的体积不变,说明不含蓖麻油。本方法最低能检出 5% 的蓖麻油掺假。但是,由于巴豆油也能溶于无水乙醇,应用该法鉴定蓖麻油时,巴豆油会造成假阳性。因此,应用乙醇溶解法对蓖麻油的鉴定结果为阳性时,还应同时鉴定巴豆油。

12.1.3　气味沉淀法

蓖麻油在强碱作用下会熔融,同时产生辛醇的特殊气味。将该熔融物置于酸性介质中,会有晶体析出。利用蓖麻油的这一特征,通过观察加热条件下蓖麻油与氢氧化钾的作用现象,可以对蓖麻油进行定性鉴别。

12.1.4　浊度法

在植物油的石油醚(用体积分数为 2% 的盐酸酸化)溶液中加入钼酸铵浓硫酸溶液,植物油将会呈现各自独特的颜色,见表 12-2,但油样均是澄清的;如果植物油中含有蓖麻油,则蓖麻油中的蓖麻油酸与钼酸铵反应会立即生成白色的浑浊。因此,可以利用蓖麻油这一特性,来鉴别食用植物油中是否掺有蓖麻油。该方法最低能检出 2% 的蓖麻油掺伪。

值得注意的是,当加入钼酸铵后 15s 以内,应当立即对着光源观察现象,这是因为反应时间较长时,植物油会被浓硫酸碳化而变成糊状,从而影响蓖麻油的定性分析;石油醚中加入浓盐酸也很重要,因为一些植物油如芝麻油、莫瓦油(Mahwa oil)等会在浓硫酸的作用下立即变黑,从而影响观察实验现象,而盐酸的加入则会减缓浓硫酸与芝麻油、莫瓦油等的反应。同时,利用该方法对腐败或者反复使用的植物油进行检测时容易出现假阳性,因为这些油样中过氧化物含量很高,而过氧化物也容易与钼酸铵反应生成沉淀。

表 12-2　不同植物油及掺混蓖麻油时与钼酸铵的反应现象

序　号	植物油	现象
1	花生油	澄清
	花生油含 2% 蓖麻油	立即变浑浊
2	棉籽油	浅褐色,澄清
	棉籽油含 2% 蓖麻油	浅绿色浑浊

续表

序号	植物油	现象
3	芝麻油	暗绿色,澄清
	芝麻油含 2% 蓖麻油	白斑绿浑浊
4	莫瓦油(Mahwa oil)	深褐色,澄清
	莫瓦油含 2% 蓖麻油	浅棕色
5	大豆油	浅蓝色,澄清
	大豆油含 2% 蓖麻油	青白色浑浊
6	玉米油	棕色、澄清
	玉米油含 2% 蓖麻油	茶褐色浑浊
7	芥子油	澄清
	芥子油含 2% 蓖麻油	灰色沉淀
8	亚麻子油	浅棕色、澄清
	亚麻子油含 2% 蓖麻油	浅棕色浑浊

12.1.5 薄层色谱法

薄层色谱法是科尔希内(Kirchner)等人在 20 世纪 50 年代发展起来的一种色谱技术,是在经典柱色谱及纸色谱的基础上发展起来的。薄层色谱既是柱色谱的改良,即开放式的柱色谱,又类似纸色谱的操作技术,是基于目标化合物在展开剂和薄层板之间分配的一种分离技术,是一种定性和半定量检测方法。薄层色谱法具有设备简单、样品预处理简单、对分析物的性质没有限制、可同时进行多个样品的分析、在同一色谱上可根据被分离化合物的性能选择不同显色剂或检测方法进行定性或定量,并且可以重复测定的特点。

薄层色谱可用于食用油中蓖麻油的掺假鉴定。姬纯源等采用乙醇提取食用油样中的蓖麻油,采用硅胶薄板,以正己烷-乙醚(1:1,体积比)作为展开剂,用碘显色,根据比移值(R_f)进行定性,将油样品点的色斑大小、颜色深浅,与蓖麻油准样品点进行比较,从而对油样中的蓖麻油含量进行粗略定量。但是当油样变腐败或者经反复加热使用后,过氧化物和氧化的脂肪酸会影响薄层色谱检测,容易造成假阳性,需采用漂白法去除干扰。

12.1.6 旋光度法

常见的植物油大多无旋光性,而蓖麻油中的蓖麻油酸具有强烈的右旋性,这导致蓖麻油的旋光度为 3.72deg/dm~4.32deg/dm。将蓖麻油与其他植物油按照一系列比例混合,混合油样的旋光度与蓖麻油的含量成正比。因此,可以利用这一线性关系来对蓖麻油进行定量检测。旋光度法对蓖麻油的检测低限为 5.0%。

该方法不需要前处理、特异性较强、快速,无需有机溶剂和化学试剂等优点。腐败的、游离脂肪酸含量较高的、或者经过加热的植物油均不会影响蓖麻油的鉴定。但是,当蓖麻油的颜色较深或黏度较大时,其旋光度与一般的蓖麻油差异较大。因此,若掺混蓖麻油的颜色较深或黏度较大,利用一般蓖麻油制备的校正曲线难以对油样中的蓖麻油准确定量。同时,由于芝麻油中含有芝麻素和生物碱,这导致芝麻油具有较弱的旋光性,其旋光度为 0.80deg/dm～0.85deg/dm,会影响蓖麻油的检测。因此,旋光度法也不适用于含有芝麻油油样中蓖麻油的检测。

12.1.7 气相色谱-质谱法

蓖麻油由多种不同碳链长度的脂肪酸组成,其中蓖麻油酸含量占 80% 以上。蓖麻油酸是蓖麻油的特征性成分,可以通过检测食用油中的蓖麻油酸来鉴别是否掺伪蓖麻油。蓖麻油酸常用的测定方法是气相色谱-质谱联用法(GC－MS)。蓖麻油酸极性较强,沸点较高,采用 GC－MS 分析时难以汽化,因此需要衍生化。杨元等建立了食用油中蓖麻油的 GC－MS 定性检测方法。该法以石油醚-乙醚(4∶1,体积比)为溶剂提取食用油中的蓖麻油酸,采用 0.4mol/L KOH－甲醇溶液对蓖麻油酸进行甲酯化,然后采用 DB－225M S 弹性石英毛细柱(30m×0.25mm×0.25μm,50%氰丙基苯基－50%二甲基硅氧烷聚合物),在程序升温模式下进行色谱分离。由于脂肪酸甲酯化衍生物具有较好的热稳定性,可适当提高进样口温度(280℃),确保高沸点脂肪酸甲酯化衍生物能够充分汽化,同时也能使进样口保持清洁。GC－MS 法对食用油中掺混的蓖麻油的定性检出限为 0.1%。

12.1.8 ^{13}C 核磁共振法

相对于其他常用植物油,蓖麻油在^{13}C 核磁共振谱中具有特征的化学位移值 δ132.4,δ125.6,δ71.3,δ36.8,δ35.4ppm[①],分别对应蓖麻油酸分子中 C_{10},C_9,C_{12},C_{13} 和 C_{11} 的化学位移。Husain 等利用^{13}C 核磁共振建立了食用油中蓖麻油的定性、定量检测方法。该方法利用蓖麻油的 5 个^{13}C 核磁共振特征峰进行定性。该法采用门控去偶来降低NOE 效应,以便对蓖麻油进行定量分析。蓖麻油和其他食用油的脂肪酸分子中 C_3 的化学位移均为 δ24.8ppm,因此测定 δ24.8ppm 处的丰度便可得到油样中脂肪酸的总量;并以蓖麻油 5 个特征峰丰度的平均值作为油样中蓖麻油的量,两者相比可以得到油样中蓖麻油酸的摩尔比含量。通过混合不同比例的食用油和蓖麻油,并以测得的蓖麻油酸的摩尔比含量为横坐标,以蓖麻油的含量为纵坐标绘制校正曲线,利用该校正曲线可以对油样中蓖麻油进行定量测定。该方法检出限和定量限分别为 2% 和 3%(质量比)。本方法简单、不需要前处理,是一种非破坏性检验,同时不受游离脂肪酸和过氧化物含量的影响。

---

① ppm 不是计量单位,1ppm=10^{-6}。

12.2 应用实例

12.2.1 乙醇溶解法

12.2.1.1 原理
蓖麻油具有在乙醇中溶解的特性,而其他常用植物油则在乙醇中不溶解。

12.2.1.2 仪器和试剂
离心机;涡旋混匀器;无水乙醇(分析纯)。

12.2.1.3 分析方法
取油样 5mL 于 10mL 离心管(最小刻度为 0.1mL)中,加入无水乙醇 5mL,具塞,涡旋振荡 2min,置于离心机中,以 1000r/min 离心 5min,取出离心管后读取下部油层体积,如小于 5mL,表示掺有蓖麻油。

12.2.2 气味沉淀法

12.2.2.1 原理
蓖麻油与强碱反应具有特征现象。

12.2.2.2 仪器和试剂
镍蒸发皿;KOH,MgCl$_2$,盐酸(均为分析纯)。

12.2.2.3 分析方法
取少量油样置于镍蒸发皿中,加一小块 KOH,缓缓加热使其熔融,如有辛醇气味则表明有蓖麻油存在。同时,也可将熔融物加水溶解,加入过量的 MgCl$_2$,生成沉淀后过滤,用稀盐酸将滤液调成酸性,若有结晶析出,则表明有蓖麻油存在。

12.2.3 浊度法

12.2.3.1 原理
蓖麻油中的蓖麻油酸与钼酸铵反应生成白色浑浊。

12.2.3.2 仪器和试剂
石油醚、钼酸铵、浓盐酸、浓硫酸(均为分析纯);酸化石油醚:在石油醚中加入 2%(体积比)浓盐酸,摇匀;12.5g/L 钼酸铵浓硫酸溶液:称取 1.25g 钼酸铵,用浓硫酸溶解并定容至 100mL。

12.2.3.3 分析方法
取 1mL 过滤的油样于 10mL 干燥、透明的试管中,加 10mL 酸化石油醚,用力振荡溶解油样,然后加入 1 滴 12.5g/L 钼酸铵的浓硫酸溶液,在 15s 内对着光源立即观察是否出现浑浊现象。如果有浑浊出现,则表明食用油中掺混有蓖麻油。

12.2.4 旋光度法

12.2.4.1 原理
蓖麻油酸(12-羟基十八碳烯)具有强烈的右旋性,通过测定油样的旋光度对掺混的蓖麻油进行定性、定量测定。

12.2.4.2　仪器和试剂

AA－10 型旋光计（Huntingdon，Cambridgeshire，England）

12.2.4.3　样品测量

将油样装入直径为 100mm 的测量管中，排出气泡，然后采用旋光计测定样品的旋光度。

12.2.4.4　定量测定校正曲线

在油样对应的纯植物油中混入不同比例（1%～90%，质量分数）的蓖麻油，测定旋光度，然后以旋光度为横坐标，以蓖麻油的含量为纵坐标绘制定量测定校正曲线。

12.2.5　气相色谱-质谱法

12.2.5.1　原理

蓖麻油酸是蓖麻油的标志性成分。通过采用 GC－MS 定性检测食用油中的蓖麻油酸，从而判断食用油是否掺伪蓖麻油。

12.2.5.2　仪器和试剂

GC－MS 仪：HP6890GC－5973MSD；石油醚，乙醚，甲醇（均为色谱纯）；KOH（分析纯）；石油醚-乙醚（1：4，体积比）混合溶液；0.4mol/L KOH－甲醇溶液。

12.2.5.3　样品提取和衍生化

取样品 0.1g～0.2g 于 10mL 比色管中，加 4.0mL 石油醚-乙醚（1：4，体积比）混合溶液，混匀；再加入 1.5mL0.4mol/L KOH－甲醇溶液，混匀，放置 10min，滴加去离子水 18滴，混匀，离心，取上层清液于进样瓶中待测。

12.2.5.4　测定

色谱柱：DB－225MS 弹性石英毛细柱（30m×0.25mm×0.25μm，50%氰丙基苯基-50%二甲基硅氧烷聚合物）；色谱柱温度：起始温度 170℃，以 6℃/min 升至 230℃，保持2.5min；进样口温度：280℃；质谱接口温度：280℃；进样方式：分流模式，分流比 10：1；进样量 1μL；载气：氦气；流速：1.2mL/min；线速度：42cm/s，恒流模式；EI：70eV；电子倍增器电压：1750V。

在上述条件下，蓖麻油酸的质谱图和总离子流图分别见图 12－3 和图 12－4。本方法的检出限为 0.1%（质量比）。

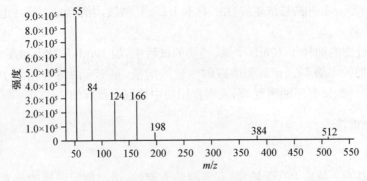

图 12－3　蓖麻油酸质谱图

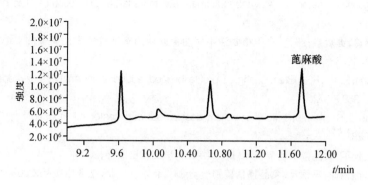

图 12 - 4 蓖麻油酸的总离子流图

12.2.6 ^{13}C 核磁共振法

12.2.6.1 原理

采用 ^{13}C 核磁共振进行测定,以蓖麻油酸的 5 个特征化学位移峰进行定性,以校正曲线进行定量。

12.2.6.2 仪器与试剂

JEOL JNM FX 90 Q 傅立叶变换核磁共振仪(JEOL,Tokyo,Japan);CDCl$_3$(氘代率:99.6%);各种纯植物油。

12.2.6.3 样品准备

将油样按照 1:3(体积比)的比例溶解在 CDCl$_3$ 中,然后置入直径为 1mm 的样品管中。

12.2.6.4 测定

共振频率:22.50MHz;谱宽:5000Hz(222.2ppm);采集时间:0.81s;脉冲角:90°;脉冲宽度:8Us;脉冲延迟时间(PDT):10s。测定油样的 ^{13}C 核磁共振谱,以蓖麻油酸的 5 个特征峰进行定性,利用定量校正曲线进行定量。

12.2.6.5 定量校正曲线

在油样对应的纯植物油中按照不同比例(3%～20%,质量比)混入蓖麻油,测定油样 ^{13}C NMR 谱图,按照式(12-1)计算油样中蓖麻油酸的摩尔分数。以摩尔分数对蓖麻油含量绘制定量校正曲线。

$$m=\frac{A(\delta\,132.4)+A(\delta\,125.6)+A(\delta\,71.3)+A(\delta\,36.8)+A(\delta\,35.4)}{5\times A(\delta\,24.8)}\times100\% \qquad (12-1)$$

式中 m——油样中蓖麻油酸的摩尔分数。

$A(\delta\,132.4)$、$A(\delta\,125.6)$、$A(\delta\,71.3)$、$A(\delta36.8)$、$A(\delta\,35.4)$、$A(\delta\,24.8)$ 分别为化学位移 $\delta\,132.4$,$\delta\,125.6$,$\delta\,71.3$,$\delta\,36.8$,$\delta\,35.4$,$\delta\,24.8$ppm 处谱峰的丰度。

参考文献

[1] Kirk - Othmer Encyclopedia of Chemical Technology (vol. 5). New York:John Wiley & Sons,1979.

[2]D. S. Ogunniyi. Castor oil: A vital industrial raw material[J]. Bioresource Technology, 2006, 97 (9): 1086 - 1091.

[3]杨元,高玲,谯斌宗,邹艳.食用植物油中桐油蓖麻油的确证检验方法研究[J].中国卫生检验杂志,2007,17(11):1923 - 1926.

[4]Sudershan, R. V. , R. V. Bhat. Changing profile of food adulteration: Analysts perception[J], J. Food Sci. Technol. ,32:368 - 372.

[5]Steingrub, J. S. . Amniotic fluid embolism associated with castor oil ingestion[J], Crit. Care Med. 16:642 - 643(1988).

[6]陈敏,王世平.食品掺伪检验技术[M].北京:化学工业出版社,2006.

[7]袁珊珊,许柏球,冯翠萍.食品掺伪鉴别检验[M].北京:中国轻工业出版社,2003.

[8]杨佩荣.食用油中掺入非食用油的鉴别[J].西部粮油科技,2003,(5):28 - 30.

[9]宋慧波,师邱毅,何雄.食用植物油掺伪检测方法研究进展[J].粮油食品科技,2011,19(3):39 - 41.

[10]Rajnish Kumar. A quick method of detecting castor oil in vegetable oils[J]. Journal of the American Oil Chemists' Society, 1963, 40(2):80.

[11]Nasirullah M. N. Krishnamurthy, K. S. Pashupathy, K. V. Nagaraja, O. P. Kapur. Evaluation of the turbidity and thin layer chromatographic tests for detection of castor oil[J]. Journal of the American Oil Chemists' Society. 1982, 59(8):337 - 339.

[12]陶锐.薄层色谱及其在食品卫生分析上的应用[M].成都:四川人民出版社,1982.

[13]何丽一.薄层色谱讲座 第一讲 薄层色谱法的基本技术[J].色谱,1987,5(4):232 - 235,268.

[14]姬纯源,刘丹.食用植物油中掺杂蓖麻油,桐油的薄层色谱检出法[J].郑州粮食学院学报,1986, (4):28 - 32.

[15]S. Babu, R. V. Sudershan, R. K. Sharma, Ramesh V. Bhat. A simple and rapid polarimetric method for quantitative determination of castor oil[J]. Journal of the American Oil Chemists' Society, 1996, 73 (3):397 - 398.

[16]Sajid Husain, M. Kifayatullah, G. S. R. Sastry, N. Prasada Raju. Quantitative determination of castor oil in edible and heat - abused oils by ^{13}C nuclear magnetic resonance spectroscopy[J]. Journal of the American Oil Chemists' Society, 1993, 70, (12): 1251 - 1254.

第13章 食品中喹诺酮类药物的检测技术与应用

喹诺酮类药物(quinolones)是一类含有喹诺酮母核的化学合成抗菌药,按发明先后及其抗菌性能的不同,分为一、二、三、四代,其中氟喹诺酮(fluoroquinolone)已逐渐成为该类药物的主流。喹诺酮类药物具有抗菌谱广、吸收快、组织穿透性好、抑杀菌活性强、不易产生耐药性、与其他常用抗菌药物无交叉耐药性、生产价格便宜等特点,目前在临床上被普遍使用。随着氟喹诺酮类药物在动物中的广泛应用,其在动物组织中的残留已被引起广泛关注,联合国粮农组织、世界卫生组织食品添加剂专家联合委员会、欧盟都已制定了多种喹诺酮类药物在动物组织中的最高残留限量。常用的喹诺酮类药物见表13-1。

表 13-1　常见的喹诺酮类药物

中文名称	英文名称	简称	相对分子质量	CAS号	结构式
恩诺沙星	enrofloxacin	ENR	359	93106-60-6	
环丙沙星	ciprofloxacin	CIP	331	85721-33-1	
诺氟沙星	norfloxacin	NOR	319	70458-96-7	
氧氟沙星	ofloxacin	OFL	361	82419-36-1	
氟甲喹	flumequine	FLU	261	42835-25-6	

续表

中文名称	英文名称	简称	相对分子质量	CAS 号	结构式
喹噁酸	oxolinic	OXO	261	14698 – 29 – 4	
双氟沙星盐酸盐	difloxacin HCl	DIF	436	98106 – 17 – 3	
沙拉沙星盐酸盐	sarafloxacin HCl	SAR	422	98105 – 99 – 8	
斯帕沙星	sparfloxacin	SPA	392	110871 – 86 – 8	
丹诺沙星	danofloxacin	DAN	357	112398 – 08 – 0	
氟罗沙星	fleroxcain	FLE	369	79660 – 72 – 3	
麻宝沙星	marbofloxacin	MAR	362	115550 – 35 – 1	
伊诺沙星	enoxacin	ENO	320	74011 – 58 – 8	

中文名称	英文名称	简称	相对分子质量	CAS 号	结构式
奥比沙星	orbifloxacin	ORB	395	113617 − 63 − 3	
吡哌酸	pipemidic acid	PIP	303	51940 − 44 − 4	
培氟沙星	pefloxacin	PEF	333	70458 − 92 − 3	
洛美沙星	lomefloxacin	LOM	351	98079 − 51 − 7	
西诺沙星	cinoxacin	CIN	262	28657 − 80 − 9	
萘啶酸	nalidixic	NAL	232	389 − 08 − 2	

13.1　样品前处理技术

对于喹诺酮类药物检测的流程而言,样品前处理无疑是至关重要的一个环节。液-液萃取、固相萃取、超临界萃取、基质分散等技术不断被应用到该类药物的检测中来,已有的分析方法涉及的样品基质包括肌肉、水产品、蜂蜜等动物源性食品基质。样品前处理过程根据不同的基质的特点以及分析对象往往采用不同的提取方式和净化方法。

13.1.1　提取方法

　　由于喹诺酮类药物为动物用药，因此它的基质为动物源性食品，主要有禽畜肉类、水产品类、蜂产品类、禽蛋类、乳制品类等。提取溶剂的选择主要取决于被测物质的性质，并考虑待测样品的性质。喹诺酮类药物的化学结构中有羧基和哌嗪基，属于酸碱两性化合物，酸解离常数 $pK_{a_1} \approx 6$，碱解离常数 $pK_{a_2} \approx 9$，等电点 $pI = 7$，在酸性和碱性溶液中有较好的溶解性。

　　由于喹诺酮类药物的种类很多，各种化合物的理化性质也有一定的差异，因此根据分析对象种类的不同，其提取方法也很多，提取试剂主要有有机溶剂、碱性有机溶液、酸性有机溶液。提取方式主要为超声提取、涡旋振荡提取。李雅丽等采用乙腈作为提取溶剂测定了动物源食品中 19 种喹诺酮类药物。已有的分析方法涉及的提取溶剂主要有乙酸乙酯、乙腈、甲醇、乙酸盐-二氯甲烷溶液、甲酸-乙腈溶液、乙酸-乙腈溶液、盐酸-乙腈溶液、乙酸盐-乙腈溶液、磷酸盐-乙腈溶液等。Karbiwnyk C M 等用乙酸乙酯处理样品，LC－FD/MS 检测三种喹诺酮类药物。Macarena R 等用磷酸盐缓冲液处理样品，HPLC－FD 检测鲑鱼和牛肉中的 5 种喹诺酮类药物。陈莹等采用甲酸-乙腈溶液处理样品，LC－MS/MS 检测鳗鱼中大环内酯类、喹诺酮类和磺胺类兽药残留量。提取溶剂调节酸碱性的缓冲溶液的选择还要考虑后续的仪器分析方法而定，例如磷酸盐不易挥发，往往不作为质谱检测的提取溶剂。

　　提取溶剂一方面能够溶解提取喹诺酮类药物，另一方面对动物源性食品的蛋白质具有沉淀作用，使得提取液杂质相对较少，利于后面的净化处理。对于蜂蜜、蜂王浆等比较特殊的基质，采用碱性溶液提取往往具有较好的提取效果。丁涛等比较了 1‰三氯乙酸、0.2mol/L 磷酸盐缓冲溶液（PBS，pH 6.5）和 0.25mol/L 氢氧化钠 3 种溶液对蜂蜜中 19 种喹诺酮类药物的提取效果，结果表明 0.25mol/L 的氢氧化钠溶液具有较好的回收率。

　　此外，其他提取技术也应用于喹诺酮类药物的提取。申京宇等采用超临界流体（SFC）萃取技术提取测定了鸡肉中 4 种氟喹诺酮类药物残留，SFC 萃取的适宜条件是温度 80℃，系统压力为 300kg/cm²，总流速为 3mL/min，萃取时间为 30min，夹带剂甲醇的比率为 30%，样品直接提取，不经过净化直接测定。

13.1.2　净化方法

　　喹诺酮类药物的样品净化方法较常用的有液-液萃取法、固相萃取法（SPE）、等净化方法。选择根据待测物的种类、样品的基质特点来决定。

　　液-液萃取法是利用样品中不同组分在两种不混溶的溶剂中溶解度或分配比的不同来达到对喹诺酮类药物提取、净化的目的。喹诺酮类药物酸碱两性的特点，一般易溶于极性溶剂，往往需要采用非极性溶剂通过液-液萃取去除脂肪、蛋白质等杂质。马纪伟等将有机提取液吹干，加入甲酸-乙腈流动相体系溶解残渣，再加入正己烷进行液液萃取脱脂净化后测定鸡肉组织中喹诺酮类药物。

SPE 利用 C$_{18}$柱、HLB 柱、阳离子交换柱(PCX)、阴离子交换柱(PAX)等吸附剂将液体样品中喹诺酮类药物吸附,与样品中的基体和干扰化合物分离,然后洗脱,达到分离和富集的目的。SPE 往往根据所分析喹诺酮类药物种类以及基质的特点来选择,此外还要考虑提取过程中所使用的溶剂。赵思俊等以磷酸盐缓冲液提取、HLB 固相萃取柱净化,测定了动物肌肉组织中 7 种喹诺酮类药物。使用离子交换原理进行净化时,提取时若采用酸性溶剂提取,待净化液中的喹诺酮类药物呈阳离子状态,净化柱需选择阳离子交换柱;与此相反,若待净化液呈碱性,待分析物则呈阴离子状态,净化柱需选择阴离子交换柱。丁涛等采用氢氧化钠溶液提取、阴离子交换柱净化富集测定了蜂蜜中 19 种喹诺酮类药物;杨方等采用乙酸铵溶解提取,以阳离子交换柱净化富集测定了水产品中 15 种喹诺酮类药物。

此外,刘靖靖等采用基质分散和微波萃取技术进行样品的前处理,高效液相色谱法同时检测 8 种喹诺酮类兽药残留量,并同固相萃取方法进行了比较,该方法的回收率比固相萃取法高。

13.2 分析方法

目前用于喹诺酮类药物残留的检测方法有微生物法、酶联免疫分析法、高效液相色谱法、高效液相色谱/质谱联用法、毛细管电泳法等。其中微生物法和免疫分析法属于定性分析方法,其他方法属于定量分析方法。

13.2.1 微生物法

微生物法是利用抗菌药物具有的抗微生物活性,在特定的培养基上接种已知微生物,再加入被测样品或提取液,经过一定时间的培养,根据对特异微生物的抑制作用观察所含药物的抑菌效果,利用抑菌差异筛选出残留物质的种类。此方法主要包括管碟法和浊度法,应用较为广泛。

黄晓蓉等以 *E.coli* ATCC8739 为检测菌,检测鳗鱼中喹诺酮类药物残留。该方法快速、简便,适用于大批量的样品检测,方法的检测低限为环丙沙星 20μg/kg、恩诺沙星 25μg/kg,其他喹诺酮类药物为 50μg/kg～250μg/kg。与色谱法相比,微生物法虽然简便、快速,但是检测低限较高,容易造成假阴性。

13.2.2 免疫分析法

免疫分析法是以抗原和抗体的特异性、可逆性结合为基础,对新型动物性食品中喹诺酮类残留进行定量及半确证的方法。免疫分析技术最突出的优点是操作简单、速度快、分析成本低,但假阳性率较高。

13.2.2.1 酶联免疫分析法

酶联免疫法是以抗原和抗体特异性反应为基础,加上酶与底物的特异性反应,使反应的灵敏度放大的一种技术,是一种基本的酶免疫分析方法。该方法简单、快速,而且不需要昂贵的仪器设备。

杨正涛等采用 N-羟基琥珀酰亚胺(NHS)活性酯法制备诺氟沙星、环丙沙星、达氟沙星和沙拉沙星完全抗原,经紫外光谱扫描鉴定后,免疫小鼠,ELISA 测定抗体交叉反应性,筛选特异性抗体,建立多组分 ciELISA 检测方法。潘孝成等以多种免疫原混和免疫制备多抗血清,以其为核心试剂建立的方法,对氧氟沙星、二氟沙星和诺氟沙星等 3 种喹诺酮类药物均具有很高效价,在准确度、精确度和检测灵敏度等方面,也均符合 OFL、DIF 或 NOR 的残留检测要求,但是该方法在包被抗原方面还需完善提高,使方法更加简单。

13.2.2.2 放射免疫分析法

放射免疫测定法是将放射性同位素示踪技术和免疫化学技术结合起来的方法,具有灵敏度高、特异性强,样品容量大及仪器化程度高等特点。但由于需要大型仪器,检测费用昂贵且具有一定的放射性污染,所以此法不适合在基层中推广应用。

13.2.3 色谱法

色谱技术作为一种分离分析技术,是国际上应用最广泛的检测动物源食品中喹诺酮类药物残留的方法。目前已应用有高效液相色谱法(HPLC)、毛细管电泳法(CE)、LC-MS/MS 等几种技术。

13.2.3.1 高效液相色谱法

高效液相色谱法是最常用的检测方法,广泛应用于检验检疫机构、科研单位、养殖加工企业。配合液液萃取、固相萃取等前处理手段,几乎适用于所有喹诺酮类药物的残留检测。液相色谱一般以荧光检测器为主,二级阵列检测器、蒸发光散射检测器等检测器也见报道。刘俊华等采用高效液相荧光法测定鸡肉中 4 种喹诺酮类药物,荧光检测器激发波长为 280nm,发射波长为 450nm。诺氟沙星、环丙沙星和恩诺沙星在 $0.001\mu g/g \sim 0.2\mu g/g$ 范围内呈良好的线性关系,相关系数均大于 0.9998。高效液相色谱法仪器设备较简单,但是基于液相色谱的分离能力以及检测器的特点,对于十几种喹诺酮类药物多残留同时分析的能力较差,抗干扰能力不强,对于一些种类的喹诺酮类药物,其检测低限往往达不到最高残留限量的要求,需要采用更先进的质谱确证技术。

13.2.3.2 高效液相色谱-串联质谱法

随着研究的深入和对食品安全越来越高的重视,定性准确、灵敏度更高的液相色谱-串联质谱(LC-MS/MS)技术渐渐被人们采纳。这种技术不仅可以更精确地进行定量分析,避免了以往因为检测手段达不到国外要求而遭遇的贸易壁垒,而且可以准确定性,大大减少了液相色谱法中出现的杂峰干扰现象,喹诺酮类药物的检测的定量限可达 $1\mu g/kg$,检测线可达 $0.3\mu g/kg$。但是这类仪器往往比较昂贵,不适用于基层检测机构的推广。李雅丽等采用甲酸水溶液-甲醇体系作为流动相,梯度洗脱,LC-MS/MS 检测测定了动物源性食品中 19 种喹诺酮类药物,19 种喹诺酮类药物在鸡肉和鱼肉的平均回收率分别为 $75.3\% \sim 96.3\%$、$79.7\% \sim 94.2\%$。

13.2.4　毛细管电泳法

毛细管电泳（CE），又称高效毛细管电泳（HPCE），是一类以毛细管为分离通道、以高压直流电场为驱动力的新型液相分离技术。Matthias F 等采用毛细管电泳法分离了9种喹诺酮类药物，检测限低于1μg/L。赵燕燕等利用胶束毛细管电泳法结合在线推扫富集技术对组织中残留的痕量环丙沙星、氧氟沙星和恩诺沙星进行了检测，弥补了毛细管电泳法检测灵敏度低的缺点，大大简化了操作过程，为动物性食品组织中残留的痕量药物检测提供了一种新的简便可靠的方法，检测限分别为 7.0μg/L、16.0μg/L、20.0μg/L，平均回收率分别为 96.6%、97.3%、97.9%。毛细管电泳法也有分离率高、操作简单、色谱柱不受样品污染、分离速度快、样品用量少等优点，但制备能力差，光路太短，非高灵敏度的检测器难以测出样品峰，所需仪器昂贵、复杂。

13.2.5　其他方法

Guido EP 等采用电化学生物传感器对牛奶中的喹诺酮类药物残留进行检测，检测限为 25μg/L。应用于动物性食品中喹诺酮类残留药物检测的方法还有薄层色谱法、荧光分光光度法、气相色谱-质谱法等，相对上述几种方法来说，这些方法检测限、灵敏度以及准确性等受到方法本身的限制，因此不太被研究者采用。

13.3　应用实例

13.3.1　动物源性食品中喹诺酮类药物残留检测方法　微生物抑制法

该方法源自 SN/T 1075.1－2006。

13.3.1.1　设备与材料

恒温箱：30℃±1℃，隔层保持水平；离心机；高速组织捣碎机；恒温水浴锅；涡旋振荡器；游标卡尺：测量范围 0mm～200mm，精度 0.02mm 或抑制圈测量仪；灭菌平皿：直径 90mm，底部平整的玻璃或一次性塑料灭菌平皿；牛津杯：外径 7.8mm±0.1mm，内径 6mm±0.1mm，高度 10mm±0.1mm；可调移液器：10μL～100μL，100μL～1000μL。

13.3.1.2　试剂与材料

大肠杆菌 *Escherichia coli* ATCC8739；保存及传代用培养基：蛋白胨 10.0g、牛肉膏 3.0g、氯化钠 5.0g、琼脂 15.0g、蒸馏水 1000mL，pH 7.3±0.1，将各成分加热溶解，分装试管，121℃高压灭菌 15min，制成斜面；增菌用液体培养基：蛋白胨 10.0g、牛肉膏 3.0g、氯化钠 5.0g、蒸馏水 1000mL，pH 7.3±0.1，将各成分加热溶解，分装每管 5mL，121℃高压灭菌 15min；检定用培养基：牛肉膏 1.5g、酵母膏 1.5g、蛋白胨 1.5g、葡萄糖 1.0g、氯化钠 3.5g、磷酸二氢钾 1.32g、磷酸氢二钾 3.68g、琼脂 15.0g、蒸馏水 1000mL，pH 7.00±0.05；pH8.0磷酸盐缓冲液；1000μg/mL 恩诺沙星标准储备液；0.05μg/mL 恩诺沙星标准工作液。

13.3.1.3 测试步骤

1.样液提取

称取 10g 均质好的试样于 50mL 离心管中,加入 pH8.0 磷酸盐缓冲液 10mL,用涡旋振荡器充分振荡 3min,于 70℃~75℃水浴保温 20min 后,2000g 离心 15min 取上清液作为样液。

2.菌悬液的制备

在使用前,应确认保存的大肠杆菌 ATCC8739 生化特性没有改变。测定方法可按 SN/T 0169 中的鉴定方法进行。一般情况下,菌种的传代次数不应超过 5 代,否则在每次使用前确证其生化特性没有发生变异,或另需购置新的标准菌株。

在确定保存的菌种生化特性没有改变后,将其接种到增菌用液体培养基中 36℃±1℃培养,18h±2h 的培养物作为试验菌悬液。

3.检定用平板的制备

将试验菌悬液按 0.5% 的比例加入到溶化后冷却至 50℃左右的灭菌检定用培养基中充分混匀后,每块平皿加入 4mL~5mL 混合液,保持水平待其凝固。30℃±1℃培养 8h 后,使 0.05μg/mL 恩诺沙星标准工作液产生 14mm 以上清晰、完整的抑菌圈。制备好的平板置 2℃~8℃冰箱可保存 2d~3d。

4.测定

取制备好的检定用平板 2 个,在平板底部做好标记,把牛津杯适当间隔置于平板上,每个平板最多不超过 6 个,在其中一个牛津杯加入 280μL0.05μg/mL 恩诺沙星标准工作液作为阳性对照,其余的牛津杯叶中加入 280μL 样液,冷藏放置 30min 后,30℃±1℃培养 8h 后开始观察,如果 0.05μg/mL 恩诺沙星标准工作液产生清晰、完整的抑菌圈时终止培养,如果无明显抑菌圈,继续观察至 24h。用游标卡尺测量标准工作液和样液的抑菌圈直径大小。每份样品做两个平板上的平行试验。

5.结果判断和报告

如样液在平板上无抑菌圈,0.05μg/mL 恩诺沙星标准工作液的抑菌圈大于 14mm,即报告"阴性"。

如样液在平板上呈现抑菌圈,抑菌圈直径在 10mm 以上,即报告"初筛阳性"。

如样液在平板上呈现抑菌圈,抑菌圈直径小于 10mm,大于 8mm,或者两个平行结果不一致时,视为可疑,应重新测试后判定。

阳性样品需要用确证方法进行定性及定量分析。

13.3.2 动物性食品中氟喹诺酮类药物残留检测 酶联免疫吸附法

该方法源自农业部 1025 号公告-8-2008。

13.3.2.1 试剂与材料

乙腈;正己烷;二氯甲烷;氢氧化钠;十二水合磷酸氢二钠;二水合磷酸二氢钠;氟喹诺酮类快速检测试剂盒(包括氟喹诺酮类系列标准溶液 0μg/L、1μg/L、3μg/L、9μg/L、27μg/L、81μg/L,包被有氟喹诺酮类药物偶联抗原的 96 孔板 12 条×8 孔,氟喹诺酮类药物抗体工作液,酶标记物工作液,底物液 A 液,底物液 B 液,终止液,2 倍浓缩缓冲液,20 倍浓缩洗涤液);缓冲液工作液:用水将 2 倍浓缩缓冲液按 1∶1 体积比进行稀释(1 份 2 倍浓缩缓冲液＋1 份水),用于溶解干燥的残留物,4℃保存,有效期 1 个月;洗涤工作液:用水将 20 倍浓缩洗涤液按 1∶19 体积比进行稀释(1 份 20 倍浓缩洗涤液＋19 份水),用于酶标板的洗涤,4℃保存,有效期 1 个月;0.1mol/L 氢氧化钠溶液;乙腈-0.1mol/L 氢氧化钠溶液(84∶16,体积比);乙腈-0.1mol/L 氢氧化钠溶液(50∶10,体积比);磷酸盐缓冲液(0.02mol/L,pH7.2);磷酸盐缓冲液(0.05mol/L,pH7.2)。

13.3.2.2　仪器和设备

酶标仪:配备 450nm 滤光片;氮气吹干装置;均质器;振荡器;涡旋仪;离心机;天平:分度值 0.01g;微量移液器:单道 20μL～200μL、100μL～1000μL;多道 250μL。

13.3.2.3　测试步骤

1. 鸡肌肉、鸡肝脏、猪肌肉、猪肝脏前处理过程

称取 3g±0.03g 试样于 50mL 离心管中,加乙腈 0.1mol/L 氢氧化钠溶液(84＋16,体积比)9mL,振荡混合 10min,4000r/min 离心 10min,移取上清液 4mL 于 50mL 离心管中,加 0.02mol/L 磷酸盐缓冲液 4mL,再加二氯甲烷 8mL,振荡 10min,4000r/min 离心 10min,取下层有机相 6mL 于 10mL 试管中,于 50℃水浴下氮气吹干,加缓冲液工作液 0.5mL,涡动 2min 溶解残留物,加正己烷 1mL,涡动 2min,4000r/min 离心 5min;取下层清液 50μL 分析,稀释倍数为 0.8 倍。

2. 蜂蜜前处理过程

称取 1g±0.02g 试样于 50mL 离心管中,加 0.05mol/L 磷酸盐缓冲液 2mL,用振荡器振荡至蜂蜜全部溶解;加二氯甲烷 8mL,振荡 5min,4000r/min 离心 5min,取下层有机相 4mL 于 10mL 玻璃试管中,于 50℃下氮气吹干,用 0.05mol/L 磷酸盐缓冲液 1mL 溶解干燥的残留物,取 50μL 分析,稀释倍数为 2 倍。

3. 鸡蛋前处理过程

称取 2g±0.02g 试样于 15mL 离心管中,加乙腈 8mL,振荡 5min,4000r/min 离心 5min,取上清液 2mL 至 10mL 离心管中,50℃下氮气吹干,加正己烷 1mL,涡动 1min,加缓冲液工作液 1mL,涡动 2min,4000r/min 离心 5min,取下层清液 50μL 分析。稀释倍数为 2 倍。

4. 虾、鱼前处理过程

称取 4g±0.04g 试样于 50mL 离心管中,加乙腈-0.1mol/L 氢氧化钠溶液 12mL,震荡 5min,4000r/min 离心 5min,取上清液 6mL,加 0.02mol/L 磷酸盐缓冲液 6mL,再加二氯甲烷 7mL,震荡 5min,4000r/min 离心 5min,取下层有机相 6mL 于 10mL 离心管中,于 50℃下氮气吹干;加 0.02mol/L 磷酸盐缓冲液 0.5mL,涡动 2min,加正己烷 1mL,涡动 30s,4000r/min 离心 5min;取下层清液 50μL 分析。稀释倍数为 0.5 倍。

5. 测定

(1)使用前将试剂盒在室温(19℃～25℃)下放置 1h～2h;

(2)按每个标准溶液和试样溶液至少两个平行,计算所需酶标板条的数量,插入板架;

(3)加系列标准溶液或试样液 50μL 到对应的微孔中,加酶标记物工作液 50μL/孔,再加喹诺酮类药物抗体工作液 50μL/孔,轻轻振荡混匀,用盖板膜盖板后置室温下避光反应 60min;

(4)倒出孔中液体,将酶标板倒置在吸水纸上拍打,以保证完全除去孔中的液体,加 250μL 洗涤液工作液至每个孔中,5s 再倒掉孔中液体,将酶标板倒置在吸水纸上拍打,以保证完全除去孔中的液体;

(5)再加 250μL 洗涤液工作液,重复操作两遍以上(或用洗板机洗涤);

(6)每孔加入底物液 A 液 50μL 和底物液 B 液 50μL,轻轻振荡混匀,用盖板膜盖板后置室温下避光环境中反应 30min;

(7)每孔加 50μL 终止液,轻轻振荡混匀,置酶标仪于 450nm 处测量吸光度值。

6. 结果计算与表达

用所获得的标准溶液和试样溶液吸光度值的比值进行计算,见式(13−1):

$$相对吸光度值 = B/B_0 \times 100\% \qquad (13-1)$$

式中　B——标准(试样)溶液的吸光度值;

　　　B_0——空白(浓度为 0 标准溶液)的吸光度值。

将计算的相对吸光度值(%)对应氟喹诺酮类药物标准品浓度(μg/L)的自然对数作半对数坐标系统曲线图,对应的试样浓度可从校正曲线求得。方法筛选结果为阳性的样品,需要用确证方法确证。

13.3.3　动物源性食品中喹诺酮类药物残留检测方法　液相色谱-质谱/质谱法

该方法源自 SN/T 1751.2—2007。

13.3.3.1　试剂与材料

甲醇:色谱纯;乙腈:色谱纯;甲酸:色谱纯;乙酸:分析纯;正己烷:分析纯;异丙醇:分析纯;1%乙酸的乙腈溶液:准确吸取 10mL 冰乙酸,转移入 1L 容量瓶,用乙腈定容至刻度,混合均匀;1%甲酸的乙腈溶液:准确吸取 1mL 甲酸,转移入 1L 容量瓶,用乙腈定容至刻度,混合均匀;0.1%甲酸的水溶液:准确吸取 1mL 甲酸,转移入 1L 容量瓶,用水定容至刻度,混合均匀;样品溶解液:0.1%甲酸的乙腈溶液+0.1%甲酸的水溶液(13:87,体积比);空白样品基质溶液:采用不含待测组分的空白样品,按照 13.3.3.3 进行操作。

标准品:萘啶酸(nalidixic acid,CAS No.:389−08−2),纯度大于或等于 99.5%;噁喹酸(oxolznicacid,CAS No.:14698−29−4),纯度大于或等于 97.0%;氟甲喹(flumequine,CAS No.:42835−25−6),纯度大于或等于 99.7%;诺氟沙星(norfloxacin. CAS No.:70458−96−7).纯度大于或等于 98.0%;依诺沙星(enoxacin,CAS No.:74011−58−8),纯度大于或等于 98%;环丙沙星(ciprofloxacin,CAS No.:85721−33−1)纯度大于或等于 98%;洛美沙星(lomefloxacin,CAS No.:98079−51−7),纯度大于或等于 99.5%;丹诺沙星(danofloxacin,CAS No.:112398−08−0),纯度大于或等于 98%;恩诺沙星(enrofloxacin,CAS No.:9310660−6),纯度大于或等于 98.0%;氧氟沙星(ofloxacin,CAS No.:83380−47−6),纯度大于或等于 99%;沙拉沙星(sarafloxacin,CAS No.:

98105 - 99 - 8),纯度大于或等于98.0%;二氟沙星(difloxacin,CAS No.:98106 - 17 - 3),纯度大于或等于99%;麻保沙星(marhofloxacin,CAS No.:11555035 - 1),纯度大于或等于99.8%;培氟沙星(pefloxacin,CAS No.:70458 - 92 - 3),纯度大于或等于98.5%;司帕沙星(sparfioxacin,CAS No.:110871 - 86 - 8),纯度大于或等于99.0%;奥比沙星(orbifloxacin.CAS No.:113617 - 633),纯度大于或等于99.8%。

13.3.3.2 仪器与设备

液相色谱-质谱/质谱仪,配电喷雾离子源;分析天平:分度值0.1mg,0.01g;旋涡混合器;冷冻离心机,5000r/min;旋转蒸发仪;组织切碎机;均质器;超声提取仪。

13.3.3.3 测试步骤

1. 提取及净化

称取经捣碎均质试样5g精确到0.01g,置于50mL聚丙烯离心管中,用15mL1%乙酸的乙腈溶液15℃以下超声提取5min,于15℃以下3500r/min离心5min,收集上消液于另一洁净的离心管中。重复上述提取步骤1次,合并上清液,加入15mL正己烷,混合1min,于15℃以下3500r/min离心5min,弃去正己烷层,将下层(乙腈层)转移入100mL鸡心瓶中,加入5mL异丙醇,混合均匀,于45℃减压蒸发至近干,用样品溶解液将残渣分次转移入15mL具刻度离心管中,加入5mL正己烷,混合1min,于15℃下3500r/min离心5min,弃去正己烷层(上层),用样品溶解液定容至5mL,以0.45μm滤膜过滤,待测定。

2. 测定

(1)液相色谱条件

1)色谱柱:lnertsil C₈色谱柱,150mm×2.1mm×3.5μm或相当者;

2)流动相:0.1%甲酸的乙腈溶液+0.1%甲酸的水溶液,梯度洗脱,梯度时间见表13-2;

表13-2 液相色谱的梯度洗脱条件

时间/min	0.1%甲酸的乙腈溶液/%	0.1%甲酸的水溶液/%
0.0	13	87
6.0	90	10
10.0	90	10
10.5	13	87
18.0	13	87

3)流速:300μL/min;

4)柱温:30℃;

5)进样量:30μL。

(2)质谱条件

1)离子化模式:电喷雾电离正离子模式;

2)质谱扫描方式:多反应监测;

3)分辨率:单位分辨率;

4)雾化气(NEB):6.00L/min(氮气);

5)气帘气(CUR):12.00L/min(氮气);

6)喷雾电压(IS):5000V;

7)去溶剂温度(TEM):500℃;

8)去溶剂气流:7.00L/min(氮气);

9)碰撞气(CAD):6.00mL/min(氮气);

10)驻留时间:50ms;

11)监测离子等其他质谱条件见表13-3。

表 13-3 喹诺酮类药物主要参考质谱参数

化合物	母离子(m/z)	子离子(m/z)	DP	FP	CE/eV	CXP
萘啶酸	233	215①	21	100	19	18
		187	21	100	35	16
噁喹酸	262	216	41	140	41	18
		244①	41	140	25	20
氟甲喹	262	202	41	200	45	16
		244①	41	200	27	20
诺氟沙星	320	302①	46	160	29	26
		276	46	160	25	24
依诺沙星	321	303①	41	180	29	24
		232	41	180	49	18
环丙沙星	332	231	41	180	49	20
		314①	41	180	29	26
洛美沙星	352	265	41	210	26	15
		308①	41	210	31	9
丹诺沙星	358	340①	51	230	33	24
		255	51	230	53	20
恩诺沙星	360	342①	46	210	31	20
		316	46	210	27	18
氧氟沙星	362	261	46	210	37	20
		318①	46	210	29	22
沙拉杀星	386	368①	46	200	31	26
		342	46	200	27	28
二氟沙星	400	382①	46	210	31	24
		356	46	210	29	22

续表

化合物	母离子(m/z)	子离子(m/z)	DP	FP	CE/eV	CXP
麻保沙星	363	320	26	330	23	26
		345①	26	330	29	11
培氟沙星	334	290	46	200	25	20
		316①	46	200	29	22
司帕沙星	393	292	51	230	35	24
		349①	51	230	29	28
奥比沙星	396	295	46	210	33	22
		352①	46	210	25	24

①定量离子。

参考文献

[1]李雅丽,郝晓蕾,冀宝庆,等.HPLC－ESI－MS/MS 测定动物性食品中 19 种喹诺酮类药物残留的研究[J].食品科学,2008,29(8):502－506.

[2]陈莹,陈辉,林谷园,等.超高效液相色谱串联质谱法对鳗鱼中大环内酯类、喹诺酮类和磺胺类兽药残留量的同时测定[J].分析测试学报,2008,27(5):538－541.

[3]丁涛,沈东旭,徐锦忠,等.高效液相色谱－串联质谱法测定蜂蜜中残留的 19 种喹诺酮类药物[J].色谱,2009,27(1):34－38.

[4]马纪伟,闫冬良.HPLC 法测定鸡肉中 7 种氟喹诺酮类药物[J].中国卫生检验杂志,2008,18(4):595－596,606.

[5]赵思俊,李存,江海洋,等.高效液相色谱检测动物肌肉组织中 7 种喹诺酮类药物的残留[J].分析化学,2007,35(6):786－790.

[6]杨方,庞国芳,刘正才,等.液相色谱－串联质谱法检测水产品中 15 种喹诺酮类药物残留量[J].分析试验室,2008,27(12):27－33.

[7]刘靖靖,林黎明,江志刚,等.高效液相色谱法同时检测 8 种喹诺酮类兽药残留量[J].分析试验室,2007,26(8):5－9.

[8]黄晓蓉,郑晶,李寿崧,等.鳗鱼及其制品中喹诺酮类药物残留的微生物快速检测方法研究[J].淡水渔业,2005,35(4):3－6.

[9]杨正涛,张乃生,魏东,等.氟喹诺酮类药物多组分残留的酶免疫分析法[J].中国兽医学报,2008,28(9):1057－1060.

[10]刘俊华,石丽敏,鹿翠珍,等.高效液相色谱法检测鸡肉中四种氟喹诺酮类药物残留的研究[J].中国兽药杂志,2008,42(4):19－22.

[11]赵燕燕,王丽娟,李月秋,等.胶束毛细管电泳在线推扫技术分离检测猪肉组织中痕量喹诺酮类药物[J].高等学校化学学报,2007,28(1):62－64.

[12]穆国冬,谭建华.动物性食品中氟喹诺酮类兽药残留检测技术研究进展[J].动物医学进展,2007,28(1):68－72.

[13]杜付彬,谭建华.动物性食品中氟喹诺酮类药物残留检测研究进展[J].动物医学进展,2006,27(12):39－43.

[14]边永玲,李秀娟,郭建,等.氟喹诺酮类兽药残留检测方法研究进展[J].中国农学通报,2008,24(6):28－31.

[15]伍涛,李世芬,代刚,等.动物性食品中氟喹诺酮类药物残留研究进展[J].中国动物保健,2012,14(3):19－22.

[16]姜利英,谢小品,崔光照,等.动物性食品中喹诺酮类药物残留检测方法的研究进展[J].郑州轻工业学院学报(自然科学版),2008,23(4):1－5.

[17]邓斌,李琦华.动物性食品中环丙沙星残留检测方法的研究进展[J].江西饲料,2005,(2):30－32.

[18]SN/T 1751.1—2006.动物源性食品中喹诺酮类药物残留量检测方法　第1部分:微生物抑制法[S].

[19]农业部1025号公告－8－2008.动物性食品中氟喹诺酮类药物残留检测　酶联免疫吸附法[S].

[20]SN/T 1751.2—2007.动物源性食品中喹诺酮类药物残留量检测方法　第2部分:液相色谱-质谱/质谱法[S].

[21]Macarena R,Angela A,Elena G. Simple and sensitive determination of five quinolones in food by liquid chromatography with fluorescence detection[J]. Journal of Chromatography B, 2003, 789:373－381.

[22]Christine M K,Lori E C,Sherry B T. Determination of quinolone residues in shrimp using liquid chromatography with fluorescence detection and residue confirmation by mass spectrometry[J]. Analytica Chimica Act,2007,596:257－263.

[23]Matthias F,Agnieszka K,Thuy D T V,et al. Improved capillary electrophoretic separation of nine (fluoro)quinolones with fluorescence detection for biological and env－ironmental samples[J].J Chromatogr A,2004,1047:305.

[24]Gu Ido E P,Graziella C,E Ttore C. Electrochemical sensor for the detection and presumptive identification of quinolone and tetracycline residues in milk[J].Anal Chim Acta,2004,520:13.

第14章 食品中顺丁烯二酸酐检测技术与应用 ●

　　顺丁烯二酸酐(Maleic Anhydride),又称马来酸酐或失水苹果酸酐,CAS号108-31-6,分子式为$C_2H_2(CO)_2O$,分子结构式如图14-1所示,熔点51℃~56℃,沸点200℃,有刺鼻气味,呈无色或白色固体。顺丁烯二酸酐遇水生成顺丁烯二酸(又称马来酸),是重要的有机化工原料之一,主要应用于塑料、造纸、合成树脂、医药及农药等工业。在化工行业,利用顺丁烯二酸酐与淀粉羟基的反应,制备糊化温度低、黏度高、水溶性强、稳定性好的改性淀粉。顺丁烯二酸酐与淀粉羟基发生反应生成淀粉顺丁烯二酸单酯,已经成为淀粉化学品中研究应用最多的一类改性剂。使用顺丁烯二酸酐改性淀粉制作的食品口感更好、颜色更亮、更有筋道,且成本低廉,已有不法生产商将顺丁烯二酸酐添加到食品级改性淀粉中。2013年3月,台湾地区嘉义县调查站接到举报称,在食物中发现含顺丁烯二酸酐的"毒淀粉",涉及的食品包括珍珠奶茶、甜不辣、粉圆、板条、鸡排等台湾经典美食。这次"毒淀粉"事件被台湾媒体称为继2011年"塑化剂"事件后台湾地区食品安全领域面临的最大危机。

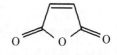

**图 14-1 顺丁烯二酸酐
分子结构式**

　　顺丁烯二酸酐对人类的健康存在极大的威胁。在毒理学研究中发现,暴露在顺丁烯二酸酐中通过急性吸入会引起呼吸道和眼睛刺激,长期暴露在顺丁烯二酸酐中则会引起慢性支气管炎、哮喘、上呼吸道和眼睛刺激等,同时有些人群还对顺丁烯二酸酐具有过敏症状。在白鼠的强饲法实验中发现长期暴露在顺丁烯二酸酐中会对肾脏造成影响,长期食用含顺丁烯二酸酐的食品,将极大损伤人体肾脏功能,甚至引起不孕不育。目前,中国、欧洲、美国及世界卫生组织均没有批准顺丁烯二酸酐作为食品添加剂用于淀粉中。

　　目前,关于顺丁烯二酸酐的检测方法主要有化学滴定法、极谱法、气相色谱法(GC)、高效液相色谱法(HPLC)、离子色谱法(IC)等。化学滴定法灵敏度较低,特异性较差;极谱法主要用于聚酯纤维中顺丁烯二酸酐的测定,而目前报道的色谱法主要应用于空气、化工品中顺丁烯二酸酐的测定。关于食品中顺丁烯二酸酐的检测方法报道相对较少,据目前报道的文献来看,食品中顺丁烯二酸酐的检测方法主要采用HPLC法和IC法。由于顺丁烯二酸酐遇水即生成顺丁烯二酸,在提取后实际测得的目标物为顺丁烯二酸,以顺丁烯二酸或顺丁烯二酸酐为标准品采用外标法定量,对面粉及面粉制品中的顺丁烯二酸和顺丁烯二酸酐总含量以顺丁烯二酸计。李红艳等建立了淀粉及淀粉制品中顺丁烯二酸与顺丁烯二酸酐总含量的HPLC测定方法,以10倍信噪比$(S/N=10)$计算得到方法的的定量限为5.0mg/kg。台湾地区发布的《食品中顺丁烯二酸与顺丁烯二酸酐总量之检验方法》规定了食品中顺丁烯二酸与顺丁烯二酸酐总量的 HPLC 测定方法,顺丁烯二酸的定量限不高于 10.0mg/kg。默克密理博应用实验室利用两性离子型色谱柱建立了面粉及制品中顺丁烯二酸酐的 HPLC 测定法,采用 3 倍信噪比($S/N=3$)确定的检出限为 25mg/kg;胡忠阳采用 IC 法测定面粉及制品中顺丁烯二酸酐,对实际样品中顺丁烯二酸的检出限为 0.83mg/kg,定量限为 2.8mg/kg。

14.1　样品前处理技术

14.1.1　提取方法

　　顺丁烯二酸极性较强,提取溶剂的极性对顺丁烯二酸的提取效率有较大的影响,其水溶性较强,可以采用纯水作为提取溶剂。目前报道的检测方法中主要是通过在水中加入一定比例的有机相来调节提取溶剂的极性,从而得到最佳的提取溶剂。李红艳等研究了水中乙醇比例对面粉及其制品中顺丁烯二酸酐提取效率的影响,发现当水中乙醇比例为 5% 时,顺丁烯二酸酐的提取效率较高,且乙醇比例在 5%~80% 时,提取效果无明显差异,但当乙醇比例大于 80% 时,提取效率明显下降,这主要是由于乙醇比例较大时,提取溶剂极性下降造成的。同时,还发现当提取溶剂中乙醇的比例大于 50% 时,顺丁烯二酸的色谱峰对称性变差,并出现分叉峰。因此,综合提取效率、峰形和试剂成本,将提取溶剂中乙醇的比例确定为 5%。台湾地区发布的《食品中顺丁烯二酸与顺丁烯二酸酐总量之检验方法》采用 50% 甲醇溶液提取淀粉及其制品中的顺丁烯二酸酐,文献则采用 50% 乙腈溶液进行提取。

　　目前,面粉及其制品中顺丁烯二酸酐的提取方法主要有超声提取法和振荡提取法。顺丁烯二酸酐水溶性较好,超声波机械效应、热效应、空化效应的共同作用,能够加速待测物的溶出,因此采用超声提取时,提取时间对提取效率无明显的影响,只需要 10min~20min 就能有效提取顺丁烯二酸酐,而采用振荡提取时所需的时间较长,往往需要 30min。

14.1.2　皂化

　　向面粉中添加的顺丁烯二酸酐会与面粉中的羟基发生酯化反应而结合。与面粉结合的顺丁烯二酸酐采用一般的溶剂不容易提取。此时,可以采用浓度较大的碱进行皂化处理,使顺丁烯二酸酯充分水解而释放出顺丁烯二酸,从而有利于顺丁烯二酸的提取。皂化完成后,往往需要加入酸,将溶液 pH 调节至酸性或中性后采用反相色谱柱进行分离。台湾地区制定的标准方法规定在 25mL 提取液中加入 0.5mol/L 氢氧化钾溶液 20mL 皂化 2h,然后加入 5mol/L 盐酸溶液 3mL 调节至酸性;文献报道采用 0.5mol/L 氢氧化钾溶液进行皂化处理,再用盐酸溶液调成中性。

14.2　分析方法

　　目前,食品中顺丁烯二酸酐主要采用 HPLC 法和 IC 法进行测定。顺丁烯二酸同分异构体及干扰物质较多,反丁烯二酸、苹果酸、醋酸、琥珀酸等物质均可能干扰顺丁烯二酸的色谱测定。因此,分离顺丁烯二酸的色谱柱和流动相的选择非常重要。反相色谱和离子色谱常常用于顺丁烯二酸的分离。采用反相色谱柱进行分离时,为了抑制顺丁烯二酸的电离,增强其色谱保留,改善峰形,往往需要在流动相中加入离子对试剂或酸。GB/T 23296.21—2009《食品接触材料 高分子材料 食品模拟物中顺丁烯二酸及顺丁烯二酸酐的测定 高效液相色谱法》采用反相 C_{18} 柱对顺丁烯二酸进行分离,以乙腈-十六烷基三甲基溴化铵磷酸盐缓冲溶液(体积比,20∶80)为流动相,其中磷酸盐缓冲溶液的 pH 调节至 7.0。顺丁烯二酸 pK_a 为 1.83,当流动相 pH 为 7.0 时,顺丁烯二酸呈阴离子状态,可与阳离子型的离子对试剂十六烷基三甲基溴化铵形成络合体,从而减弱顺丁烯二酸的离子性,增强顺丁烯二酸在反相色谱柱中的保留,与其他杂质进行分离。李红艳等采用 Plastisil ODS C_{18} 柱(250mm×4.6mm,5μm)对顺丁烯二酸进行分离,可以减少杂质的干扰,延长其色谱保留时间。与普通 ODS C_{18} 柱相比,该色谱柱可用纯水做流动相;但在流动相中加入一定浓度的酸和有机相可以改善色谱峰形及延长色谱柱的使用寿命,因此最终选择甲醇−0.1%磷酸溶液(体积比,2∶98)为流动相。文献采用 GL Sciences InertSustain C_{18} 柱(250mm×4.6mm,5μm)对顺丁烯二酸进行分离,以 0.1%磷酸溶液—甲醇(体积比,98∶2)为流动相进行洗脱。

与反相色谱不同,采用离子色谱对顺丁烯二酸进行分离时,在流动相中需要加入碱性物质,使顺丁烯二酸能够充分电离而呈阴离子状态,从而增强顺丁烯二酸与阴离子交换色谱柱的相互作用力,有利于顺丁烯二酸的色谱保留。胡忠阳采用阴离子交换型 Ion-Pac AS22 柱(250mm×4mm)对顺丁烯二酸进行分离,以碱性的 4.5mmol/L Na_2CO_3—1.4mmol/L $NaHCO_3$ 作为流动相进行洗脱。

目前,两性离子型色谱柱也用于顺丁烯二酸的测定。默克密理博开发的两性离子型色谱柱家族中的磷酸胆碱键合相 ZIC®−cHILIC 色谱柱,与离子型和分子型的顺丁烯二酸均具有较强的作用力,采用该色谱柱分析顺丁烯二酸时,前处理方法简单,不需要调节测试溶液 pH,也不需要添加离子对试剂。

在顺丁烯二酸的 HPLC 和 IC 测定中,常常采用二极管阵列检测器进行检测。顺丁烯二酸在 206nm 处有最大吸收,但在此波长下测定时,干扰较大,不宜作为测定波长。在 214nm、220nm 下进行测定,干扰较小,且顺丁烯二酸吸收较强,这两个波长常用作顺丁烯二酸的测定波长。

14.3 应用实例

14.3.1 食品中顺丁烯二酸与顺丁烯二酸酐总量的检验方法

本方法来源于台湾地区的《食品中顺丁烯二酸与顺丁烯二酸酐总量之检验方法》。

14.3.1.1 适用范围

本检验方法适用于淀粉及其制品中顺丁烯二酸与顺丁烯二酸酐总量的检验。

14.3.1.2 方法概述

样品经提取、皂化后,采用高效液相色谱仪进行测定。

14.3.1.3 设备

高效液相色谱仪(配二极管阵列检测器);振荡器;pH 计。

14.3.1.4 试剂

甲醇为色谱纯;磷酸(85%)、盐酸及氢氧化钾均采用特级纯;去离子水(比电阻于 25℃可达 18MΩ·cm 以上);顺丁烯二酸对照用标准品。

14.3.1.5 器具及材料

容量瓶:50mL 及 100mL;

离心管:50mL,聚丙烯(PP)材质。

滤膜:孔径 0.22μm,聚偏氟乙烯(PVDF)材质。

14.3.1.6 试剂的配制

1. 甲醇溶液(50%)

取甲醇 250mL,加去离子水至 500mL。

2. 盐酸溶液(5mol/L)

取去离子水 50mL,徐徐加入盐酸 42mL,混匀冷却后,再加去离子水至 100mL。

3. 氢氧化钾溶液(0.5mol/L)

称取氢氧化钾 14g,用去离子水溶解并定容至 500mL。

4. 磷酸溶液(0.1%)

取磷酸 1.2mL,加去离子水至 1000mL。

5. 流动相溶液配制

取 0.1%磷酸溶液与甲醇以体积比 98:2(体积比)的比例混匀,经滤膜过滤,取滤液作为流动相。

14.3.1.7 标准溶液的配制

取顺丁烯二酸对照用标准品约 100mg,精确称量,用去离子水溶解并定容至 100mL,作为标准储备液,冷藏保存。临用时精确量取适量标准储备液,用去离子水稀释至 0.02mg/L~1.0mg/L,作为定量用的标准溶液。

14.3.1.8 样品前处理

将样品均质或混匀后,精确取约 1g 置于离心管中,加 50%甲醇溶液 25mL,振荡 30min 后,加 0.5mol/L 氢氧化钾溶液 20mL,混匀,静置 2h。加 5mol/L 盐酸溶液约 3mL,使呈酸性,用去离子水定容至 50mL。静置后,取上清液 100μL(a),加去离子水定容至 1000μL(b),混匀后,经滤膜过滤,供 HPLC 测定。

14.3.1.9 液相色谱测定条件

二极管阵列检测器检测波长 214nm;色谱柱:GL Sciences InertSustain C$_{18}$(250mm×4.6mm,5μm);流动相:0.1%磷酸溶液-甲醇(体积比,98:2);流速:1mL/min。

14.3.1.10 定性定量测定

将样液及标准溶液分别注入 HPLC 中,依 14.3.1.9 进行分析,通过样液与标准溶液

所得谱峰的保留时间及光谱图比较来定性,并依式(14-1)求出样品中顺丁烯二酸与顺丁烯二酸酐的总量(以顺丁烯二酸计):

$$X = \frac{c \times V \times F}{m} \tag{14-1}$$

式中　X——样品中顺丁烯二酸与顺丁烯二酸酐的总量,mg/kg;

　　　c——由标准曲线求得顺丁烯二酸的浓度,mg/L;

　　　V——样品定容的体积,mL;

　　　m——取样分析样品的质量,g;

　　　F——稀释倍数,由 b/a 求得。

14.3.2　高效液相色谱法测定淀粉及淀粉制品中的顺丁烯二酸与顺丁烯二酸酐总含量

14.3.2.1　分析步骤

1.样品前处理

称取 2.50g 样品(精确至 0.01g)于 50mL 比色管中(淀粉制品用粉粹机磨碎后称取),加入 25mL 体积分数为 5% 的乙醇水溶液,涡旋 2min,超声提取 10min 后用提取液定容至 50mL,摇匀,12000r/min 离心 5min 后,过滤膜后上机测定。

2.高效液相色谱测定条件

色谱柱:Plastisil ODS C_{18} 柱(250mm×4.6mm,5μm);流动相:甲醇-0.1%磷酸溶液(2:98,体积比);流速:1.0mL/min;柱温:30℃;进样量:15μL;检测波长:214nm。在该色谱条件下,顺丁烯二酸的高效液相色谱图见图 14-2。

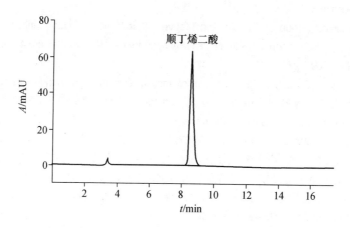

图 14-2　顺丁烯二酸的高效液相色谱图

14.3.2.2　线性范围与定量限

顺丁烯二酸的线性范围为 0.1mg/L～100mg/L,定量限(S/N=10)为 5.0mg/kg。

14.3.2.3　回收率与精密度

添加浓度为 10mg/kg、50mg/kg、100mg/kg 时,顺丁烯二酸的回收率为 88%～89%,精密度(相对标准偏差)为 1.0%～1.5%。

参考文献

[1]邢国秀,刘诗丽,徐强,郭磊.淀粉顺丁烯二酸单酯的研究进展[J].精细与专用化学品,2008,16(24):11-12.

[2]何禄,具本植,张淑芬,杨锦宗.干法制备高取代度高黏度的淀粉顺丁烯二酸单酯[J].精细化工,2008,25(10):999-1002,1024.

[3]U. S. Department of Health and Human Services. Hazardous Substances Data Bank(HSDB,online database). National Toxicology Information Program,National Library of Medicine,Bethesda,MD. 1993.

[4]U. S. Environmental Protection Agency. Health and Environmental Effects Profile for Maleic Anhydride. EPA/600/x-86/196. Environmental Criteria and Assessment Office,Office of Health and Environmental Assessment,Office of Research and Development,Cincinnati,OH. 1986.

[5]E. J. Calabrese and E. M. Kenyon. Air Toxics and Risk Assessment. Lewis Publishers,Chelsea,MI. 1991.

[6]M. Sittig. Handbook of Toxic and Hazardous Chemicals and Carcinogens. 2nd ed. Noyes Publications,Park Ridge,NJ. 1985.

[7]California Environmental Protection Agency (CalEPA). Technical Support Document for the Determination of Noncancer Chronic Reference Exposure Levels. Draft for Public Comment. Office of Environmental Health Hazard Assessment,Berkeley,CA. 1997.

[8]肖玲.顺丁烯二酸酐含量测定研究[J].化工技术与开发,2005,34(6):45-46.

[9]P. D. Garn,H. M. Gilroy. Determination of maleic anhydride in polyesters[J]. Anal. Chem. , 1958,30(10): 1663-1665.

[10]Pirkko Pfäffli,Mervi Hämeil,Leea Kuusimäki,Ritva Wirmoila. Determination of maleic anhydride in occupational atmospheres[J]. 2002,982(2):261-266.

[11]Helen Trachman,Frederick Zucker. Quantitative determination of maleic anhydride,benzoic acid,naphthalene,and 1,4-naphthoquinone in phthalic anhydride by gas liquid Chromatography[J]. Anal. Chem. ,1964,36 (2):269-271.

[12]R. Geyer, G. A. Saunders. Determination of maleic anhydride in workplace air by reversed-phase high-performance liquid chromatography[J]. Journal of Chromatography. 1986,368:456-458.

[13]Andreas Röhrl,Gerhard Lammel. Determination of malic acid and other C4 dicarboxylic acids in atmospheric aerosol samples[J]. Chemosphere,2002,46(8):1195-1199.

[14]李红艳,陈万勤,王瑾,张水锋,沈潇冰,邵亮亮,刘柱,陈小珍.高效液相色谱法测定淀粉及淀粉制品中的顺丁烯二酸与顺丁烯二酸酐总含量[J].分析测试学报,2012,31(8):1013-1016.

[15]ZIC®-HILIC 色谱柱检测"毒淀粉"违法添加物顺丁烯二酸[EB/OL]. http://blog. milliporechina. com/entry/id/ff8080813ef72786013ef9dd63b808f5. html

[16]胡忠阳.离子色谱法测定淀粉中的顺丁烯二酸(酐).赛默飞世尔科技(中国)有限公司

[17]GB/T 23296.21—2009 食品接触材料　高分子材料　食品模拟物中顺丁烯二酸及顺丁烯二酸酐的测定　高效液相色谱法.

[18]李金昶,赫奕,孙颜,王广,崔秀君.用反相高效液相色谱法分离和测定丁烯二酸的顺反异构体[J].分析测试学报,2000,19(2):72-74.